José Luiz Miotto

SUSTENTABILIDADE NAS EDIFICAÇÕES

Um guia de boas práticas para o projeto, produção e uso dos edifícios ecoeficientes

EDITORA CIÊNCIA MODERNA

Sustentabilidade nas Edificações: um guia de boas práticas para o projeto, produção e uso dos edifícios ecoeficientes

Editor: Paulo André P. Marques
Produção Editorial: Dilene Sandes Pessanha
Capa: Daniel Jara
Diagramação: Daniel Jara
Copidesque: Equipe Ciência Moderna

FICHA CATALOGRAFICA

MIOTTO, José Luiz.

Sustentabilidade nas Edificações: um guia de boas práticas para o projeto, produção e uso dos edifícios ecoeficientes

Rio de Janeiro: Editora Ciência Moderna Ltda., 2021.

1. Engenharia Civil
I — Título

ISBN: 978-65-5842-073-6 CDD 624

Editora Ciência Moderna Ltda.
R. Alice Figueiredo, 46 – Riachuelo
Rio de Janeiro, RJ – Brasil CEP: 20.950-150
Tel: (21) 2201-6662/ Fax: (21) 2201-6896
E-MAIL: LCM@LCM.COM.BR
WWW.LCM.COM.BR

07/21

Prefácio

Caríssimo(a) leitor(a),

Nos últimos anos tenho ministrado disciplinas que têm relação com o tema *sustentabilidade*, ofertadas pelo Programa de Pós-Graduação em Engenharia Urbana (em nível de Mestrado) e pelos cursos de Especialização *lato senso* (em Gerenciamento de Projetos e em Construção Civil), todos ligados ao Departamento de Engenharia Civil da Universidade Estadual de Maringá – UEM. O meu engajamento nesta temática se deu por dois motivos: em primeiro lugar pelo meu fascínio pela matéria, que foi despertado ainda na adolescência e só foi aumentando ao longo dos anos; e em segundo lugar, porém não menos importante, a conveniência de conciliar as pesquisas que desenvolvi, durante o mestrado e doutorado, com a linha de pesquisa definida para a minha atuação nos cursos de pós-graduação dessa universidade.

Outra atividade que contribuiu fortemente para a elaboração deste material foi o desenvolvimento do projeto de extensão realizado junto à Universidade Estadual de Maringá, sob minha coordenação, no período de 2014 a 2017, denominado *"Construções sustentáveis: identificação, difusão e implementação de boas práticas nos canteiros de obras"*. Na ocasião, um grupo de onze alunos da graduação em engenharia civil participou ativamente no projeto e um dos produtos elaborados foi o *"Guia de Boas Práticas para Construções Sustentáveis"*, o qual serviu de base para a redação de um dos capítulos da Unidade II desta obra e foi completado após minhas reflexões, intervenções e aprofundamentos.

Assim, atrevo-me a dizer que a proposta de redação deste livro foi inicialmente motivada pelas dificuldades por mim enfrentadas reiteradamente, no meio acadêmico, de selecionar e indicar um material bibliográfico com a formatação adequada para o desenvolvimento dos conteúdos disciplinares. Em acréscimo, a conclusão deste trabalho também foi alavancada pela percepção das insuficiências de conhecimento reveladas por profissionais da engenharia civil e da arquitetura neste assunto, as quais foram observadas no cotidiano da convivência profissional. Mesmo reconhecendo as minhas limitações, decidi enfrentar esta empreitada.

De qualquer modo, ao iniciar a redação dos primeiros parágrafos, imediatamente percebi que a elaboração deste material me deixaria extremamente empolgado. Tive, em diversos momentos, que conter a ansiedade instaurada para não me alongar excessivamente em determinados assuntos, embora a relevância dos temas convidasse a um maior aprofundamento.

Ao longo das três unidades que compõem esta obra, idealizei uma incursão por diversos conteúdos que você, prezado leitor, é convidado a participar. Juntos, recordaremos alguns conceitos fundamentais e, na medida do necessário, apresentaremos os elementos essenciais à caracterização do edifício ecoeficiente, os quais constituem o principal objetivo deste livro. Na parte final agregamos alguns assuntos que enriquecem e complementam as discussões preliminares.

O tema proposto para investigação e exame nesta obra tem justificativas alicerçadas na intensa utilização de recursos naturais pelo setor da construção civil, sobretudo aqueles de natureza não-renovável, além do grande consumo de energia e significativa quantidade de resíduos gerados na produção dos materiais de construção e da edificação em si. Apesar dos impactos negativos, a construção civil desempenha papel relevante para o desenvolvimento da economia nacional, criando oportunidade de emprego para milhões de trabalhadores. Desse modo, alinhar-se com os preceitos da sustentabilidade é mais do que uma imposição legal: é uma necessidade!

Seja bem-vindo! Desejo que você desfrute e explore todas as possibilidades relacionadas ao assunto em pauta. Estou certo de que o meio ambiente e as futuras gerações dependem da ruptura dos paradigmas que você ajudará a transpor. Por fim, encerro esta breve introdução com as palavras de Oliver Wendell Holmes: "o mais importante da vida não é a situação em que estamos, mas a direção para a qual nos movemos".

O autor

Introdução

Diante do desafio de se estabelecerem condições para viabilizar a implantação dos ideais presentes no conceito de desenvolvimento sustentável, mas tendo em vista os expressivos efeitos negativos ao meio ambiente advindos das atividades do setor da construção civil, este texto se propõe a discutir alternativas viáveis para se buscar a conciliação entre distintos interesses e necessidades: viabilidade econômica dos empreendimentos, redução de seus impactos ambientais, atender à demanda por novas edificações ou suas renovações, melhoria do bem-estar dos seus usuários, entre outras.

Neste contexto, este livro tem o propósito de auxiliar o leitor a reconhecer, analisar e avaliar os métodos utilizados para o planejamento, execução e controle de empreendimentos sustentáveis de engenharia. Ao mesmo tempo, pressupõe-se que sejam paralelamente alcançados os seguintes objetivos específicos:

- Analisar os principais impactos ambientais causados pelas obras de construção civil.
- Definir os conceitos de desenvolvimento sustentável, construções sustentáveis e edifícios ecoeficientes.
- Reconhecer as diretrizes que incorporam elementos da sustentabilidade nas edificações, além de seus respectivos custos.
- Identificar os elementos das edificações ecoeficientes por estudos de casos.
- Discutir as condições do mercado das edificações ecoeficientes.
- Relacionar as características das certificações ambientais das edificações sustentáveis.
- Compreender a importância da Avaliação do Ciclo de Vida das edificações.

Os temas trazidos neste texto foram compilados de tal forma suprissem, simultaneamente, à lacuna de materiais didáticos neste segmento e às demandas dos profissionais da engenharia civil, engenharia urbana e arquitetura. Para tanto, foram consultados diversos livros, monografias e catálogos técnicos, além de artigos publicados em periódicos científicos e anais de congressos, os quais deram suporte aos conceitos apresentados na parte introdutória desta obra.

As publicações consultadas também serviram para consolidar um inventário de boas práticas que se alinhavam ao conceito de edificações ecoeficientes, constituindo-se em valiosa contribuição deste livro. Posteriormente, essa lista serviu de base para as discussões ocorridas no âmbito do projeto de extensão intitulado "*Construções sustentáveis: identificação, difusão e implementação de boas práticas nos canteiros de obras*", posto em prática junto à Universidade Estadual de Maringá – UEM. Algumas das práticas selecionadas foram testadas em canteiro de obras da cidade de Maringá – PR, e esse processo de difusão de conhecimentos contribuiu, ainda, para a inclusão de outras práticas que também foram registradas neste texto.

Para cumprir os seus propósitos, esta obra está estruturada em três Unidades, totalizando oito capítulos, organizados da seguinte maneira:

Unidade I – Edifícios ecoeficientes e suas relações com o meio ambiente. Composta por cinco capítulos, esta primeira Unidade do livro aborda temas que fundamentam os conteúdos trazidos na sequência, tais como: a relação do Homem com o meio ambiente; recursos naturais; evolução do debate acerca das questões ambientais; definição de sustentabilidade e desenvolvimento sustentável; definição de edificação ecoeficiente; estratégias para consolidação dos edifícios ecoeficientes; custos da sustentabilidade nas edificações; certificação das edificações ecoeficientes e noções de Sistemas de Gestão Ambiental.

Unidade II – Síntese das boas práticas para os edifícios ecoeficientes. Esta Unidade é composta por dois capítulos, sendo que no primeiro deles são expostas as práticas consideradas positivas para a consolidação das edificações sustentáveis. Para maior organização, essas recomendações foram classificadas conforme a etapa do ciclo de vida do edifício em que se aplicam: a) projeto e implantação da edificação; b) especificação dos materiais e equipamentos; c) construção do empreendimento; d) uso e manutenção da edificação. Um importante diferencial desta obra é que essas práticas foram expostas em formato de quadros, facilitando a consulta e organização. No segundo capítulo da Unidade exibem-se algumas categorizações para as boas práticas relacionadas, segundo as estimativas de custos e prováveis impactos (ambientais e sociais) decorrentes de suas implantações.

Unidade III – Epílogo. Traz o último capítulo, em que se abordam as Considerações Finais do trabalho.

Por fim, ao final de cada capítulo apresenta-se uma síntese dos principais conteúdos abordados, além de serem propostas algumas atividades de aprendizagem.

Boa leitura!
O autor

Dedico este trabalho à minha mãe, às minhas irmãs e sobrinhas. Vosso cuidado e amor incondicional são a minha fortaleza e motivação.

Agradecimentos

Agradeço a Deus, Autor de todas as coisas, que na Sua infinita bondade me concedeu a vida, saúde e disposição para concluir mais este anseio. Este foi um ano particularmente difícil, mas o diagnóstico de um câncer não foi suficiente para me fazer desistir da minha vida e da concretização daquilo que me encanta e engrandece.

Agradeço aos meus familiares: minha amada mãe, minhas irmãs, sobrinhas, tias, primos e primas. Sem vocês eu não teria motivos para continuar. Vocês foram e sempre serão o meu esteio, o meu porto seguro. O incentivo, o carinho e a certeza do amor incondicional me revigoram e amparam.

Agradeço à Universidade Estadual de Maringá – UEM, particularmente ao Departamento de Engenharia Civil, pois esta é a minha segunda casa. Sou extremamente grato ao corpo docente e aos demais servidores dessa instituição. O convívio cotidiano com pessoas amáveis e companheiras é muito precioso. Ao Juarez, secretário do Departamento, fica um registro de agradecimento especial, pela sua prontidão, dedicação, companheirismo e amizade.

Agradeço à Profa. Dra. Luci Mercedes De Mori, companheira de trabalho e amiga para todas as horas. Obrigado pelos ensinamentos, pelas sugestões durante a leitura deste texto, por me ajudar nos momentos mais difíceis e também pelos deliciosos pães e doces que nos deixam mais felizes e gordinhos.

Agradeço ao corpo discente da UEM, pois os meus alunos e alunas – sejam da graduação, da especialização ou do mestrado – justificam todo o esforço e dedicação. Vocês me motivam, me completam e me confortam no dia a dia. Obrigado pelo carinho e respeito que tornam tão afáveis as nossas relações.

Agradeço aos acadêmicos: Beatriz Ramos Martinhão, Bruno Afonso Silva, Eduardo Rodrigues Alves Abrão, Gabriela dos Santos Uller, Guilherme Sanches de Arruda Venci, Guilherme Vilela Sanches, Jéssica de Almeida Xavier, Juliana Maria de Souza, Lucas Elias Nascimento Moitinho, Rafaela Bonan Zara e Randerson Fernando Rossettto, que integraram o projeto de extensão *"Construções Sustentáveis: Identificação, difusão e implementação de boas práticas nos canteiros de obras"*, no período de 2014 a 2017, e que colaboraram na produção de um dos capítulos desta obra.

Agradeço ao amigo Vinicius Gabriel Parolin de Souza, acadêmico de Engenharia Civil da UEM, por contribuir com a ilustração do sistema misto e madeira e concreto. Muito obrigado por sua gentileza, disponibilidade e paciência.

Finalmente agradeço à Construtora Just, cujos colaboradores e direção gentilmente acolheram a equipe que compôs o projeto de extensão anteriormente referido, concretizando uma troca profícua de experiências. Não podemos deixar de expressar nossos agradecimentos ao engenheiro civil Diego Antoniassi, que nos recebeu nos canteiros de obras sempre com muita simpatia e espírito de colaboração. A todos nossa profunda gratidão.

Lista de Abreviaturas e Siglas

ABCP	Associação Brasileira de Cimento Portland
ABIPLAST	Associação Brasileira da Indústria do Plástico
ABNT	Associação Brasileira de Normas Técnicas
ABPC	Associação Brasileira dos Produtores de Cal
ACV	Avaliação do Ciclo de Vida
AQUA	Alta Qualidade Ambiental
BedZED	*Beddington Zero Energy Development*
BIM	*Building Information Modeling*
BLC	Bambu Laminado Colado
BNDES	Banco Nacional de Desenvolvimento Econômico e Social
BREEAM	*Building Research Establishment Environmental Assessment Method*
BPA	Bisfenol A
CAD	Concreto de Alto Desempenho
CBIC	Câmara Brasileira da Indústria da Construção
CCA	Arseniato de Cobre Cromatado
CCB	Borato de Cobre Cromatado
CERFLOR	Programa Brasileiro de Certificação Florestal
CFC	Clorofluorcarboneto
CLT	*Cross Laminated Timber*
CNT	Confederação Nacional do Transporte
CNUDS	Conferência das Nações Unidas sobre Desenvolvimento Sustentável
CNUMAD	Conferência das Nações Unidas sobre o Meio Ambiente e o Desenvolvimento
CONAMA	Conselho Nacional do Meio Ambiente
COP	Conferência das Partes
COPEL	Companhia Paranaense de Energia
COV	Compostos Orgânicos Voláteis
CP	Cimento Portland
CPM	*Critical Path Method*
CREA-PR	Conselho Regional de Engenharia e Agronomia do Estado do Paraná
DDT	Dicloro-difenil-tricloroetano
DfD	*Design for Disassembly*
DOF	Documento de Origem Florestal
EIA	Estudos de Impacto Ambiental
EIV	Estudo de Impacto de Vizinhança
EPA	Agência de Proteção Ambiental norte-americana
EPI	Equipamento de Proteção Individual
FAO	*Food and Agriculture Organization*

FSC	*Forest Stewardship Council*
GBCB	*Green Building Council Brasil*
GEE	Gases do Efeito Estufa
GLP	Gás Liquefeito de Petróleo
HQE	*Haute Qualité Environnementale*
ICV	Inventário do Ciclo de Vida
INEE	Instituto Nacional de Eficiência Energética
INMET	Instituto Nacional de Meteorologia
INMETRO	Instituto Nacional de Metrologia, Normalização e Qualidade Industrial
IPCC	Painel Intergovernamental de Mudança Climática
IPT	Instituto de Pesquisas Tecnológicas
ISO	*International Organization for Standardization*
LED	*Light Emitting Diode*
LEED	*Leadership in Energy and Environmental Design*
MDF	*Medium Density Fiberboard*
MIT	*Massachusetts Institute of Technology*
MLC	Madeira Laminada Colada
MLCC	Madeira Laminada Colada Cruzada
NBR	Norma Técnica Brasileira
NR	Norma Regulamentadora
ODS	Objetivos de Desenvolvimento Sustentável
OMS	Organização Mundial da Saúde
ONG	Organização não-governamental
ONU	Organização das Nações Unidas
OPEP	Organização dos Países Exportadores de Petróleo
OSB	*Oriented Strand Board*
PBDE	Éter de Difenila Polibromado
PBQP-H	Programa Brasileiro da Qualidade e Produtividade do Habitat
PcD	Pessoas com Deficiência
PERT	*Program Evaluation and Review Technique*
PET	Polietileno tereftalato
PEX	Polietileno reticulado
PGRCC	Plano de Gerenciamento de Resíduos da Construção Civil
PNMA	Política Nacional do Meio Ambiente
PNRS	Política Nacional de Resíduos Sólidos
PNUMA	Programa das Nações Unidas para o Meio Ambiente
PPR	Polipropileno Copolímero Random Tipo 3
PROCEL	Programa Nacional de Conservação de Energia Elétrica
PVA	Poliacetato de vinila
PVC	Cloreto de polivinil
RCC	Resíduos da Construção Civil
SABESP	Companhia de Saneamento Básico do Estado de São Paulo

SEEG	Sistema de Estimativas de Emissões de Gases de Efeito Estufa
SGA	Sistema de Gestão Ambiental
SGQ	Sistema de Gestão da Qualidade
SiAC	Sistema de Avaliação da Conformidade de Empresas de Serviços e Obras
SISNAMA	Sistema Nacional do Meio Ambiente
TBL	*Triple Bottom Line*
TIC	Tecnologia de Informação e Comunicação
UEM	Universidade Estadual de Maringá
USGBC	*U.S. Green Building Council*
WBCSD	*World Business Council for Sustainable Development*
WCED	*World Commission on the Environment and Development*

Sumário

Unidade I

Edificações Ecoeficientes e suas Relações com o Meio Ambiente

Capítulo 1

Introdução

Objetivos de Aprendizagem

- Refletir acerca das consequências das ações antropogênicas ao Planeta.
- Distinguir os conceitos de recursos naturais renováveis e não renováveis.
- Diferenciar as proposições de pessimistas e otimistas em relação ao futuro do Planeta.
- Identificar os principais impactos provocados pela construção civil no meio ambiente.
- Entender a importância de utilização racional dos recursos naturais.

Quantas vezes você trocou o seu telefone celular nos últimos cinco anos? E o computador? O que terá sido feito dos equipamentos antigos? Os mesmos foram empurrados para algum depósito de sua casa – e lá se juntaram a uma montanha de outras quinquilharias que acumulamos no dia a dia – ou descartados em um local público? Quantos sapatos, tênis e outros tipos de calçados foram comprados e vestidos pouquíssimas vezes? Aonde foram parar esses objetos? O que dizer das pilhas, das lâmpadas, dos pneus, das roupas, das embalagens e de uma infinidade de produtos que utilizamos no cotidiano? Que destino esses produtos tiveram após o uso?

Peço desculpas por essas indagações, feitas sem a menor pretensão de investigar as suas intimidades. No entanto, o questionamento serve para a reflexão das suas ações enquanto consumidor, sobretudo de produtos manufaturados. Será que há a consciência de que os produtos que compramos são produzidos a partir de matérias-primas – muitas delas procedentes de reservas finitas – que resultam de processos exploratórios impactantes ao meio ambiente? E, além disso, que os nossos rejeitos, vulgarmente chamados de lixo, não se desintegram quando os colocamos na frente de casa para serem recolhidos pela coleta pública municipal, mas continuam provocando outra lista de agressões à natureza?

Assim, neste Capítulo introdutório você conhecerá e refletirá a respeito da relação entre os recursos ambientais e o nível de produção. Poderá, ainda, ter uma primeira aproximação relativa aos principais impactos ambientais causados pelo setor da construção civil e as suas consequências. Trata-se, portanto, de um conteúdo de contextualização, de modo que alguns conceitos são expostos com o intuito de te preparar para as futuras discussões presentes neste livro.

1.1 – Contextualização

Nos últimos anos, as consequências do aquecimento global têm sido frequentemente exploradas pela mídia. Apesar disso, muitos indivíduos não perceberam a necessidade de enfrentar esse tema com a responsabilidade de cidadão, ou seja, de que não são apenas o governo e as outras pessoas que devem fazer sua parte. Aliás, com muita facilidade lamentavelmente encontramos pessoas que pensam e agem dessa maneira.

Alterações climáticas sempre ocorreram na Terra, em todos os tempos, resultantes de eventos naturais e ações antrópicas. A derrubada de florestas, o acúmulo de água em grandes reservatórios para produção de energia, a construção das cidades, entre outros, provocam alterações no clima local, as quais geralmente não são percebidas em curto prazo. Todavia, com o passar do tempo elas podem ser ampliadas e até mesmo inviabilizar a sobrevivência humana em determinadas regiões.

Agopyan e John (2011) explicam que a temperatura média da Terra, em termos globais, é simplificadamente fruto de um balanço energético: energia recebida do Sol menos a energia emitida para o espaço. Porém, a capacidade de emissão de energia pela Terra depende da transparência da atmosfera. Barbieri (2007) complementa a ideia e acrescenta que o dióxido de carbono (CO_2), o ozônio (O_3), o metano (CH_4), o óxido nitroso (N_2O), o vapor de água e outros gases do efeito estufa (GEE) deixam passar as radiações solares de ondas curtas e retardam as radiações infravermelhas de ondas longas, refletidas pela superfície terrestre, mantendo a atmosfera aquecida.

De forma inequívoca, a atividade humana resulta em aumento da concentração de gases como CO_2, CH_4 e N_2O, e consequentemente, reduz a transparência da atmosfera necessária para a dissipação da energia emitida pela Terra (PACHAURI; REISINGER, 2007). Desse modo, o aquecimento global é um fenômeno diretamente associado ao aumento da concentração desses gases na atmosfera, ampliando ainda mais a retenção das radiações infravermelhas e resultando na elevação da temperatura média global do Planeta.

Por meio de amostras retiradas em geleiras, formadas há centenas de milhares de anos, verificou-se que a concentração de CO_2 na atmosfera começou a subir rapidamente a partir de 1750, ou seja, com o início da Revolução Industrial. A Figura 1.1, publicada em 2018, ilustra as variações na concentração de CO_2 na atmosfera terrestre nos últimos 800 mil anos. Segundo dados do Painel Intergovernamental de Mudança Climática (IPCC), a temperatura da superfície da Terra, durante o século XX, foi a mais alta de todos os períodos que se têm registros, tendo aumentado de 0,4°C a 0,8°C nos últimos 100 anos.

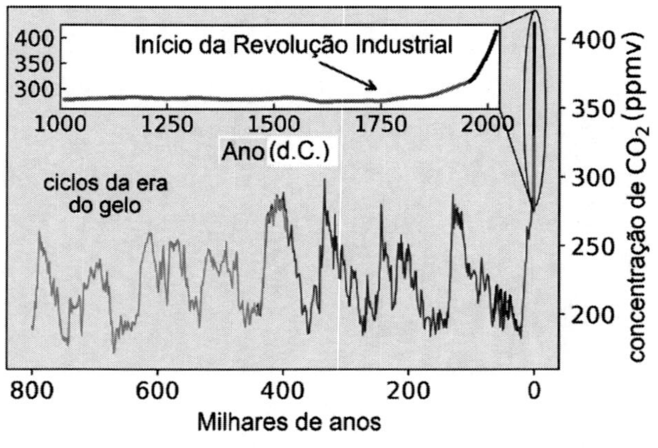

Fonte: Adaptado de Femke Nijsse (CC BY-SA 3.0, https://commons.wikimedia.org/w/index.php?curid=69480542)

Figura 1.1 – Concentração de dióxido de carbono na atmosfera nos últimos 800 mil anos

Muito se fala a respeito do CO_2, pois é o gás tido como referência para os estudos relativos ao aquecimento global. O dióxido de carbono pode ficar por décadas na atmosfera e seus efeitos se prolongam por muito tempo (BARBIERI, 2007). Entretanto, não é o único gás responsável pelo agravamento desse problema ambiental. O metano e o óxido nitroso também têm suas concentrações atmosféricas associadas às atividades antrópicas e geram danos muito maiores do que quantidades equivalentes de CO_2.

De acordo com Barbieri (2007, p.39),

> Usando modelos matemáticos de clima global, chegou-se a prever que a temperatura se elevaria entre 1,5°C e 4,5°C caso o nível de concentração dos GEE duplicasse. [...] As vozes discordantes geralmente argumentam que o clima envolve uma grande diversidade de variáveis e que os modelos usados para simular mudanças climáticas dificilmente seriam capazes de abranger sua totalidade.

Com efeito, uma das consequências alarmantes decorrentes da elevação de temperatura no Planeta é a interferência no mecanismo de funcionamento dos oceanos, pois eles são responsáveis por armazenar dióxido de carbono nas suas profundezas, no processo chamado de "bomba biológica". Além disso, os plânctons dos oceanos produzem boa parte do oxigênio livre (O_2) existente na atmosfera. Com isso, cerca de um quarto do dióxido de carbono emitido na atmosfera é absorvido pelos oceanos.

Admitindo-se válidos os prognósticos de elevação da temperatura média global, muitos pesquisadores têm discutido acerca das consequências econômicas, ambientais e sociais resultantes das mudanças climáticas, tais como:

- Mudanças nos regimes de chuvas e circulação de ar;
- Aumento da frequência de furacões e maremotos;
- Intensificação das chuvas em determinadas regiões e estiagens em outras, afetando o suprimento de água, a agricultura e a geração de energia hidroelétrica;
- Elevação do nível dos oceanos pelo descongelamento das geleiras e expansão do volume das águas dos oceanos (mais quentes);
- Alterações nos ecossistemas marinhos e nos demais afetados;
- Impactos nas regiões litorâneas inundadas e, por extensão, em muitas outras áreas do Planeta, pois uma quantidade significativa da população humana teria que migrar para outras áreas.

Para alguns climatologistas, as emissões de dióxido de carbono de origem antrópica não controlam o clima do Planeta. Argumentam que há inúmeras outras causas, especialmente causas naturais (exemplo a atividade solar), que provocam as mudanças climáticas. Para eles, a Terra passa por mudanças climáticas cíclicas. Estimam que a temperatura média do Planeta esteve pelo menos 10°C mais alta há 7 mil e 3 mil anos atrás, e também entre os anos 800 e 1200 d.C., quando a concentração de CO_2 era 50% menor que hoje.

Mesmo que não haja consenso relativamente ao aquecimento global, Barbieri (2007) salienta que os efeitos previstos são catastróficos, e o melhor que temos a fazer é adotar o **princípio da precaução**, como propõe a Declaração do Rio de Janeiro sobre o Meio Ambiente e Desenvolvimento, aprovada em 1992. Há sinais evidentes de que a atividade humana, baseada em um modelo de consumo perdulário – tema que discutiremos na Seção 1.4 –, compromete a capacidade de regeneração do Planeta e, assim, temos que repensar o atual modo de produção e consumo.

Cada dia fica mais evidente a relação existente entre os ecossistemas e que o desequilíbrio numa região provoca impactos em locais distantes, às vezes situados a milhares de quilômetros de distância. Recentemente a mídia noticiou um exemplo ocorrido na cidade de São Paulo, precisamente no meio da tarde do dia 19 de agosto de 2019, quando o céu ficou demasiadamente escuro, a ponto de terem sido ligados a iluminação pública e os faróis dos automóveis. Os institutos de pesquisas divergiram quanto às causas do fenômeno, que foi explicado pela chegada de uma frente fria combinado com uma névoa seca contendo partículas em suspensão. No entanto, meteorologistas do Instituto Nacional de Meteorologia (INMET) afirmaram que partículas de fumaça procedentes da região norte do Brasil, bem como aquelas procedentes de queimadas na Bolívia e no Paraguai – responsáveis pela maior parte da fumaça – teriam influenciado na diminuição da visibilidade na capital e em muitas outras cidades do estado.

No caso particular da construção civil, os impactos são igualmente expressivos. Agopyan e John (2011) ressaltam que boa parte do ambiente construído foi projetada a partir de dados relativos ao comportamento do clima no passado. Assim, com eventuais mudanças no padrão climático, maior será a frequência de falhas das instalações e sistemas projetados, tais como: inundação por subdimensionamento do sistema de drenagem; falha de componentes estruturais projetados para uma menor velocidade característica de ventos; aumento da sensação de desconforto térmico nos ambientes internos das edificações; entre outras. Em suma, os autores citam que o ambiente construído necessitará ser adaptado para as mudanças climáticas que não puderem ser evitadas.

Agopyan e John (2011) acrescentam, com base em compilação de publicações internacionais, que as preocupações se revelam em todas as dimensões, a saber:

- **Segurança estrutural em edifícios** – problemas decorrentes do aumento da velocidade do vento, com incidências mais regulares de ciclones e furacões, incremento das ações térmicas e maior acúmulo de água durante precipitações intensas;

- **Segurança de abastecimento de água** – risco de ocorrência de períodos secos, resultando na necessidade de: (a) dimensionamento dos reservatórios prediais de água; (b) alterações nos sistemas de armazenamento e controle do abastecimento de áreas urbanas; (c) flutuações na geração de energia elétrica; (d) aumento da salinidade provocada pela elevação do nível do mar;

- **Aumento do risco de enchentes e alagamentos** – em áreas densamente povoadas e pavimentadas, em virtude da possibilidade de ocorrência de chuvas mais intensas;

- **Aumento do risco de escorregamento de taludes** – em taludes naturais ou artificiais por chuvas intensas;

- **Modificações na taxa de degradação de materiais de construção** – como, por exemplo, a velocidade de carbonatação do concreto levando à corrosão precoce das armaduras, já que a elevação da temperatura implica em aumento das taxas de corrosão, entre outros;

- **Aumento da temperatura ambiental** – provocando o aumento do desconforto do usuário da edificação e, por isso, o incremento na demanda por ar condicionado e consumo de energia elétrica;

- **Problemas de fundações** – por consequência das variações no nível do lençol freático.

Além da eventual elevação da temperatura média global, as atividades humanas motivaram o aparecimento do **buraco na camada de ozônio**. Apesar de se constituir em um dos principais poluentes encontrados na baixa atmosfera dos grandes centros urbanos, o ozônio (O_3) gera um efeito benéfico aos seres vivos na estratosfera – camada localizada entre 15 km a 50 km da superfície da Terra. Segundo Barbieri (2007), o ozônio da estratosfera é produzido naturalmente pela ação dos raios solares sobre as moléculas de oxigênio (O_2), formando uma camada – daí a designação *camada de ozônio* – que protege o Planeta das radiações ultravioleta do Sol. Em meados da década de 1980, foi descoberto um buraco na camada de ozônio com dimensões correspondente à região da Antártida. Quase 40 anos foram necessários para se descobrir os danos provocados pelas emissões de clorofluorcarbonos (CFCs) na camada de ozônio.

Adicionalmente, a ação humana também tem provocado um dos mais graves problemas ambientais: a **redução da biodiversidade**. Pesquisadores afirmam que a quantidade de espécies no globo é uma incógnita e somente uma pequena parcela da variedade existente foi identificada e classificada até os dias atuais. Barbieri (2007) ressalta que a biodiversidade sempre foi e continua sendo um dos recursos naturais mais importantes para a sobrevivência humana, pois contribui para a produção de alimentos, madeira, princípios ativos de medicamentos etc. A biodiversidade também realiza serviços ambientais importantes, tais como: a reciclagem de nutrientes, estabilidade climática, regulação hídrica e muitos outros. Ainda, segundo esse mesmo autor, a perda da biodiversidade diminui a resiliência dos ecossistemas, isto é, a capacidade de retornar ao estado natural após sofrer algum impacto.

Por fim, chegamos à triste conclusão de que o homem destrói a sua própria casa. Muitos outros problemas ambientais, sociais e econômicos ainda poderiam ser aqui elencados para enfatizar a necessidade de intervenções urgentes na forma com que o homem conduz os desígnios do Planeta. Apesar de alguns avanços verificados nos últimos anos, ainda há muito que fazer no sentido de preservar as condições essenciais para a manutenção da vida em nosso mundo.

1.2 – O homem no meio ambiente

Entende-se por ***meio ambiente*** a tudo aquilo que envolve ou cerca os seres vivos. Na Conferência das Nações

Unidas sobre o Meio Ambiente Humano, realizada em Estocolmo em 1972, definiu-se meio ambiente como sendo "o conjunto de componentes físicos, químicos, biológicos e sociais capazes de causar efeitos diretos ou indiretos, em um prazo curto ou longo, sobre os seres vivos e as atividades humanas". Por sua vez, a Lei nº 6.938, de 31 de agosto de 1981 (Política Nacional do Meio Ambiente), define meio ambiente como "o conjunto de condições, leis, influências e interações de ordem física, química e biológica, que permite, abriga e rege a vida em todas as suas formas".

Segundo Barbieri (2007), a palavra *ambiente* vem do latim e o prefixo *ambi* dá a ideia de "ao redor de algo" ou "de ambos os lados". Desse modo, as palavras *meio* e *ambiente* trazem em si a ideia de entorno e envoltório, e quando associadas na expressão *meio ambiente* originam uma redundância.

> O que envolve os seres vivos e as coisas ou o que está ao seu redor é o Planeta Terra com todos os seus elementos, tanto os naturais, quanto os alterados e construídos pelos seres humanos. Assim, por meio ambiente se entende o ambiente natural e o artificial, isto é, o ambiente físico e biológico originais e o que foi alterado, destruído e construído pelos humanos, como as áreas urbanas, industriais e rurais. O meio ambiente, como condição de existência de vida, envolve a biosfera e estende-se muito além dos limites em que a vida é possível (BARBIERI, 2007, p.5).

Conforme vimos na Seção anterior, ao explorar o meio ambiente para extrair os recursos necessários à produção de bens e serviços, o homem provoca desequilíbrios ambientais. Os impactos são caracterizados não só pela extração de recursos naturais, mas também pelos despejos de materiais e energia não aproveitados. No passado, sob o modelo de produção artesanal, os impactos na natureza não representavam grandes ameaças, devido à resiliência intrínseca do Planeta. Todavia, o aumento da escala de produção importa em acréscimos de extração de matérias-primas e na elevação da quantidade de resíduos gerados.

Desse modo, muitos pesquisadores apontam a Revolução Industrial – que teve início na Inglaterra, em meados do século XVIII – como um marco importante na intensificação dos problemas ambientais (BARBIERI, 2007). No entanto, há relatos de grandes problemas ambientais causados pela ação do homem e que ocorreram antes da Revolução Industrial. Os maias, na América Latina, os acádios, no Iraque, e povos da Groenlândia Nórdica, por exemplo, foram vítimas de modificações climáticas locais e desapareceram. Os integrantes desses povoados usaram grande parte dos recursos naturais existentes nos locais onde viviam e tiveram que deixar as suas regiões após a intensa deterioração ambiental. Depois da Revolução Industrial surgiram mais de 10 milhões de substâncias e materiais sintetizados, os quais contribuíram para a melhoria da qualidade de vida, mas trouxeram também relevantes preocupações ambientais.

Desde então, a maneira como homem vem lidando com os recursos naturais para a produção de bens e serviços, favorecida pela intensa industrialização e o nível exagerado de consumo, exige quantidades gigantescas de matérias-primas e geram resíduos, levando-nos a questionar qual o limite de suporte do Planeta. Há sinais evidentes de que as atividades humanas têm provocado problemas ambientais que assumiram dimensões planetárias, como a perda da biodiversidade, a redução da camada de ozônio, a contaminação das águas, as mudanças climáticas decorrentes da intensificação do efeito estufa e outros (BARBIERI, 2007).

Para satisfazer o elevado nível de consumo do homem contemporâneo, particularmente dos habitantes de países desenvolvidos, registra-se uma demanda crescente de matérias-primas. A cada ano, conforme relatam Agopyan e John (2011), são extraídas cerca de 10 milhões de toneladas de matérias-primas naturais para cada habitante. Os autores complementam que, em alguns países, esse valor pode atingir 80 toneladas/hab.ano. Com essa intensa extração de recursos naturais – sobretudo daqueles que não se renovam – certamente a Terra atingirá seus limites, pois se trata de um sistema fechado.

1.3 – Recursos naturais renováveis e não renováveis

Para alcançar os seus anseios e necessidades, na Seção anterior vimos que o homem tem utilizado excessivamente os recursos disponíveis na natureza, além de lançar no meio ambiente as sobras de seus processos produtivos na forma de produtos pré-consumidos, pós-consumidos, energia, efluentes e outros. Muitos desses recursos são finitos, portanto, se tornam causa de constantes preocupações. Nesta Seção você aprenderá como os recursos naturais podem ser classificados.

Recursos naturais são bens e serviços que provêm da natureza, classificados como primários, dos quais o Homem pode se apropriar para satisfazer as suas necessidades e dão origem aos demais bens (BARBOSA, 2014). Por bens primários entendem-se aqueles que não sofreram nenhum tipo de transformação e, portanto, os recursos naturais compreendem elementos do ambiente físico e biológico. São exemplos de recursos naturais: as plantas, os animais, o solo, a água, os minerais e tudo mais que possa ser útil para a produção e subsistência humana.

Os recursos naturais habitualmente são classificados em **renováveis e não renováveis**. É relevante alertar que uma parte dos recursos naturais pode ser alterada com o uso e, assim, eles podem ser esgotados, mantidos ou ampliados, como é o caso da madeira, dos animais selvagens, rebanhos, cardumes, solo e outros. Por outro lado, há aqueles recursos naturais que não sofrem alteração decorrente do uso, por exemplo: a energia solar, ventos, marés etc. Nossa maior atenção deve estar focada nos recursos que se extinguem com o uso – classificados como não renováveis –, tais como o petróleo, minérios, carvão mineral, areia, argila, rochas e muitos outros.

O esgotamento dos recursos naturais depende:

a) da variável tempo, ou seja, o tempo necessário para a renovação de muitos recursos naturais extrapola a escala de tempo dos humanos;

b) do modo de utilização desses recursos.

Em vista disso, "por recurso renovável se entende aquele que pode ser obtido indefinidamente de uma mesma fonte, enquanto o não-renovável possui uma quantidade finita, que em algum momento irá se esgotar se for continuamente explorado" (BARBIERI, 2007, p.9).

Alguns materiais, apesar de serem classificados como não renováveis, podem ser reutilizados e reciclados, tais como o aço, o cobre, o alumínio, o vidro, o granito, a areia e outros. Porém, quando se diz que um material é 100% reciclável, deve-se ter em mente que essa afirmação não é totalmente verdadeira, pois parte desses produtos se dispersa na natureza na forma atomizada, como consequência de atrito, oxidação, quebras, entre outras causas, tornando inviável a sua recuperação. Além disso, sempre há perdas nos processos de reciclagem, de modo que novas matérias-primas virgens acabam se fazendo necessárias na fabricação de novos produtos.

No caso particular da água, estamos diante de um recurso natural que é tecnicamente renovável, mas tem sua condição de renovação alterada com o uso. Se analisarmos as condições de oferta e reutilização desse recurso nos grandes centros urbanos, podemos concluir facilmente que há sinais evidentes de sua deterioração. Barbieri (2007) ressalta que os prognósticos acerca da qualidade e da quantidade de água disponível para o consumo humano são alarmantes e já é de praxe se afirmar que a água será o recurso mais escasso do século XXI. Logo, por consequência, a sua obtenção será provavelmente causa de muitos conflitos, internos e externos. Na Seção 1.7 apresentaremos uma discussão pormenorizada sobre esta questão.

1.4 – Recursos e nível de produção

Em 1999 éramos seis bilhões de pessoas. Em 2013, segundo dados da Organização das Nações Unidas, a população mundial atingiu a soma de 7,2 bilhões de habitantes. Em 2019, conforme estimativas publicadas no sítio Worldometers (www.worldometers.info), ultrapassamos a impressionante marca de 7,7 bilhões de pessoas. Em 2011, Agopyan e John (2011, p.19) ressaltaram que "o crescimento continuado da produção de bens de consumo por uma população que cresceu seis vezes em 250 anos, levou o Planeta a uma crise".

Iniciamos esta Seção com a apresentação de dados relativos ao nível de crescimento populacional mundial, porque a polêmica que diz respeito ao nível de produção que o meio ambiente será capaz de suportar gera debates acalorados há muito tempo. Os protagonistas dessa discussão veem o futuro sob duas ópticas antagônicas: em um extremo os pessimistas e na outra ponta os otimistas. Nesta Seção você terá condições de relembrar (ou conhecer) quais são os argumentos, defendidos pelos ilustres defensores de ambas as correntes, alusivos ao horizonte da disponibilidade de recursos naturais.

Barbieri (2007) expõe que a escassez de recursos naturais sempre se revelou como uma das grandes preocupações do homem, mas que a partir da Revolução Industrial essa questão se consolidou sob a forma de um prognóstico **pessimista** do amanhã, fortemente representada pela obra de Malthus – *Ensaio sobre a população* – publicada em 1798.

A teoria malthusiana foi a primeira a relacionar o crescimento demográfico com a fome, afirmando que a tendência do crescimento populacional seria em progressão geométrica, enquanto que a oferta de alimentos cresceria em progressão aritmética. Assim, Malthus acreditava que o crescimento demográfico iria ultrapassar a capacidade produtiva da Terra, gerando fome e miséria. Para ele, as formas exclusivas de evitar que isso acontecesse seriam pela redução da taxa de natalidade, pelo controle da quantidade de filhos por família nos países pobres, pelo aumento do preço dos alimentos e pela redução dos salários para forçar a população mais pobre a ter menos filhos. Malthus argumentava que a alta taxa de natalidade não poderia ser controlada, defendendo que desastres como a fome, as epidemias e as guerras seriam favoráveis para controlar o crescimento populacional (FARIA, 2013).

> Despido dos exageros de Malthus quanto aos métodos para reequilibrar o nível de produção à oferta de alimentos e outros recursos, o *neomalthusianismo* continua pessimista quanto ao futuro da Humanidade, ainda prega a necessidade de controle da população e acha que os pobres são os responsáveis pela degradação ambiental. Segundo seus argumentos, altas taxas de natalidade geram populações muito jovens e como estas consomem mais do que produzem, o resultado final é o aumento da pobreza (BARBIERI, 2007, p.16).

No grupo dos neomalthusianos destaca-se o autor Garrett Hardin, que em 1968 publicou o ensaio *The tragedy of the commons,* na prestigiada revista científica *Science.* Nesse artigo, o autor afirma que **a tragédia dos comuns** é um tipo de armadilha social, frequentemente econômica, que envolve conflito de interesses quanto à utilização de recursos naturais finitos. Em sua argumentação, Hardin conclui que não há solução técnica previsível para o incremento da população humana, e seu nível de consumo, em um planeta finito. Vislumbrando a miséria resultante da superpolução, Hardin defende a tese de restrição da liberdade de procriar, inclusive por meio de programas autoritários de esterilização em massa. Como complemento ao estudo relativo a esse tema, propõe-se a leitura do texto: *"O ataque à legislação ambiental e a atualidade da tragédia dos comuns"*, publicado por Fernando Fernandez em 12 de março de 2012[1].

O relatório publicado pelo Clube de Roma em 1972, conforme abordaremos na Seção 2.1, é uma manifestação inequívoca da visão neomalthusiana. Barbieri (2007) comenta que a publicação desse relatório alcançou grande destaque no meio acadêmico e na imprensa em geral, contribuindo para disseminar o pessimismo sobre a impossibilidade de a Terra sustentar o crescimento econômico.

Por outro lado, os **otimistas** acreditam e defendem uma visão antagônica em relação aos recursos necessários à vida humana: acreditam que a ciência e a tecnologia produzem resultados capazes de amenizar e até superar a escassez de recursos resultantes do crescimento econômico (RODRIGUES, 2013). Para os otimistas, o desenvolvimento tecnológico e científico verificado a partir do início do século XX possibilitou o aumento da produtividade e da capacidade dos recursos naturais, contribuindo para uma melhor qualidade de vida.

Peñafiel (2005) complementa que os otimistas (tecnocentristas e antropocentristas) crêem que é possível resolver os problemas ambientais com soluções técnicas. Servindo de contraponto para a visão neomalthusiana, os defensores desta corrente acreditam que sempre haverá uma forma de substituir insumos nos processo produtivo e qualquer escassez no presente poderá ser resolvida no futuro próximo. Na prática, essa visão implica em considerar que os recursos naturais são infindáveis. Por isso, a postura otimista é denominada *cornucopiana*, em alusão à *cornucópia* (Figura 1.2), que é uma figura da mitologia grega representada por um vaso em forma de chifre, de onde verteriam continuamente frutas, flores e cereais, simbolizando a fortuna e abundância eterna.

[1] Disponível em: https://www.oeco.org.br/colunas/fernando-fernandez/25795-o-ataque-a-legislacao-ambiental-e-a-atualidade-da-tragedia-dos-comuns/

Figura 1.2 – Cornucópia na base da estátua de Luís XV, Place Royale em Reims, França

Fonte: Escultura: Jean-Baptiste Pigalle, Foto: Vassil (CC BY 3.0, https://commons.wikimedia.org/w/index.php?curid=4284261)

Adam Smith está entre os autores que manifestam a postura cornucopiana, que obviamente se trata de uma posição antropocêntrica e que exprime os fundamentos do liberalismo. A doutrina filosófica do liberalismo organiza-se em torno da ideia principal de que a experiência econômica humana tem por regra a escassez, de modo que os recursos necessários à sobrevivência só podem ser gerados com produção de riqueza e trabalho (FERNANDES, 2020). Em sua obra – *A riqueza das nações* –, Adam Smith afirma que "independentemente do solo, clima ou extensão territorial de uma determinada nação, a abundância ou a escassez de bens que esta poderá dispor dependerá de duas circunstâncias" (BARBIERI, 2007, p.18):

a. Da habilidade, destreza e bom senso com que o trabalho é executado;
b. Da proporção entre os que executam e os que não executam trabalho útil.

O crescimento demográfico é bem aceito na proposta dos otimistas, pois quanto maior o número de pessoas, consequentemente maior será a capacidade de resolver problemas. Assim, na visão dos defensores desta corrente de pensamento, desde que haja liberdade na economia, a escassez de alimentos traz oportunidades para que empreendedores invistam em alternativas para suprir qualquer demanda. Além disso, sob a perspectiva dos otimistas, quando o indivíduo procura o melhor para si mesmo, acaba por beneficiar a toda comunidade simultaneamente.

Com efeito, inequivocamente se constata que o cidadão de classe média, dos dias atuais, desfruta de maior conforto que aqueles mais abastados que viveram em épocas passadas. Porém, é preciso ressaltar que a melhoria da qualidade de vida, pela aplicação do desenvolvimento tecnológico e científico, ocorreu de forma bastante desigual em todo o mundo. Ademais, a agricultura contemporânea é capaz de produzir muito mais, comparativamente com algumas décadas atrás. No entanto, milhões ainda passam fome.

> Essas duas posturas – pessimista e otimista – estão equivocadas, embora se deva reconhecer que elas trazem contribuições importantes para o debate a respeito dos recursos naturais. A obra de Malthus e de seus seguidores contribuíram para o desenvolvimento da dinâmica populacional e continuam fornecendo uma base conceitual para muitos que buscam relacionar o crescimento das populações de qualquer espécie com os seus fatores limitantes, dentre eles a oferta de recursos. [...] As pessoas que afirmam que há gente em excesso no Planeta não costumam se incluir entre os que estão sobrando, de modo que suas propostas sempre se voltam contra os outros, os que não podem se defender (BARBIERI, 2007, p.19).

Há pesquisadores que indicam a erradicação da pobreza como a melhor forma de desarmar a bomba populacional. De fato, essa afirmação pode ser corroborada com as taxas negativas de crescimento populacional observadas nos países ricos, enquanto que nos países subdesenvolvidos o crescimento demográfico é intenso nas últimas décadas. A Figura 1.3 ilustra o crescimento da população no período de 2005 a 2010, evidenciando as regiões com as taxas mais expressivas.

Figura 1.3 – Taxa de crescimento populacional para o períodode 2005 a 2010, segundo dados da ONU

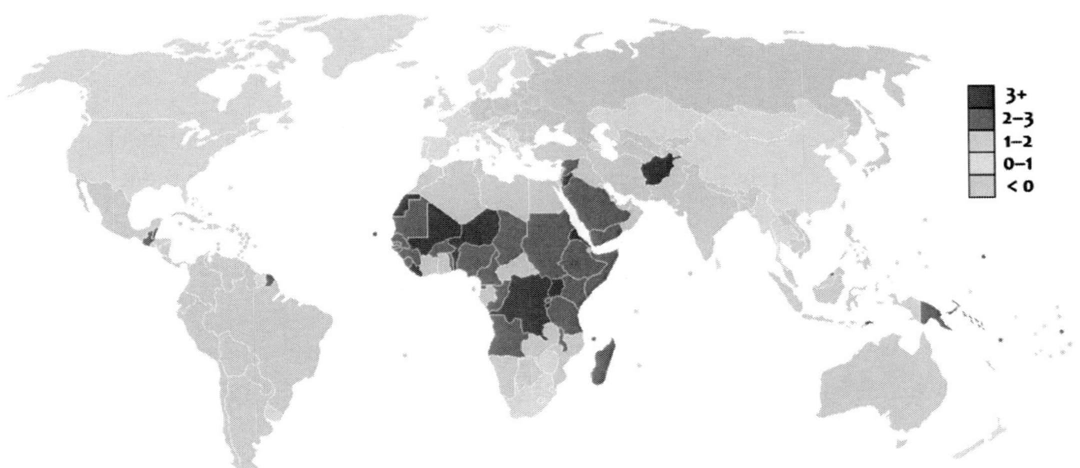

Fonte: ClaudioMB (CC-BY-SA 3.0, https://commons.wikimedia.org/wiki/File:Population_growth_rate_world_2005-2010_UN.PNG)

Diante do exposto, nota-se que as posições extremistas em relação a essa questão repercutem negativamente em um ou outro aspecto. O bom senso e a precaução são, mais uma vez, as expressões que devem nortear as ações humanas, pois o ideal de alcançarmos o bem-estar de todos, indistintamente, não pode resultar em impactos irreversíveis ao meio ambiente.

Antes de encerrarmos esta Seção, proponho que você assista a um vídeo muito interessante, que aborda os problemas decorrentes do consumismo exagerado. O vídeo é intitulado: "*The story of stuff*" (A história das coisas) e você pode acessar uma versão dublada em português, se necessário, no sítio: https://www.youtube.com/watch?v=Q3YqeDSfdfk.

1.5 – Meio ambiente e gestão ambiental

Similarmente aos demais seres vivos, o homem retira recursos do meio ambiente para prover sua subsistência e devolve as sobras, que nem sempre são absorvidas por outros seres vivos. Essas sobras representam os aspectos mais visíveis dos problemas ambientais, dando-se a elas o nome de ***poluição***. Barbieri (2007) aponta que os poluentes são materiais ou energia que produzem algum tipo de problema indesejável devido às suas propriedades físico-químicas, às quantidades despejadas e à capacidade de assimilação do meio ambiente, variando conforme as fontes geradoras. Na fabricação do cimento Portland, por exemplo, Belato (2013) expõe que os principais poluentes emitidos no meio ambiente são: óxidos de nitrogênio, dióxido de enxofre, monóxido de carbono, dióxido de carbono e material particulado. Além desses, mas em menores quantidades, também são emitidos compostos orgânicos voláteis (COV), amônia, cloro, cloreto de hidrogênio e metais pesados.

Se não fosse o emprego do desenvolvimento tecnológico na atenuação dos impactos negativos, possivelmente já teríamos esgotado a capacidade do Planeta de suportar a vida. Não se trata apenas do volume extraído de recursos naturais, mas também da multiplicidade e da quantidade de rejeitos que vêm sendo lançados na natureza após a Revolução Industrial. No caso brasileiro, a degradação do meio ambiente teve início durante a colonização, com o extrativismo; o processo continuou com o advento da urbanização e ganhou mais impulso quando o País definitivamente ingressou na fase de industrialização.

Quando inicio as minhas aulas que abordam a gestão ambiental, procuro sempre trazer alguns *cases* para contextualização do tema. Instauro a discussão interrogando os alunos acerca da importância da gestão ambiental empresarial: Será que precisamos considerar as questões ambientais para a sobrevivência das empresas? Em qualquer porte de empresa? Empresas públicas e privadas? A questão ambiental não seria um modismo efêmero?

Antes de prosseguirmos, trago um exemplo para que o leitor avalie a relevância da gestão ambiental; em seguida, trataremos da sua definição. Em 18 de setembro de 2015, a Agência de Proteção Ambiental (EPA) dos Estados Unidos acusou uma famosa montadora alemã de haver instalado um *software* que mascarava os resultados de testes de emissões de poluentes, em 10 milhões de veículos equipados com motores a diesel, no período de 2009 a 2015. Após o escândalo, que derrubou o presidente-executivo da empresa, em janeiro de 2017 a empresa celebrou um acordo para pagar multa de 4,3 bilhões de dólares nos Estados Unidos, com vistas a encerrar as acusações civis e criminais naquele país. Em junho de 2018, a revista Exame publicou matéria informando que a montadora também foi multada na Alemanha em um bilhão de euros, pelos mesmos motivos, sendo uma das maiores penalidades impostas naquele país contra empresas. A montadora aceitou pagar a multa, admitindo a sua responsabilidade pela crise. No entanto, analistas afirmam que essa multa não acabará com os processos abertos por acionistas da empresa, além dos custos de reparação de todos os veículos fraudados. Certamente, bilhões de euros afetam as finanças, mesmo de corporações gigantescas. Portanto, esse exemplo é uma prova inequívoca do grau de comprometimento desta temática nos ambientes corporativos.

Foi necessário percorrer um longo caminho para que as organizações responsáveis por danos ambientais, decorrentes de suas atividades, pudessem adotar algum tipo de abordagem para o controle da poluição. Não se trata de uma sensibilização espontânea dos gestores, mas foi consequência do enrijecimento da legislação ambiental e das frequentes pressões da sociedade. Infelizmente, conforme relata Coachman (2011), as organizações frequentemente buscam apenas executar medidas isoladas, reduzindo o descarte de poluentes na natureza e procedendo alguma alteração sutil no modelo de produção. Para mitigar os efeitos negativos dos seus processos produtivos, as empresas contam com dois tipos de tecnologias:

a. tecnologia de remediação – que corresponde a uma postura reativa, ou seja, procura resolver um problema ambiental que já ocorreu. Seus cuidados ecológicos se limitam à correção dos eventuais danos ambientais provocados;

b. tecnologia *end of pipe control* (controle de final de processo) – consiste na implantação de dispositivos para capturar e tratar a poluição resultante do processo produtivo antes que ela seja liberada na natureza. Para tanto, as empresas devem instalar equipamentos sofisticados, como filtros e estações de tratamento.

Questões de natureza política, econômica, social e cultural, que estão na raiz dos problemas ambientais, retardam ou inviabilizam a adoção de soluções. Todas essas questões devem ser consideradas quando se pretende solucionar os impactos negativos gerados pelas ações antrópicas no meio ambiente. Assim, a ***gestão ambiental*** corresponde:

> às diretrizes e atividades administrativas e operacionais, tais como: planejamento, direção, controle, alocação de recursos e outras, realizadas com o objetivo de obter efeitos positivos sobre o meio ambiente, quer reduzindo ou eliminando os danos ou problemas causados pelas ações humanas, quer evitando que eles surjam (BARBIERI, 2007, p.25).

Segundo esse mesmo autor, as primeiras manifestações de gestão ambiental foram decorrentes do esgotamento de recursos, tal como a madeira utilizada na construção de habitações, fortificações, móveis, instrumentos e combustível, cuja exploração havia se intensificado desde a Idade Média. No entanto, as iniciativas para combater efetivamente a poluição só começaram a partir da Revolução Industrial. Campos e Shigunov Neto (2007) apontam que a preocupação com a proteção do meio ambiente, contra as alterações antrópicas, somente foi motivada quando se constatou que o esgotamento dos recursos naturais afetaria a produção de mercadorias.

Na Seção 5.3 discutiremos os procedimentos e benefícios advindos da implantação do Sistema de Gestão Ambiental (SGA) nas organizações. De acordo com a ABNT NBR ISO 14.001:2004, os objetivos da gestão ambiental compreendem:

- Implementar, manter e aprimorar um Sistema de Gestão Ambiental;
- Assegurar-se de sua conformidade com a política ambiental definida;
- Demonstrar a conformidade a terceiros;
- Buscar certificação/registro do SGA por uma organização externa;
- Realizar uma autoavaliação e emitir autodeclaração de conformidade com essa norma.

Para Shigunov Neto *et al.* (2009), o objetivo principal da gestão ambiental deve ser a melhoria contínua da qualidade ambiental dos serviços, produtos e ambiente de trabalho de qualquer organização pública ou privada, independentemente de seu porte. Trata-se de um processo de aprimoramento do Sistema de Gestão Ambiental implantado pela organização, em consonância com a política ambiental estabelecida.

1.6 – Impactos da construção civil no meio ambiente

A partir deste ponto, cabe-nos iniciar a apresentação e discussão das relações do setor da construção civil com os problemas ambientais relatados nas seções anteriores. Desde que deixou de morar em cavernas, o homem deu início a sua jornada como construtor. No princípio, as construções eram feitas com materiais encontrados na própria região, com o auxílio de ferramentas rudimentares, de modo que a madeira, a pedra e o solo serviram imensamente para esse propósito.

Com o incremento da população, o desenvolvimento tecnológico, a urbanização e outros fatores, houve a necessidade de se construir, também de forma crescente, edificações e infraestrutura para abrigar as diversas necessidades do homem: morar, trabalhar, estudar, lazer etc. Agopyan e John (2011) acrescentam que a indústria da construção civil é responsável pela transformação do ambiente natural no ambiente construído, o qual precisa ser permanentemente atualizado e mantido.

Alguns países e regiões desenvolveram-se rapidamente e, portanto, prosperaram no sentido de realizar as construções exigidas pela sociedade. Todavia, em muitas regiões do Planeta ainda há carências enormes de edificações e infraestrutura para proporcionar qualidade de vida aos seus moradores, condição indispensável para uma sociedade justa. De acordo com o WBCSD (2009 apud AGOPYAN; JOHN, 2011), a demanda dos países em desenvolvimento por um ambiente construído maior e de melhor qualidade exigirá grande crescimento do setor, ou seja, estima-se que a indústria de materiais de construção, em nível mundial, cresça duas vezes e meia entre 2010 e 2050.

Figura 1.4 – Extração de minérios em Erzberg – Áustria
Fonte: Ewald T. (CC-BY-SA 3.0, https://commons.wikimedia.org/wiki/File:Population_growth_rate_world_2005-2010_UN.PNG)

Para abastecer o setor produtivo, grandes quantidades de **matérias-primas** são extraídas da natureza, provocando, em muitos casos, alterações pronunciadas no meio ambiente. No caso da mineração, há perturbações na cobertura vegetal – em graus variados, que vão desde a supressão total ou parcial na área a ser explorada – e utilização excessiva de água, em geral proveniente do lençol freático do local. A atividade extrativista gera profundas alterações na estrutura física (Figura 1.4) e social do local, gerando enorme volume de subprodutos, cuja deposição provoca ainda mais impactos.

Nesse particular, ainda estão em nossas mentes as tristes e impressionantes imagens subsequentes ao rompimento de barragens de rejeitos de mineração localizadas no estado de Minas Gerais. Em 05 de novembro de 2015, em Mariana, a barragem de rejeitos denominada "Fundão" rompeu-se, formando ondas gigantes de rejeitos que avançaram em direção a pessoas, animais, casas, carros, árvores e tudo o mais que encontrou pela frente. Na ocasião morreram 18 pessoas e uma permanece desaparecida. A menos de 200 km dali, em 25 de janeiro de 2019 registrou-se uma nova tragédia ambiental, social e econômica: o rompimento da barragem de resíduos de Brumadinho, que matou 248 pessoas e deixou 22 desaparecidos até o momento, dentre os quais muitos trabalhadores da própria empresa, destruindo construções e a natureza da região. Esses dois acontecimentos recentes ilustram tragicamente a importância do controle dos impactos decorrentes de atividades que exploram os recursos naturais.

"Apesar de a construção civil ser considerada historicamente como uma atividade 'suja', até meados da década de 1990 não havia sido colocada como uma indústria com problemas de sustentabilidade" (AGOPYAN; JOHN, 2011, p.29). De fato, a relação entre construção civil e sustentabilidade, nas últimas décadas, revelou apenas a preocupação com a eficiência energética e a energia incorporada na produção dos materiais.

Muitos materiais e componentes empregados nas construções são produzidos a partir de matérias-primas cuja extração representa sérias agressões ambientais. Desse modo, é certo que precisamos melhorar a eficiência dos materiais de construção, mitigando a necessidade de extração dos recursos naturais. Outro agravante é que as construções não podem ser miniaturizadas e a produção do ambiente construído demanda algo entre 4 a 7 toneladas de materiais por habitante a cada ano (AGOPYAN; JOHN, 2011).

Na indústria da construção civil, a busca pela ecoeficiência ainda está longe de ser uma realidade. Torgal e Jalali (2010) afirmam que, em termos ambientais, a indústria da construção civil é responsável por 30% das emissões de carbono. Além disso, a indústria da construção a nível mundial consome mais matérias-primas (aproximadamente 3.000 Mt/ano, quase 50% em massa) que qualquer outra atividade econômica.

Em adição, boa parte dos materiais utilizados na construção civil passa por processos de **calcinação**. Dentre eles podemos citar: cimento, cal, aço, alumínio, cerâmicas, vidro etc. Desse modo, a queima do combustível necessário à produção dos materiais agrava os problemas ambientais, pois gigantescas quantidades de CO_2 e outros gases são exalados para a atmosfera durante o processo. No caso da madeira, há preocupações quanto à exploração irregular das florestas nativas, cuja devastação pode pôr algumas espécies em risco de desaparecimento.

Agopyan e John (2011, p.14) salientam que:

> o impacto ambiental da construção civil depende de toda uma enorme cadeia produtiva: extração de matérias-primas; produção e transporte de materiais e componentes; concepção e projetos; execução (construção), práticas de uso e manutenção e, ao final da vida útil, a demolição/desmontagem, além da destinação dos resíduos gerados ao longo da vida útil.

A sequência de impactos ambientais apresentada por esses autores será estudada com mais detalhes no Capítulo 3 deste livro, especialmente no que concerne à produção e especificação dos materiais de construção, aos procedimentos adotados nas fases de construção e manutenção e aos resíduos gerados ao longo de toda a vida útil da edificação.

Além do elevado consumo de matérias-primas, a **geração de resíduos** é colocada como outro significativo impacto ambiental negativo causado pelo setor da construção civil. Os produtos que não encontram espaço para reutilização ou reciclagem acabam, muitas vezes, sendo destinados a aterros, promovendo severas agressões ambientais. Torgal e Jalali (2010) indicam que os resíduos da construção civil (RCC) representam um terço dos resíduos produzidos no espaço europeu. Por meio de estudos realizados em algumas cidades brasileiras, contatou-se que o volume de resíduos de construção civil ocupava cerca de 50% dos aterros sanitários, sobretudo no período que antecedeu a promulgação da Política Nacional de Resíduos Sólidos.

Agopyan e John (2011) ressaltam que, no ano de 2005, o setor de transporte brasileiro foi responsável por 8,1% das emissões totais de CO_2, e o transporte rodoviário foi responsável por 7,5%. Uma parcela significativa das emissões associadas ao transporte está vinculada à movimentação de materiais de construção. Muitos produtos consumidos pela construção civil viajam longas distâncias, sendo transportados essencialmente por caminhões movidos a diesel, complementam estes autores.

Além dos problemas ambientais anteriormente relatados, não devemos nos esquecer das quantidades de energia elétrica e água potável consumidas na fase de uso da edificação. Por isso, é comum atribuir às construções uma elevada parcela de efeito sobre as mudanças climáticas, particularmente decorrente do uso das edificações. Desse modo, percebe-se que os impactos provocados no meio ambiente pelo setor da construção civil são significativos e, por meio das ações que discutiremos ao longo deste texto, pretende-se encontrar e discutir alternativas para mitigar os efeitos negativos creditados ao setor.

1.7 – Uso consciente de recursos na construção civil

Nesta Seção são colocados em evidência dois assuntos de muita relevância para o contexto da sustentabilidade das edificações: o uso racional da água e da energia. É conveniente a sua abordagem antes de conceituarmos as edificações ecoeficientes.

1.7.1 Uso racional da água

Para justificar a necessidade do uso racional da água, que é uma das metas da edificação ecoeficiente, vamos nesta parte do texto expor a relevância deste recurso natural para a nossa existência e os cuidados necessários à continuidade de sua disponibilidade e abastecimento. Ao refletir a respeito da temática, imediatamente veio à minha mente a famosa canção, abaixo transcrita, composta e cantada por Guilherme Arantes, lançada em 1981. Na composição, observamos uma resenha do ciclo hidrológico em nosso planeta.

Planeta Água

Água que nasce na fonte,
Serena do mundo,
E que abre um profundo grotão.
Água que faz inocente riacho e deságua
Na corrente do ribeirão.
Águas escuras dos rios,
Que levam a fertilidade ao sertão.
Águas que banham aldeias e matam a sede da população.
Águas que caem das pedras,
No véu das cascatas, ronco de trovão.
E depois dormem tranquilas, no leito dos lagos.
Água dos igarapés,
Onde iara, a mãe d'água, é misteriosa canção.
Água que o sol evapora, pro céu vai embora
Virar nuvens de algodão.
Gotas de água da chuva,
Alegre arco-íris, sobre a plantação.
Gotas de água da chuva tão tristes,
São lágrimas na inundação.
Águas que movem moinhos,
São as mesmas águas que encharcam o chão,
E sempre voltam humildes,
Pro fundo da terra.
Terra! Planeta Água. Terra! Planeta Água.

Elemento determinante para a existência da vida, a água também é condição indispensável para o desenvolvimento social e econômico da Humanidade e pré-requisito para o equilíbrio ecológico e ambiental (OLIVEIRA, 1999). Por essa razão, as primeiras civilizações surgiram em locais com facilidade de acesso a este bem.

Trata-se do recurso natural mais abundante no Planeta, com um volume total estimado de 1.386 milhões km^3, distribuído da seguinte maneira: 97,5% em oceanos e mares, 1,7% nas geleiras e calotas polares, 0,7% nos aquíferos subterrâneos e uma parcela pequena em forma de vapor na atmosfera (SHIKLOMANOV, 1999). Portanto, enquanto processos de dessalinização das águas oceânicas forem onerosos, temos menos de 1% de água existente no globo na forma doce e disponível para consumo pelos ecossistemas.

O ciclo hidrológico caracteriza a forma de circulação de água na natureza e pode ser resumido desta maneira: a energia procedente da radiação solar faz com que evapore a água presente nos oceanos, rios e lagos. Além disso, nas plantas ocorre a evapotranspiração. Em seguida, na forma de vapor, a água se acumula na atmosfera até que em determinados momentos se precipita sobre oceanos e na superfície terrestre. A parcela que infiltra no solo abastece os lençóis freáticos e outra parcela escoa para os rios, que vão desaguar nos lagos e mares, voltando a evaporar. Esse ciclo favorece a reposição e renovação das águas nos rios, lagos e aquíferos subterrâneos, sendo influenciado por fatores climatológicos, geológicos e relativos ao uso do solo.

É relevante recordar que há um desequilíbrio na distribuição de água doce em relação à distribuição populacional no mundo. A Tabela 1.1 retrata aspectos da disponibilidade hídrica para cada habitante, na região considerada. Observa-se uma variação de 700%, por exemplo, entre a disponibilidade hídrica de um norte-americano e um habitante de uma ilha no Caribe, apesar da proximidade espacial dessas duas regiões.

Segundo a *Food and Agriculture Organization* (FAO), agência especializada das Nações Unidas, atualmente a escassez de água afeta mais de 40% da população mundial, podendo atingir 2/3 da população em 2050. Com efeito, a distribuição da população nos continentes não acompanha a disponibilidade hídrica, ou seja, países muito populosos detêm proporções menores de água, tornando complexo e desafiador o abastecimento da população.

Tabela 1.1 – Disponibilidade hídrica mundial

Continente/Região	Disponibilidade hídrica		
	Volume anual (km^3)	% da disponibilidade hídrica mundial	Por habitante noano de 2003 (m^3)
África	3.936	9,0	4.600
Ásia	11.594	26,6	3.000
América Latina	13.477	30,9	26.700
Caribe	93	0,2	2.400
América do Norte	6.253	14,3	19.300
Oceania	1.703	3,9	54.800
Europa	6.603	15,1	9.100
Mundo	**43.659**	**100,0**	**6.900**

Fonte: FAO (2006)

Apesar de o Brasil ser considerado privilegiado em termos de disponibilidade de água (35.732 m^3/hab/ano), equivalente a 12% de toda a água doce do mundo (TOMAZ, 2001), um percentual significativo destas águas está situado em região que concentra pequena parcela da população. Em outras palavras, existem regiões brasileiras que enfrentam *stress* hídrico, tal como aquele que foi registrado na região metropolitana de São Paulo em 2014, ocasião em que praticamente secaram os reservatórios destinados ao abastecimento da população.

Com o propósito de atender as suas necessidades, o homem interfere no ciclo natural das águas, geralmente desviando seus cursos naturais para utilização na agricultura, indústrias e consumo humano. No ambiente urbano, promove a impermeabilização excessiva do solo, dificultando o reabastecimento dos lençóis freáticos. A condução de sedimentos e detritos pelas tubulações de águas pluviais, associada a práticas inadequadas de cultivo do solo, provocam erosões e assoreamento dos cursos de água. Desse modo, percebe-se que a ação humana normalmente acarreta em danos ao ciclo natural da água.

Agopyan e John (2011) expõem que aproximadamente 26% da água retirada – ou 10% da água consumida – é utilizada no ambiente construído. O consumo médio de água no Brasil é cerca de 150 l/hab.dia. A renda, o índice de urbanização e de desenvolvimento tem relação direta com o aumento de consumo per capita. Além do grande consumo nas edificações, uma parcela superior a 1/3 da água retirada da natureza pelas empresas de abastecimento de água é perdida durante o processo de distribuição, agravando o cenário.

No Brasil, em residências localizadas em cidades de porte médio, o consumo de água potável pode chegar a 200 litros por habitante por dia, podendo elevar-se até 400 litros em bairros de nível econômico mais elevado e reduzir-se para valores de 120 litros por habitante por dia em cidades de menor porte. A água utilizada nos banheiros representa 70 a 82% do consumo total de uma residência de porte médio (OLIVEIRA, 2004). Na Tabela 1.2 são apresentadas as estimativas relativas ao percentual de água consumida em cada atividade doméstica.

Tabela 1.2 – Água consumida por atividade doméstica para consumo diário de 200 litros por habitante

Aparelhos	Consumo (%)
Vaso sanitário	41
Chuveiro	37
Pia de cozinha	6
Bebida	5
Lavagem de roupas	4
Limpeza de casa	3
Irrigação de jardins	3
Lavagem de carros	1

Fonte: Oliveira (2004)

Vários dispositivos têm sido disponibilizados no mercado pelos fabricantes de materiais e equipamentos para a construção civil, com foco na redução do consumo de água nas edificações, tais como arejadores de torneiras, válvulas de descarga com duplo acionamento (*dual flush*), reguladores de vazão, torneiras com fechamento automático, redutores de pressão, entre outros. Também merece destaque o programa para universalização do consumo de água das bacias sanitárias, organizado pelo Programa Brasileiro da Qualidade e Produtividade do Habitat (PBQP-H), que padronizou o consumo em 6,8 litros por fluxo. Quando analisada a demanda de água em edificações, os equipamentos sanitários têm função central e participação direta nos índices de consumo (HAFNER, 2007).

Recentemente, alguns municípios brasileiros alteraram suas legislações que regulam a aprovação de projetos de novas construções, incluindo a obrigatoriedade de instalar reservatórios para acumulação e uso de águas pluviais, além de estabelecer limites para a pavimentação do terreno. Sistemas para tratamento e reuso de águas cinzas também já são encontrados no mercado a preços acessíveis, ampliando as possibilidades de redução do consumo de água nas edificações. Voltaremos a tratar deste tema um pouco mais adiante. No entanto, Agopyan e John (2011) alertam que a captação e tratamento de águas diretamente nas edificações aumentam a complexidade do sistema, tornando o usuário da edificação responsável pela operação e manutenção do sistema, além de requerer o controle periódico da qualidade da água, aumentando os riscos de contaminação.

Recomenda-se a elaboração de projetos hidrossanitários para todas as edificações que serão construídas, concebidos por profissionais qualificados e competentes. No entanto, o usuário da edificação é quem decidirá o quanto de água vai utilizar ou economizar. Portanto, torna-se cada vez mais indispensável a educação dos ocupantes das edificações, tema que também retomaremos oportunamente.

No âmbito das edificações ecoeficientes, as reduções dos consumos de água potável e de energia são indicativos notáveis de que o projeto da edificação foi concebido com o propósito de alcançar a sustentabilidade do empreendimento.

1.7.2 Uso racional da energia

O consumo de energia elétrica – amplamente divulgado como um dos vilões do aquecimento global, sobretudo nos países cuja matriz energética é baseada na queima de combustíveis fósseis – foi um dos precursores e responsável pela consolidação do conceito de edificação ecoeficiente. Há diferentes análises que devem ser realizadas a respeito deste tema no Brasil, em face das desigualdades climáticas características de cada região.

A energia elétrica foi uma das grandes conquistas da Humanidade e permitiu inúmeros benefícios e desenvolvimento. No entanto, frequentemente a sua produção resulta em impactos ambientais, em maior ou menor grau dependendo da fonte utilizada. Quando a energia é gerada a partir da queima de combustíveis fósseis – como petróleo, carvão e gás natural – se produzem gases que contribuem para o aquecimento global. A energia produzida em hidrelétricas normalmente requer o alagamento de grandes áreas, ocupando terras agricultáveis e causando impactos sociais. Em se tratando de energia nuclear, os resíduos radioativos resultantes do processo são altamente contaminantes, havendo dificuldades para um descarte seguro e riscos de ocorrência de acidentes.

Boas perspectivas surgem com a geração de energia a partir da queima de biomassa, pois produz menor quantidade de gases que acentuam o efeito estufa e as terras utilizadas para a produção de cana-de-açúcar ou madeira – matérias-primas geralmente envolvidas na obtenção da biomassa – podem ter os plantios renovados. Há ainda a possibilidade de geração de energia a partir de fontes renováveis e limpas, como é o caso da luz solar, ventos, calor geotérmico e movimento das ondas.

De acordo com o Instituto Nacional de Eficiência Energética (INEE), denomina-se Geração Distribuída à modalidade de geração elétrica realizada junto ou próxima dos consumidores, independente da potência, tecnologia e fonte de energia, e inclui:

- Co-geradores;
- Geradores que usam resíduos combustíveis de processo como fonte de energia;
- Geradores de emergência;
- Geradores para operação no horário de ponta;
- Painéis fotovoltaicos;
- Pequenas centrais hidrelétricas.

A Geração Distribuída também envolve os equipamentos de medida, controle e comando que articulam a operação dos geradores e o eventual controle de cargas. Há vantagem em relação à Geração Central, pois economiza investimentos em transmissão e reduz as perdas no sistema. O fim de monopólio da geração de energia elétrica, nos anos 80, incentivou o desenvolvimento de tecnologias com vistas à redução de custos. Oportunamente retomaremos a discussão relativa à Geração Distribuída, especialmente aquela realizada por meio dos painéis fotovoltaicos, que indicam uma oportunidade promissora para atingir a meta de as futuras edificações serem autossuficientes em produção de energia.

De acordo com o Ministério de Minas e Energia (2019), em janeiro de 2019 a capacidade instalada total de geração de energia elétrica no Brasil alcançou 163.761 MW, sendo a matriz de distribuição apresentada na Tabela 1.3. As fontes renováveis (hidráulica, biomassa, eólica e solar) representaram 83% dessa capacidade. Lamentavelmente a parcela de energias renováveis na matriz não deverá crescer nos próximos anos, por falta de investimentos públicos no setor.

Tabela 1.3 – Matriz da capacidade instalada de geração de energia elétrica, no Brasil, em janeiro de 2019

Fonte	% capacidade instalada
Hidráulica	63,6
Térmica (gás natural, biomassa, petróleo, carvão e nuclear)	26,0
Eólica	8,9
Solar (inclusive geração distribuída)	1,5

Fonte: Ministério de Minas e Energia (2019)

É possível afirmar que o consumo de energia reflete o grau de desenvolvimento econômico e a qualidade de vida de qualquer sociedade. Com efeito, esse indicador representa o nível de atividade industrial, comercial e de prestação de serviços, além de espelhar a capacidade da população em adquirir e utilizar bens e serviços que lhes proporcione conforto e bem-estar. A Figura 1.5 ilustra o panorama do consumo brasileiro de energia elétrica por categorias, registrado em dezembro de 2018 e nos doze meses antecedentes. Observa-se que o setor industrial e o residencial consomem, em conjunto, aproximadamente 50% da energia elétrica ofertada.

Figura 1.5 – Consumo de energia elétrica no Brasil por categorias

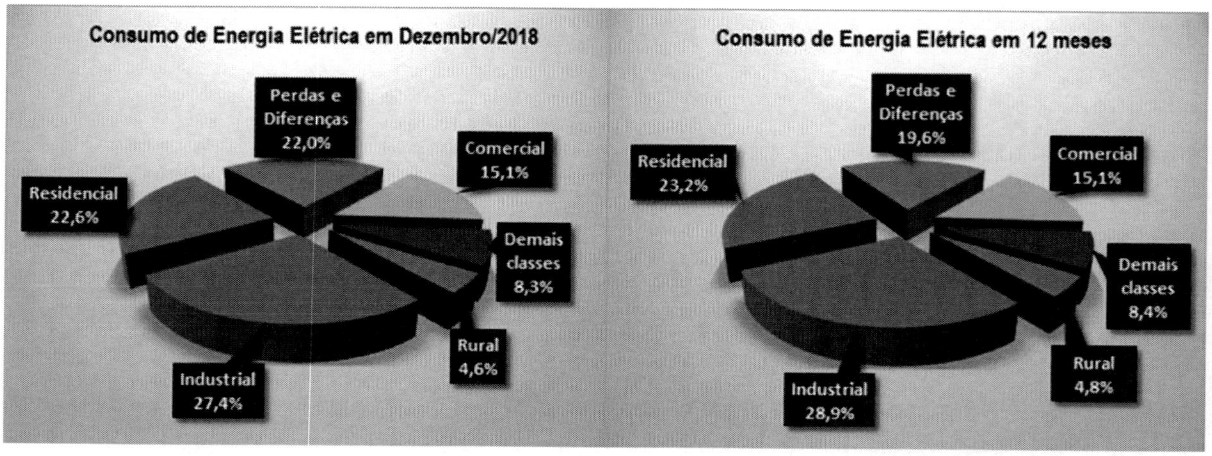

Fonte: Adaptado de Ministério de Minas e Energia (2019)

Na categoria residencial, que é o principal foco deste texto, registra-se elevação gradativa no consumo de energia elétrica, retratada em gráfico na Figura 1.6 para o período de 1995 a 2018.

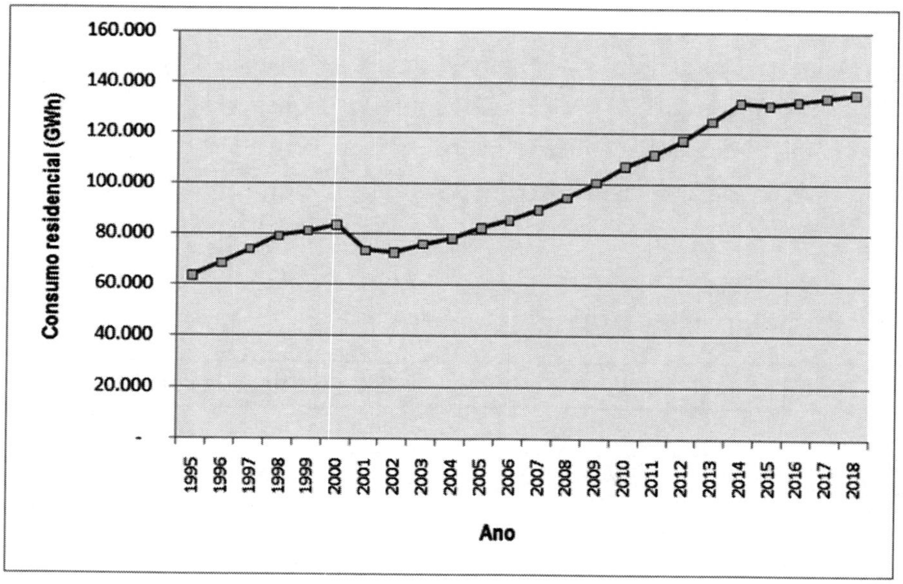

Fonte dos dados: Empresa de Pesquisa Energética (2019)

Figura 1.6 – Consumo de energia elétrica no Brasil – setor residencial

Observando-se a Figura 1.6, notam-se oscilações no consumo residencial. Uma delas, em 2001, foi consequência do racionamento imposto aos consumidores, que foram obrigados a se adaptar a uma cota de consumo mensal. Em outras ocasiões, as flutuações foram decorrentes das instabilidades econômicas que trouxeram implicações na oferta de empregos e outras vulnerabilidades ao consumidor. Embora o ritmo de crescimento possa beneficiar alguns setores, a expansão do consumo é preocupante devido aos impactos produzidos na geração e transmissão da energia elétrica, além de requerer elevados investimentos para a construção de novas usinas.

Agopyan e John (2011) ressaltam que boa parte da geração de energia elétrica é realizada com investimentos públicos, logo a economia de energia tem um significado social.

De acordo com ANEEL (2008), estimular o uso eficiente da energia elétrica tem sido em todo o mundo uma das formas contemporâneas de conter a expansão do consumo sem comprometer o desenvolvimento econômico e a qualidade de vida. O Plano Nacional de Eficiência Energética prevê um potencial de redução do consumo médio de energia nos edifícios equivalente a 30%. Em contraposição, o Plano Nacional de Energia indica aumento no consumo de energia elétrica total e per capita até 2030.

Em 1985, o Ministério de Minas e Energia criou o Programa Nacional de Conservação de Energia Elétrica (PROCEL), visando incentivar o uso racional e eficiente da energia elétrica. Em 1993, sob a coordenação do Instituto Nacional de Metrologia, Normalização e Qualidade Industrial (INMETRO), foi lançada a etiqueta Procel, que confere uma distinção pela excelência energética do equipamento em relação aos demais disponíveis. Com isso, a etiqueta de eficiência energética passou a ser intensamente utilizada pela indústria de eletrodomésticos e eletroeletrônicos, como elemento de *marketing* (ANEEL, 2008). Também foi criada uma etiqueta do Procel para as edificações, denominada Procel Edifica, que abordaremos oportunamente ao longo deste texto.

No tocante à eficiência energética das edificações residenciais, é indispensável conhecer como se dá a distribuição do consumo por instalações e/ou aparelhos. Ghisi, Gosch e Lamberts (2007) realizaram pesquisa relativa ao uso final de energia elétrica nas residências brasileiras, no período de 1997 a 1999, sendo os resultados para o período de verão ilustrados na Figura 1.7.

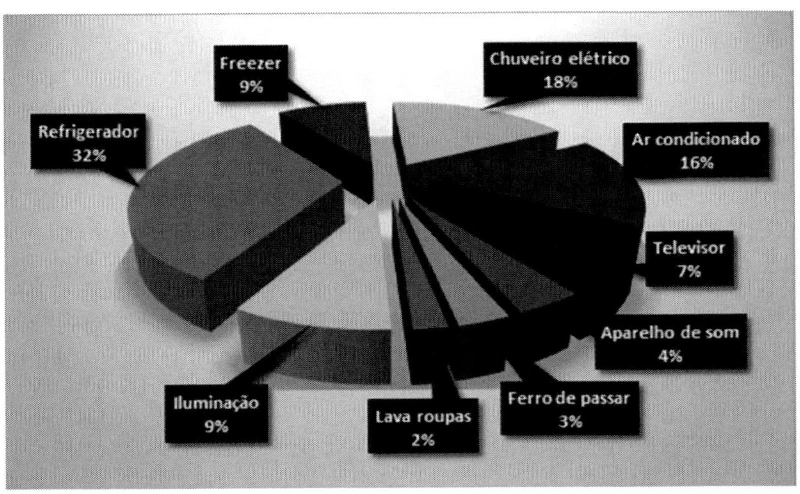

Fonte: Adaptado de Ghisi, Gosch e Lamberts (2007)

Figura 1.7 – Distribuição do consumo de energia elétrica em residência brasileira no verão

No caso do ar-condicionado, que responde por 16% do consumo no verão, no período de inverno consome apenas 2%. Trata-se do equipamento que demonstrou a maior diferença de consumo nas duas estações pesquisadas, quando comparado aos outros aparelhos e/ou instalações. Ressalta-se também que existem diferenças consideráveis de consumo entre as regiões. Na Região Norte, por exemplo, o ar-condicionado é responsável por cerca de 40% do consumo energético, enquanto que o chuveiro responde por apenas 2% do consumo.

Para evitar o desperdício de energia, podemos identificar dois caminhos: (a) *aperfeiçoamento da tecnologia*: utilizar equipamentos eficientes, bem dimensionados e contratar profissionais especializados para a elaboração de projetos adequados às necessidades do consumidor; (b) *mudança de comportamento*: mudança de hábitos e consciência ambiental dos usuários das edificações, proporcionada por programas de educação dos consumidores. Pela grande demanda por energia e recursos naturais, a construção civil pode ser considerada a atividade humana com maior impacto ao meio ambiente (TAVARES; LAMBERTS, 2006).

De acordo com Agopyan e John (2011, p.131),

> ainda falta, na área, uma visão de mais longo prazo: inexistem, até o momento, políticas para incentivar o desenvolvimento de soluções avançadas como os edifícios *Zero Net Energy* que já estão integrados nas políticas públicas de muitos países. Existe uma clara resistência do setor elétrico em permitir a geração descentralizada de energia. O mais impressionante é que, como os brasileiros pagam a maior tarifa de eletricidade do mundo – ao menos para o consumidor de classe média, que não conta com energia subsidiada –, em muitas regiões do País a energia fotovoltaica começa a ficar competitiva em termos de custo, embora ainda exija investimentos substanciais.

Diante do exposto, percebe-se que o consumo de energia é muito relevante para o conceito de edificações ecoeficientes. Em determinado momento, neste texto, observaremos explicitamente como a eficiência energética é valorizada pelas certificações ambientais das edificações. Certamente é necessário um maior engajamento de toda a sociedade nesta temática, com o propósito de melhorar a eficiência e os custos praticados pelo setor.

Síntese do Capítulo

Ao longo deste Capítulo você teve a oportunidade de recordar ou aprender conceitos basilares para a continuidade dos seus estudos. Iniciamos esta marcha com uma breve caracterização dos principais impactos que a atividade antrópica tem provocado à natureza. Foi ressaltada a associação que muitos pesquisadores têm feito entre o aquecimento global e as emissões atmosféricas de CO_2. Apesar das correntes contraditórias, há sinais inequívocos de que devemos cuidar melhor de nossa casa, pois a redução da biodiversidade, o buraco na camada de ozônio, a contaminação das águas e outros, representam o lado mais cruel das agressões que o Homem tem promovido no meio ambiente.

Em seguida apresentamos o conceito de **meio ambiente**, que pode ser entendido como tudo aquilo que envolve os seres vivos. Em outras palavras, representa o próprio planeta Terra, com todos os seus elementos naturais e aqueles alterados e construídos pelo Homem. Aos bens e serviços originais (que não sofreram transformações), disponibilizados pela natureza, denominou-se **recursos naturais**, os quais podem ser classificados em renováveis e não renováveis. A esgotabilidade dos recursos naturais depende da variável tempo e do modo de utilização dos recursos. Obviamente que grande parte de nossa atenção está voltada àqueles de natureza não-renovável, pois a sua indisponibilidade é inadmissível no conceito de desenvolvimento sustentável.

Há muito tempo vem se desenrolando debates acalorados a respeito da capacidade do Planeta em suportar elevadas taxas de crescimento populacional. O consumo de produtos – cada vez mais estimulado e valorizado pela sociedade capitalista – representa um nível de produção igualmente frenético e, para tanto, há a necessidade de extrair enormes quantidades de matérias-primas da natureza, consome-se elevadas quantidades de energia e gera-se um volume gigantesco de resíduos. Com opiniões divergentes quanto à capacidade global de abastecer as necessidades humanas, os grupos denominados **pessimistas** (neomalthusianos) e **otimistas** (cornucopianos) reúnem adeptos mesmo nos dias atuais.

No setor da **construção civil**, ressaltamos a necessidade da construção de edificações e infraestruturas para abrigar as diversas necessidades do Homem. Esse setor, indispensável para a sobrevivência e o bem-estar da sociedade, promove enormes **impactos no meio ambiente**, tais como: a extração excessiva de recursos naturais; a acentuada geração de emissões atmosféricas nas fases de produção e transporte dos materiais e equipamentos; o consumo elevado de água e energia na fase de operação dos empreendimentos; e, por fim, a expressiva quantidade de resíduos gerados durante a produção das edificações.

Assim, é inevitável a reflexão a respeito da utilização dos recursos naturais. Discutiremos, na próxima Unidade, as alternativas disponíveis ao setor da construção civil para atenuar os impactos ambientais negativos, que se consubstanciam na forma de edificações ecoeficientes.

Atividades de Aprendizagem

1. Enumere os argumentos apresentados pelos pesquisadores que contestam a existência do aquecimento global. Estamos em processo de resfriamento global de ordem natural? Qual a sua posição em relação a essa polêmica?

2. Segundo Barbieri (2007), os problemas ambientais provocados pelos humanos decorrem do uso do meio ambiente para obter os recursos necessários para produzir bens e serviços que estes necessitam e dos despejos de materiais e energia não aproveitados no meio ambiente. Relacione os problemas ambientais que você consegue identificar em sua cidade.

3. Pesquise na internet notícias relativas a problemas ambientais ocorridos no Brasil ao longo da última década. Relacione no mínimo três notícias, apresentando alguns detalhes do problema (local de ocorrência, ano, impactos negativos causados etc.).

4. Nesta Unidade você observou duas concepções diametralmente opostas, em relação à capacidade do Planeta prover os recursos necessários para a subsistência humana. Discuta os argumentos apresentados pelos pessimistas e otimistas. Realce os eventuais excessos presentes em cada conceito.

5. Assista ao vídeo "*The story of stuff*". Faça uma resenha do vídeo.

6. Quando se afirma que um determinado material é 100% reciclável, e que, por essa razão, o material é ecologicamente correto, se omitem algumas importantes condições e características. Explique essa afirmação.

7. Discuta DOIS dos principais problemas ambientais provocados pela indústria da construção civil. Quais as soluções para mitigar os efeitos desses problemas?

8. Quais argumentos você utilizaria para sustentar uma campanha publicitária contra o desperdício de água?

9. Explique os benefícios decorrentes da produção de energia elétrica por meio de fontes renováveis (sol, vento etc.).

10. Recentemente a Companhia Paranaense de Energia (COPEL) divulgou normas para a aquisição de energia produzida nas edificações particulares (geração distribuída). Quais as condições e incentivos? Em sua opinião, essa medida é favorável à conservação dos recursos naturais?

Capítulo 2

Edifícios Ecoeficientes

Objetivos de Aprendizagem

- Classificar os principais episódios que revelam, nas últimas décadas, a crescente preocupação com as questões ambientais.
- Conceituar os aspectos da sustentabilidade e o significado de desenvolvimento sustentável.
- Relacionar os aspectos conceituais das edificações ecoeficientes.
- Identificar, por meio de estudos de casos, as características que classificam as edificações ecoeficientes.

Neste Capítulo trataremos de conceituar e apresentar alguns casos de edificações classificadas como ecoeficientes. Porém, antes de iniciarmos a exposição de conceitos, você pode refletir por alguns instantes acerca do tema e tentar construir mentalmente a imagem de uma edificação ecoeficiente. A imagem formada é muito diferente das construções que vemos nas nossas cidades? Desejaria morar nessa edificação que você imaginou, caso tenha pensado em uma edificação residencial? Que atributos devem ter as edificações ecoeficientes?

Para contextualizar historicamente as origens das edificações ecoeficientes, iremos relatar uma breve evolução dos acontecimentos que caracterizam a crescente preocupação com as questões ambientais, particularmente a partir das últimas décadas do século XX. Esses acontecimentos – que se traduzem em publicações, conferências, acordos e protocolos – representam tão somente a convergência de efeitos que se acumularam por milhares de anos de exploração dos recursos naturais, com especial aceleração a partir do século XVIII.

2.1 – Evolução da preocupação com as questões ambientais

Desde os tempos mais remotos, o homem vem explorando os recursos naturais e esse comportamento foi tão intenso, que chegou até mesmo a influir decisivamente no desaparecimento de algumas comunidades no passado.

Keeler e Burke (2010) ressaltam que, além de ter sido uma das principais causas do desaparecimento de culturas primitivas, a destruição do meio ambiente se mantém como uma ameaça à vida contemporânea. O período em que vivemos revela sinais evidentes de um descompasso entre a resiliência do Planeta e a avidez exploratória do ser humano, registrando-se: a extinção de espécies, a destruição das florestas tropicais, a exaustão do solo, a pesca e as práticas florestais irresponsáveis, os danos aos pântanos e rios devido à poluição industrial e outros. Os autores ainda complementam que as mudanças climáticas representam as expressões mais abrangentes das ameaças à saúde do meio ambiente e dos seres humanos, pois os impactos assumem escala global.

Em contrapartida, há registros de comunidades que se instalaram em muitos países ao redor do mundo e que ficaram conhecidas pelo profundo respeito à natureza. Estamos nos referindo aos povos indígenas, que sabem que é preciso equilibrar as inter-relações entre a necessidade de sustento da comunidade e a responsabilidade de honrar as práticas espirituais, marcadas por elementos da própria natureza. Com isso, notamos ser possível a convivência harmoniosa do homem com o mundo natural.

2.1.1 Transformações após a Revolução Industrial

Caracterizada como a fase de transição da sociedade agrícola – que se baseava na produção de pequena escala e economia de subsistência – para a sociedade industrializada, a Revolução Industrial, que teve início no século XVIII, marcou definitivamente o ingresso do Homem na Idade Moderna. Como desdobramento dessa transformação, surgiu uma comunidade urbana empobrecida e praticamente desconhecida, na qual mulheres e crianças eram fundamentais para a força de trabalho. Durante esse período de transição, as condições de vida eram absolutamente precárias e o mesmo se pode dizer das consequências ambientais desta grande mudança (KEELER; BURKE, 2010).

A Revolução Industrial provocou uma sensível conversão nos modos de produção. Com ela, iniciou-se uma era de forte crescimento econômico nas economias capitalistas, havendo historiadores econômicos que admitem a Revolução Industrial como o evento mais importante da Humanidade desde a domesticação de animais e o desenvolvimento da agricultura. Houve um crescimento da renda média da população, o que implica em aumento do consumo e produção de bens, convergindo para os níveis perigosamente insustentáveis de exploração dos recursos naturais e geração de resíduos experimentados no presente.

O fato é que a concentração de dióxido de carbono (CO_2) na atmosfera do Hemisfério Norte superou, pela primeira vez na história recente, a fronteira simbólica das 400 partes por milhão (ppm), segundo dados divulgados em maio de 2013 pela Administração Nacional de Oceanos e Atmosfera dos Estados Unidos (TERRA, 2013).

Os níveis de CO_2 na atmosfera terrestre experimentaram grandes oscilações nos últimos 800 mil anos, como se ilustrou na Figura 1.1. Porém, nessa mesma figura se percebe que no período que vai do ano 1000 d.C. até o início da Revolução Industrial, os níveis de gás carbônico ficaram próximos a 280 ppm. Uma vez emitido, o CO_2 permanece durante milhares de anos na atmosfera. Assim, as mudanças climatológicas dependem principalmente da acumulação dessas emissões e, por conseguinte, fica cada vez mais difícil não acreditar nas alterações futuras do clima no Planeta.

2.1.2 Debates instaurados na década de 1960

Quando decidiu aprofundar suas pesquisas acerca dos problemas envolvendo a utilização dos agrotóxicos, a bióloga marinha **Rachel Carson** já era uma escritora conhecida nos Estados Unidos, comenta Pereira (2012). A autora se interessava pelo tema dos pesticidas desde 1945, ocasião em que biólogos norte-americanos passaram a pesquisar os efeitos do dicloro-difenil-tricloroetano (DDT) no meio ambiente. Esse famoso pesticida começou a ser largamente utilizado após a Segunda Guerra Mundial no combate aos insetos que atacavam as plantações agrícolas.

Pereira (2012) salienta que o DDT foi sintetizado em 1874, na Alemanha, mas suas propriedades como inseticida só foram descobertas em 1939, pelo químico suíço Paul Hermann Müller. Esse composto foi utilizado inicialmente, com sucesso, no combate a insetos (piolhos, mosquitos e outros) transmissores de doenças (tifo, malária, febre amarela e outras), o que conferiu a Müller o prêmio Nobel de Medicina, em 1948.

Carson dedicou-se ao estudo dos efeitos dos pesticidas e, após quatro anos de muito trabalho, em junho de 1962, publicou a primeira versão do livro ***Silent Spring*** (Primavera Silenciosa). Nessa obra, a autora denunciou os vários efeitos negativos do uso do DDT em plantações e em campanhas de prevenção de doenças. O fato grave denunciado por Carson foi que o pesticida não matava apenas as pragas, mas contaminava todo o ecossistema – solo, águas, fauna e flora – e entrava na cadeia alimentar, chegando ao homem.

Além dos animais aquáticos, Carson constatou que os pesticidas ameaçavam várias espécies de aves de duas formas: as aplicações de pesticidas causavam sua morte ou prejudicavam sua reprodução, já que o veneno agia nas células reprodutoras dessas espécies. Essa era a 'primavera silenciosa' que ela queria evitar: uma estação sem pássaros (PEREIRA, 2012). É provável que Carson tenha dado início à discussão referente ao impacto da indústria moderna sobre a saúde do meio ambiente e dos seres humanos, afirmam Keeler e Burke (2010).

Esse é apenas um dos exemplos de episódios recorrentes de utilização indiscriminada de produtos químicos, que num primeiro momento se mostraram muito eficientes, mas depois de anos de utilização se descobriu os efeitos negativos dos seus componentes.

Em 1968, um grupo de pessoas ilustres, constituído basicamente por políticos, cientistas e economistas, fundou o **Clube de Roma**. O objetivo era debater os assuntos relacionados à política, economia internacional e, sobretudo, meio ambiente. O grupo contratou uma equipe do *Massachusetts Institute of Technology* (MIT) – chefiada por Donella H. Meadows – que, em 1972, publicou o relatório intitulado *The limits to growth* (Os limites do crescimento). Esse relatório, que também ficou conhecido como *Relatório do Clube de Roma* ou *Relatório Meadows*, tratava de problemas relacionados com o desenvolvimento da Humanidade, tais como: energia, poluição, saneamento, saúde, meio ambiente, tecnologia e crescimento populacional.

Em uma explícita visão neomalthusiana, mas baseados em modelos matemáticos, os autores do Relatório Meadows chegaram à conclusão de que a Terra não suportaria o crescimento populacional, devido ao esgotamento dos recursos naturais e energéticos, apesar da favorável hipótese de avanço tecnológico.

2.1.3 Conferências e compromissos a partir de 1972

Uma classificação adotada para o enfrentamento dos problemas ambientais é a divisão segundo "Agendas" (IBAMA, 2013). Assim, definiu-se *Agenda Verde* aquela que se refere a assuntos como preservação de florestas e biodiversidade, *Agenda Azul* aquela que se refere à gestão de recursos hídricos e *Agenda Marrom* aquela que se refere a questões ambientais relacionadas à urbanização, à industrialização, ao crescimento econômico e ao desenvolvimento social, tais como a poluição do ar, da água e do solo, a coleta e reciclagem de resíduos, o ordenamento urbano, a segurança química etc. Obviamente que os temas da Agenda Marrom continuamente alcançam maior destaque e prioridade nos países em desenvolvimento.

Com efeito, Keeler e Burke (2010) complementam que a Agenda Verde – que lida com as consequências do poder econômico e do superconsumismo – é mais urgente nos países ricos. Por sua vez, a Agenda Marrom lida com os problemas da pobreza e do subdesenvolvimento, enfatizando a necessidade de reduzir as ameaças à saúde humana decorrentes das péssimas condições sanitárias, da pobreza, do abastecimento de água inadequado, da poluição nociva à saúde do ar e das águas, além do acúmulo de resíduos sólidos no ambiente urbano.

É certo que os países em desenvolvimento enfrentam enormes desafios para oferecer educação e serviços de saúde para as suas populações. Para Keeler e Burke (2010), fica difícil privilegiar questões como a energia renovável quando isso ocorre à custa da criação de empregos e da autossuficiência econômica na África, ou da melhoria das condições de vida nas favelas do Rio de Janeiro, por exemplo.

O interesse em torno da temática ambiental ganhou corpo a partir da década de 1970. Assim, na Figura 2.1 são listados os principais acordos e conferências realizadas a partir dessa década, com vistas ao debate e estabelecimento de meios para viabilizar a redução dos impactos decorrentes das ações antrópicas no meio ambiente. Os fatos ilustrados nessa figura representam uma síntese dos acontecimentos verificados no período, para serem comentados na sequência desta seção.

Graves **acidentes ambientais** e o desequilíbrio entre as nações ricas e pobres estimularam, no início dos anos 70, o debate relativo à melhoria das condições de vida e à preservação ambiental. A convicção de que o meio ambiente era uma fonte inesgotável de recursos e que o Planeta era capaz de absorver ilimitadamente os resíduos das atividades humanas já não era tão inquestionável, pois vários problemas tornavam-se cada vez mais perceptíveis, tais como o assoreamento de rios e lagos, o efeito da inversão térmica, as ilhas de calor etc.

Figura 2.1 – Linha do tempo dos principais eventos ocorridos a partir da década de 1970 para debate das questões ambientais

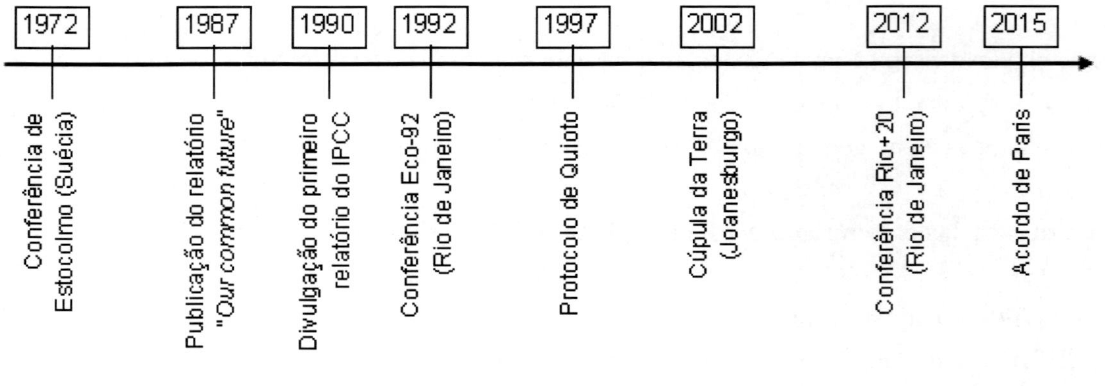

Tendo em vista também os graves problemas de poluição atmosférica provocados pelas indústrias, a Organização das Nações Unidas (ONU) decidiu realizar a Primeira Conferência Mundial sobre o Homem e o Meio Ambiente, na expectativa de que os países poderiam ajudar-se mutuamente a cumprir suas parcelas de proteção do meio ambiente.

Assim, a **Conferência de Estocolmo**, ocorrida em 1972, foi considerada um divisor de águas, devido à quantidade de conferências promovidas pela ONU realizadas posteriormente. Seu impacto foi tão marcante que é comum dividir a evolução do debate mundial em antes e depois dessa conferência. Com efeito, pela primeira vez se realizavam reflexões relativas aos reveses da industrialização, trazendo à tona aspectos político-econômicos e suas consequências para o meio ambiente.

Um importante legado deixado pela Conferência de Estocolmo foi a proposição de um organismo internacional para o debate da gestão ambiental: o Programa das Nações Unidas para o Meio Ambiente (PNUMA).

Merece destaque, na sequência, o estabelecimento de uma comissão para se concentrar no estudo de problemas e soluções ambientais e de desenvolvimento. Nesse sentido, em dezembro de 1983, o Secretário-Geral das Nações Unidas pediu à primeira-ministra da Noruega, Gro Harlem Brundtland, a criação de uma comissão para esse fim. Nasceu a organização denominada ***Comissão Brundtland***, ou, mais formalmente *World Commission on the Environment and Development* (WCED), que teve como objetivo constituir uma comunidade internacional para identificar os problemas de sustentabilidade em todo o mundo e, com a consequente sensibilização, sugerir a implantação de soluções. Em 1987, a Comissão Brundtland publicou o relatório denominado *Our Common Future* (Nosso Futuro Comum), cujo destaque foi a elaboração de um dos conceitos mais difundidos de desenvolvimento sustentável, o qual apresentaremos oportunamente.

Keeler e Burke (2010) relembram a ratificação do tratado conhecido como Protocolo de Montreal para Substâncias que Destroem a Camada de Ozônio, em 1987, uma vez que resultou em melhorias nas práticas de construção e gestão de edificações e, mais especificamente, naquelas que se relacionam com o uso de gases para funcionamento de sistemas mecânicos, retardantes de fogo e materiais de limpeza.

Em 1990, outro evento que impulsionou os debates ambientais foi a divulgação do primeiro relatório do *Intergovernmental Panel on Climate Change* (Painel Intergovernamental sobre Mudanças Climáticas), conhecido pelo acrônimo IPCC, o qual foi criado em 1988. Esse primeiro relatório alertava a comunidade internacional quanto ao aumento da concentração de gases do efeito estufa (GEE), mostrando que a aceleração da produção desses gases – decorrentes das ações antrópicas – contribuía para agravar as mudanças climáticas.

Por isso, grandes foram as expectativas criadas em torno da Conferência das Nações Unidas sobre o Meio Ambiente e o Desenvolvimento (CNUMAD), reunião que se realizaria em 1992, no Rio de Janeiro, conhecida como **Eco-92** ou Cúpula da Terra. O evento reuniu 176 países, com a participação da sociedade civil, organizações não-governamentais (ONG) e chefes de Estado.

Os resultados advindos da Eco-92 foram surpreendentes, conseguindo-se superar as divergências e lançar estratégias internacionais para proteger a natureza. Nessa conferência ficou consagrado o conceito de desenvolvimento sustentável. Também foi reconhecida a necessidade de os países em desenvolvimento receberem apoio financeiro e tecnológico para progredir na direção do desenvolvimento sustentável. Vários documentos importantes foram produzidos na ocasião, tais como:

- Carta da Terra;
- Três convenções: Biodiversidade, Desertificação e Mudanças Climáticas;
- Declaração de Princípios sobre Florestas;
- Declaração do Rio sobre Ambiente e Desenvolvimento; e
- Agenda 21 – um dos mais citados documentos produzidos na Eco-92, que trata da conciliação de métodos de proteção ambiental, justiça social e eficiência econômica. Nele são propostas medidas, dentre outras, para o uso racional de matérias-primas e energia para a produção de bens e serviços.

Em 1997, foi a vez de ser discutido e negociado, em Quioto, um tratado internacional contendo compromissos mais rígidos para a redução da emissão dos gases que agravavam o efeito estufa, conhecido como **Protocolo de Quioto**. Na ocasião se propôs um calendário contendo as metas de redução da emissão de GEE – que deveriam ser alcançadas até 2012 – para os países-membros em, pelo menos, 5,2% em relação aos níveis de 1990. O documento foi aberto para assinaturas em dezembro de 1997 e ratificado em março de 1999. Para que esse acordo pudesse entrar em vigor, precisou que 55 países, que juntos produziam 55% das emissões, o ratificassem. Portanto, o Protocolo de Quioto somente entrou em vigor em fevereiro de 2005, depois que a Rússia o ratificou em novembro de 2004.

No Protocolo de Quioto ficou estabelecida a meta de redução dos GEE de 7% para os Estados Unidos, que deveria ser alcançada também até 2012. Apesar de ser um dos maiores geradores de GEE, ficando por muitos anos no topo do *ranking*, os Estados Unidos negaram-se a ratificar o tratado, sob a alegação de que os compromissos estabelecidos no documento interfeririam negativamente na economia do país. Até hoje, vários norte-americanos renomados internacionalmente mostram-se céticos em relação à influência dos GEE no aquecimento global.

O Protocolo de Quioto tem uma relevância particular para o estudo das edificações ecoeficientes, pois as edificações em geral são responsáveis por 43% das emissões de CO_2 dos Estados Unidos, segundo Keeler e Burke (2010), como um subproduto da construção e do uso dos sistemas de energia.

Para vários autores, na Cúpula da Terra de Joanesburgo, em 2002, também conhecida como **Rio+10**, foi definitivamente reconhecido o tripé da sustentabilidade estabelecido na Eco-92: o desenvolvimento econômico, a justiça social e a proteção ambiental. Segundo a ONU Brasil (2020), o evento serviu para realizar um balanço das conquistas e dos desafios surgidos desde a Eco-92, com a intenção de transformar as metas e promessas em ações concretas. Entre os resultados mais significativos dessa conferência, destaca-se a relevância conferida ao desenvolvimento sustentável e às construções ecoeficientes para os países menos desenvolvidos.

Vinte anos após a Eco-92 ocorreu a Conferência das Nações Unidas sobre Desenvolvimento Sustentável (CNUDS), também conhecida como **Rio+20**, realizada novamente na cidade do Rio de Janeiro, no período de 13 a 22 de junho de 2012. O principal objetivo dessa conferência consistiu na discussão da renovação do compromisso político das nações com o desenvolvimento sustentável, ou seja, serviu para a avaliação dos avanços alcançados nas duas décadas que sucederam a Eco-92.

Para finalizar este retrospecto, no período de 30 de novembro a 12 de dezembro de 2015 realizou-se a 21ª Conferência das Partes (COP21), ocasião em que foi estabelecido o **Acordo de Paris**, com o objetivo principal de firmar um compromisso voltado à redução de emissão de GEE e de reforçar a capacidade dos países para lidar com os impactos decorrentes das mudanças climáticas. Aprovado por 195 países, o acordo estabeleceu responsabilidades para limitar o aumento da temperatura média global.

No Brasil, a conclusão do processo de ratificação do Acordo de Paris ocorreu em setembro de 2016, com a aprovação dos termos pelo Congresso Nacional. O compromisso homologado consiste em reduzir, até 2025, as emissões de GEE em 37% relativamente aos níveis de 2005, com meta subsequente de atingir a redução de 43% abaixo dos níveis de 2005, em 2030.

2.2 – Definição de sustentabilidade e desenvolvimento sustentável

Antes de iniciar a apresentação dos conceitos previstos para esta Seção, que é definir *sustentabilidade* e *desenvolvimento sustentável*, proponho que o leitor realize a seguinte atividade: acesse o Google Imagens e digite a palavra "sustentabilidade" na guia de localização. Pronto! Role a página um pouco para baixo e rapidamente responda: Qual foi a cor predominante? Quais ícones apareceram com frequência?

O leitor deve ter notado que a cor predominante foi o verde e os ícones recorrentemente utilizados nas figuras são folhas e o globo terrestre. Esse tipo de representação iconográfica da sustentabilidade faz com que muitas pessoas, incorretamente, pensem que a sustentabilidade é um conceito atrelado unicamente à preservação do meio ambiente.

Em seu livro, Macedo (2018) define que

> A *sustentabilidade* é um atributo do ambiente e consiste na sua capacidade – e de seus ecossistemas componentes – de manter e desenvolver relações ambientais entre os seus fatores constituintes (ar, água, solo, flora, fauna e homem).

Segundo o mesmo autor, as relações ambientais são trocas essenciais para garantir a estabilidade dos sistemas ecológicos, inclusive dos seres humanos. Ainda acrescenta que o termo sustentabilidade deve ser atribuído apenas ao ambiente e aos seus ecossistemas constituintes, pois é resultado de sua estabilidade, de sua capacidade de auto-organização e de sua transformação espontânea. Na visão de muitos especialistas, o termo *sustentabilidade ambiental* é adequado para delimitar a abrangência do conceito de sustentabilidade.

Se formos buscar a etimologia, o termo "sustentável" vem do latim (*sustinere*), que significa: manter vivo, apoiar, conservar, defender. Há diversas definições que foram publicadas para conceituar a sustentabilidade. Não nos cabe retratar aqui as interpretações e perspectivas dos diferentes autores, buscando os pontos de convergência ou dissonância. Para cumprir os requisitos deste livro, basta que se apresente uma definição capaz de representar o pensamento sistêmico que está associado ao vocábulo, correspondendo à continuidade dos aspectos econômicos, sociais, culturais e ambientais da sociedade humana. Portanto, as adjetivações do termo sustentabilidade – sustentabilidade ambiental, sustentabilidade econômica, sustentabilidade espacial etc. – podem ser utilizadas.

Para Boff (2013), *sustentabilidade* é toda ação destinada a manter as condições energéticas, informacionais e físico-químicas que sustentam todos os seres, a comunidade de vida e a vida humana, visando a sua continuidade e ainda a atender as necessidades da geração presente e das futuras, de tal forma que o capital natural seja mantido e enriquecido em sua capacidade de regeneração, reprodução e coevolução. O autor expressa, assim, uma visão holística a respeito do conceito de sustentabilidade, e salienta que, sem ela, o conceito de sustentabilidade é uma pura retórica sem consequências.

Na Cúpula da Terra do Rio de Janeiro – a Eco-92 – admitiu-se que as relações econômicas produzem consequências para as futuras gerações. Por sua vez, na Cúpula da Terra de Joanesburgo, em 2002, é que foram conferidas à sustentabilidade as três dimensões (econômica, social e ambiental), as quais se mantêm como a abordagem atual. Assim, um empreendimento humano é **sustentável** quando atende aos requisitos de ser:

- Ecologicamente correto;
- Economicamente viável;
- Socialmente justo;
- Culturalmente aceito.

Do mesmo modo, existem várias formas de se conceituar o desenvolvimento sustentável. Porém, uma das que vocês encontrarão repetidamente, nas publicações que abordam esta temática, é aquela que foi apresentada no Relatório Brundtland, já exposto na Seção 2.1 deste livro, que afirma que o ***desenvolvimento sustentável*** é:

> O desenvolvimento que procura satisfazer as necessidades das gerações atuais, sem comprometer a capacidade de as gerações futuras satisfazerem as suas próprias necessidades. Em essência, o desenvolvimento sustentável é um processo de transformação no qual a exploração dos recursos, a direção dos investimentos, a orientação do desenvolvimento tecnológico e a mudança institucional se harmonizam e reforçam o potencial presente e futuro, a fim de atender às necessidades e aspirações humanas.

Indubitavelmente não há como falar em desenvolvimento sustentável sem expressar uma justa menção a **Ignacy Sachs**, economista polonês nascido em 1927, também conhecido como *ecossocioeconomista*, por sua concepção de desenvolvimento resultante da combinação de crescimento econômico, aumento igualitário do bem-estar social e preservação do meio ambiente. Sachs foi membro do comitê organizador da Conferência de Estocolmo, e nessa época formulou as bases para o conceito de ecodesenvolvimento. Assim, alguns autores costumam citá-lo como o criador da expressão *desenvolvimento sustentável*. Ao propor essa perspectiva para a sustentabilidade, Sachs indica que deve haver uma visão holística dos problemas da sociedade.

A mundialmente conhecida expressão "***triple bottom line***" foi idealizada por John Elkington, em 1994, e traz as bases do conceito de desenvolvimento sustentável. Seu argumento era que as organizações deveriam considerar três diferentes (e completamente separados) "*bottom lines*". Um deles seria a medida tradicional de lucro corporativo. O segundo seria o "*bottom line*" relativo aos recursos humanos, ou seja, a medida com que a organização tem sido socialmente responsável ao longo de suas operações. O terceiro "*bottom line*" seria a medida de quão ambientalmente responsável a empresa tem sido. Assim, o *Triple Bottom Line* (TBL) consiste, portanto, em três Ps: *Profit* (o lucro), *People* (as pessoas) e *Planet* (o planeta). Destina-se a medir o desempenho financeiro, social e ambiental da empresa durante um período de tempo. Apenas uma empresa que produz um TBL está tomando conta do custo total envolvido em fazer negócios (ECONOMIST, 2009).

A indústria da construção civil tem um papel substancialmente importante para o desenvolvimento sustentável. A exploração e discussão da relevância desse setor no contexto da sustentabilidade é um dos principais objetivos deste trabalho. De acordo com a ISO 15392 (2008), esse setor tem grande destaque no desenvolvimento sustentável porque:

- É um setor chave na economia nacional;
- Tem uma relação significativa com a redução da pobreza por meio dos serviços econômicos e sociais básicos prestados no ambiente construído e as oportunidades de emprego geradas nas fases de construção, operação e manutenção;
- É um dos maiores setores industriais com a singularidade de gerar lucro e empregos, enquanto absorve recursos consideráveis, com os consequentes impactos sobre as condições econômicas e sociais e do meio ambiente;
- Produz o ambiente construído, o qual envolve uma parcela significativa dos recursos econômicos de indivíduos, organizações e nações, proporcionando ambiente físico e funcional à sociedade;
- Tem oportunidade considerável de interagir com os impactos econômicos, ambientais e sociais que gera.

2.3 – Edificações ecoeficientes

Quando se trata de conceituar as edificações ecoeficientes, percebe-se certa dificuldade em encontrar convergência quanto aos critérios que determinam a caracterização destas construções. Hoje em dia, vários termos têm sido utilizados frequentemente como sinônimos de edificações ecoeficientes, dentre os quais podemos relacionar: projeto integrado, edificação de alto desempenho, edificação resiliente, construção sustentável e projeto verde.

De fato não há unanimidade nessa denominação, pois o conceito está em construção, como veremos adiante. No entanto, de antemão informo que neste texto optei pelo uso da expressão **edificação ecoeficiente**, pois entendo que uma edificação dificilmente será considerada plenamente sustentável se mantidos os métodos construtivos convencionais amplamente difundidos no País. Macedo (2018) acrescenta que as edificações devem possuir desempenho ambiental adequado, de modo que o ambiente por elas influenciado mantenha suas capacidades originais. Desse modo, Macedo (2018) corrobora com a nossa perspectiva de que a proposição do adjetivo sustentável para as edificações é inapropriada, pois estas somente se consolidam com elevadas perdas de recursos naturais.

Então, a pergunta que podemos antecipar é: quantos itens de sustentabilidade devem ser incorporados para que as edificações possam ser classificadas como ecoeficientes? E ainda é possível acrescentar: posso utilizar a autodeclaração (e explorar por meio de *marketing*) para comunicar que a minha construção é sustentável?

2.3.1 Ecoeficiência

Antes de darmos prosseguimento, emergiu a necessidade de explicar o significado do adjetivo de dois gêneros: ecoeficiência, que compõe a expressão utilizada neste texto e considerada equivalente ao conceito de construção sustentável.

A ecoeficiência é uma alternativa para atingir as metas do desenvolvimento sustentável, caracterizando-se por ações que permitem oferecer produtos e serviços a preços justos, que satisfazem as necessidades da sociedade e, ao mesmo tempo, reduzem os impactos ambientais negativos associados a sua produção e os riscos de acidentes, considerando o ciclo de vida dos produtos. A ecoeficiência se consolida também no modo de produção, não apenas no produto final disponibilizado no mercado.

Na década de 1980, grandes corporações passaram a sofrer pressões para reduzir seus impactos ambientais simultaneamente ao aumento dos lucros. Então, em 1992, o *World Business Council for Sustainable Develpment* (WBCSD) introduziu a expressão ecoeficiência para descrever a minimização dos impactos ambientais na produção de bens e serviços. Evidentemente que se trata de uma estratégia de gestão que combina desempenho econômico e ambiental. Segundo o WBCSD, a implantação da ecoeficiência pressupõe alcançar os seguintes objetivos (BCSD Portugal, 2013):

- Reduzir o consumo de recursos – o consumo de material e energia deve ser reduzido por meio da melhoria da capacidade de reciclagem. Produzir produtos com maior qualidade e tempos de vida mais longos podem também levar a melhorias dentro da área;

- Reduzir o impacto sobre a natureza – as melhorias podem ser obtidas utilizando recursos renováveis que são geridos de forma sustentável, bem como minimizando emissões, disposição de resíduos e substâncias tóxicas;

- Fornecer aos clientes produtos e serviços de maior qualidade – o benefício para o cliente pode ser aprimorado a partir da disponibilização de serviços adicionais para o consumidor, como por exemplo, funcionalidade e/ou aumento do tempo de vida global. No entanto, é importante que o benefício crescente para o cliente não interfira nos dois objetivos anteriores.

Adotar a ecoeficiência como modelo de gestão da produção compreende fazer mais com menos, tornando-se mais eficiente. Para tal, há oito estratégias que as organizações podem considerar para tornarem-se ecoeficientes (BARBIERI, 2016):

- Minimizar a intensidade de materiais nos produtos e serviços;
- Minimizar a intensidade energética nos produtos e serviços;
- Minimizar a dispersão de qualquer tipo de material tóxico pela empresa;
- Fomentar a reciclabilidade dos materiais;
- Maximizar a utilização sustentável de recursos renováveis;
- Estender a durabilidade dos produtos da empresa;
- Aumentar a intensidade dos serviços nos seus produtos e serviços;
- Promover a educação dos consumidores para um uso mais racional dos recursos naturais e energéticos.

Diante do exposto, conclui-se que o modelo da ecoeficiência aplica-se integralmente a um dos produtos da construção civil: o edifício. Com isso, decidi adotar a expressão "edifício ecoeficiente" neste texto, pois representa com maior fidedignidade o resultado que pode ser obtido na prática.

No entanto, em alguns momentos, em respeito às fontes consultadas, será mantida a expressão original "edifício sustentável". No meu entender e de outros autores, edifícios sustentáveis são mais uma utopia do que uma realidade alcançável, considerando-se a imposição de manter ou melhorar a qualidade de vida dos usuários compatível com os padrões de conforto proporcionados pelas edificações contemporâneas.

2.3.2 Definição de edificação ecoeficiente

Atualmente, de acordo com Keeler e Burke (2010), existem muitas definições formais para o termo "edificação sustentável", mas todas têm em comum pelo menos um dentre vários componentes essenciais; além disso, a maioria dos arquitetos concorda que, para ser sustentável, uma edificação precisa solucionar mais do que um problema ambiental (por exemplo: o esgotamento dos recursos naturais, o exaurimento dos depósitos de lixo, as emissões de carbono etc.).

Para nos auxiliar na conceituação de **edificação ecoeficiente**, iremos recorrer a normas publicadas pelo sistema ISO (*International Organization for Standardization*): a norma ISO 21.930 (2007) – Sustentabilidade na construção civil – Declaração ambiental de produtos para construção – e a norma ISO 15.392 (2008) – Sustentabilidade na construção civil – Princípios gerais. O Comitê Técnico nº 59 da ISO, apresenta o seguinte conceito:

> "Edificação sustentável é aquela que pode manter moderadamente ou melhorar a qualidade de vida e harmonizar-se com o clima, a tradição, a cultura e o ambiente na região, ao mesmo tempo em que conserva a energia e os recursos, recicla materiais e reduz as substâncias perigosas dentro da capacidade dos ecossistemas locais e globais, ao longo do ciclo de vida do edifício" (ISO/TC 59/SC3 N 459).

Para Keeler e Burke (2010), ainda que não se possam solucionar todos os problemas, a edificação ecoeficiente deve:

- Tratar das questões de demolição no terreno e de resíduos da construção, bem como dos resíduos gerados pelos usuários da edificação;
- Buscar a eficiência na utilização dos recursos por meio de:
  a. Minimizar o impacto da mineração e do extrativismo na produção de materiais e contribuir para a recuperação dos recursos naturais;
  b. Reduzir o consumo de solo, água e energia durante a manufatura dos materiais, a construção da edificação e a utilização por seus usuários;
  c. Planejar o transporte dos materiais aos canteiros de obras, de modo que resulte em um baixo nível de energia incorporada;
- Buscar a conservação de energia e projetar visando a eficiência energética na alimentação dos sistemas de calefação, refrigeração, iluminação e força. Já que a construção de edificações está entre os principais emissores de dióxido de carbono, o planejamento e a redução de tais emissões é um grande desafio e em breve ser tornarão uma obrigação social e política inegociável;
- Oferecer um ambiente interno saudável, por meio de:
  a. Evitar o uso de materiais de construção e limpeza que emitam compostos orgânicos voláteis (COV) e suas interações sinergísticas;
  b. Evitar o uso de equipamentos que não controlem ou não filtrem de maneira adequada a entrada ou a produção de particulados;
  c. Controlar a entrada de poluentes externos por meio de filtragem do ar, ventilação e capachos adequados;

d. Projetar considerando a integração com o ambiente externo, favorecendo a ventilação natural, iluminação diurna e vistas para o exterior.

Para a *Agenda 21 on sustainable construction (2000)*, os principais desafios da construção sustentável envolvem: (a) processo e gestão; (b) execução; (c) consumo de materiais, energia e água; (d) impactos no ambiente urbano e no meio ambiente natural; (e) as questões sociais, culturais e econômicas.

Há um ponto comum e interessante entre as diversas definições de edificações ecoeficientes: elas correspondem a **projetos de qualidade**. Portanto, quando pensamos no projeto das edificações ecoeficientes brasileiras, é imperativa a conexão com as exigências da ABNT NBR 15.575:2013 (norma de desempenho das edificações habitacionais), que entrou em vigor em fevereiro de 2013, na qual se instituiu um nível de desempenho mínimo, ao longo da vida útil, para os elementos principais (como estrutura, vedações, instalações elétricas e hidrossanitárias, pisos, fachada e cobertura) de toda e qualquer edificação habitacional.

Por sua vez, a expressão *green architecture* (arquitetura verde) se traduz nas possibilidades de aproveitamento da natureza em benefício da construção, como forma de reduzir o desperdício dos recursos naturais e artificiais. A prática de projeto das construções verdes expande e complementa os critérios clássicos (economia, utilidade, durabilidade e conforto) envolvidos na arte de projetar. Continuamente se desenvolvem tecnologias que irão integrar as práticas usuais na criação de construções verdes. O objetivo comum é que essas edificações sejam projetadas para reduzir o impacto global do ambiente construído sobre a saúde humana e no ambiente natural por:

- Uso eficiente de energia, água e outros recursos;
- Proteger a saúde dos ocupantes e melhorar a produtividade dos funcionários, no caso de edificações comerciais e industriais;
- Reduzir o desperdício, a poluição e a degradação ambiental.

Um dos fatores que mais incomoda no processo de projeto integrado é que não há soluções perfeitas e que nenhum projeto alcança a sustentabilidade absoluta (KEELER; BURKE, 2010). Com essa afirmação, esses autores corroboram a nossa decisão por denominar como edifícios ecoeficientes aqueles que atendem às condições acima estabelecidas.

2.3.3 Origens da edificação ecoeficiente

No início dos anos 70, os países membros da Organização dos Países Exportadores de Petróleo (OPEP) promoveram um embargo na distribuição de petróleo para os Estados Unidos e países europeus, o que ficou conhecido como *a crise do petróleo*. Na ocasião, o preço do barril de petróleo atingiu valores altíssimos, chegando a aumentar até 400% em cinco meses, o que causou prolongada recessão nos Estados Unidos e na Europa e desestabilizou a economia mundial.

Por outro lado, a crise do petróleo trouxe benefícios inesperados, pois provocou a necessidade de economizar energia nas habitações e favoreceu o desenvolvimento de novas alternativas para a obtenção de energia. Esse ambiente oportunizou a reflexão acerca do consumo de energia nas edificações, sobretudo nos países afetados pela redução da oferta de petróleo. Por conta disso, há que se notar a valorização dada às medidas e instalações que resultam em redução no consumo de energia no contexto das edificações ecoeficientes.

Ao longo do tempo, a edificação ecoeficiente deixou de ser apenas aquela que apresenta baixo consumo de energia, para ser entendida como uma disciplina multifacetada, que incluía preocupações referentes ao ciclo de vida e à geração de resíduos pelos materiais de construção, à conservação do solo e da água e à qualidade do ar e do ambiente interno.

De acordo com Araújo (2013), inicialmente a conceituação baseava-se em edifícios energeticamente mais eficientes. Depois, o inimigo passou a ser o entulho gerado pela obra; depois, a água; a seguir, o lixo gerado pelos moradores e usuários da edificação; mais recentemente, o novo vilão consubstancia-se nas emissões de CO_2 e demais GEE. Ainda na visão desse mesmo autor, percebeu-se, então, que a edificação ecoeficiente não é um modelo para resolver problemas pontuais, mas é uma forma de abordagem sistêmica em busca de um novo paradigma: o de intervir no meio ambiente, preservando-o e, em escala evolutiva, recuperando-o e gerando harmonia no entorno.

Vale a pena se preocupar com os danos ambientais que podem ser evitados pela construção de edificações ecoeficientes, asseguram Keeler e Burke (2010), pois a indústria da construção civil é uma das que mais consome energia e água no Planeta. Segundo esses mesmos autores, nos Estados Unidos, as edificações respondem por 48% do consumo total de energia e 73,1% do consumo de eletricidade. Além disso, a indústria da construção consome 12% da água potável do país.

Assim, embora indispensáveis ao atendimento das necessidades humanas, é certo que as edificações trazem consigo um enorme passivo ambiental e o estímulo à proliferação das edificações ecoeficientes consiste em uma alternativa para responder à degradação ambiental.

2.3.4 A edificação ecoeficiente atual

O desenvolvimento tecnológico e a evolução do nível cultural da população têm promovido o aumento da exigência de qualidade e de desempenho ambiental das construções e, na mesma intensidade, a complexidade das atividades de projeto. Essas novas exigências demandam uma mudança na forma de projetar que passará a incorporar a sustentabilidade e a abordar as questões de projeto de forma integrada (CBCS, 2009).

Ainda, segundo CBCS (2009), a produção e o uso dos edifícios apresentam oportunidades de redução de seus impactos socioambientais negativos, seja na fabricação dos materiais de construção, no processo de projeto, na produção em canteiro de obras, na operação e na demolição e deposição final dos resíduos. Com isso, podemos observar que a edificação ecoeficiente dos dias atuais não se baseia apenas na eficiência energética. O conceito envolve uma visão holística, na qual a multidisciplinaridade se faz presente.

A construção ecoeficiente do presente deve atender aos requisitos de qualidade e durabilidade. Se não for durável, não é sustentável. Além disso, a edificação deve suprir os níveis de conforto (térmico, acústico, luminoso etc.) e oferecer condições de higiene e salubridade, de modo que a saúde do usuário não seja afetada. Por fim, a edificação deve ser aprovada na avaliação do ciclo de vida, gerando poucos impactos negativos ao meio ambiente.

Keeler e Burke (2010) ponderam que, assim como há eletrodomésticos e automóveis de alto desempenho, existem edificações com alto desempenho em termos de consumo de energia e qualidade do ar interno. Os benefícios de tais edificações são quantificáveis e concretos para os proprietários, usuários, projetistas e construtores. Contudo, segundo esses mesmos autores, no universo das mensurações e resultados, os benefícios do projeto integrado sustentável se relacionam diretamente na forma de um resultado tríplice (Figura 2.2), que se complementa com os objetivos de manter as pessoas saudáveis, diminuir a produção de resíduos, economizar energia e reduzir os custos operacionais.

O desempenho superior das edificações ecoeficientes deve estar evidente em todas as etapas do seu ciclo de vida. Por isso, a segurança e bem-estar dos colaboradores que atuam nos canteiros de obras e na administração das empresas construtoras, o pagamento de salários justos, a valorização do ser humano, o combate aos preconceitos e discriminações, a diminuição dos conflitos de vizinhança e a promoção de ações ligadas à responsabilidade social no local de implantação da edificação são exemplos positivos que devem ser seguidos.

Fonte: Adaptado de Keeler e Burke (2010)

Figura 2.2 – Aspectos da edificação ecoeficiente

Complementando as proposições estabelecidas por Keeler e Burke (2010) e reforçadas por Freitas *et al.* (2015), podemos relacionar os benefícios das edificações ecoeficientes:

A. **Para o proprietário e o construtor**: a edificação ecoeficiente oferece um rápido retorno sobre o investimento; materiais, instalações e sistemas duráveis; redução dos riscos do empreendimento; organização do canteiro de obras. Além disso, prédios comerciais e residenciais ecoeficientes mantêm um alto valor de revenda e menor taxa de vacância;

B. **Para os colaboradores da empresa construtora** – desenvolvimento e capacitação profissional, priorização da saúde e segurança, inclusão social, melhoria da produtividade;

C. **Para o síndico**: o emprego de materiais, produtos e sistemas duradouros e que exigem pouca manutenção significa menos gastos com substituições, além de um cronograma de manutenção menos frequente;

D. **Para o usuário do edifício**: ambiente interno saudável; redução dos custos operacionais (contas de água e energia); consumo consciente de água, energia e demais recursos; qualidade e durabilidade; satisfação de utilizar um produto que empregou tecnologias com menor impacto ambiental;

E. **Para o funcionário de empresa instalada em edifício ecoeficiente**: a possibilidade de trabalhar no ambiente interno confortável e controlável (e não em um ambiente de escritório convencional) pode ser um fator decisivo na escolha entre dois empregos, pois o ambiente interfere na motivação e satisfação do funcionário.

Obviamente que há algo intrigante e que nos leva ao seguinte questionamento neste momento: diante de tantos benefícios, por que as edificações ecoeficientes não são exigidas pelos órgãos públicos no momento da aprovação do projeto?

Keeler e Burke (2010) relatam que em 04 de agosto de 2008, Gavin Newson, o prefeito de São Francisco, assinou aquela que talvez tenha sido a legislação mais abrangente acerca de edificação ecoeficiente já adotada por qualquer governo nos Estados Unidos. Trata-se de uma legislação extensiva e agressiva, que define metas quantificáveis para a construção de edificações ecoeficientes, com níveis de exigência que crescem com o passar do tempo; ela se aplica a todas as novas edificações comerciais e habitacionais licenciadas, bem como a grandes reformas em edificações comerciais.

Além da proposição de criação de legislação para o disciplinamento do projeto das construções e reformas, de modo que as características de sustentabilidade sejam satisfeitas, ainda há outras formas de incentivo que o poder público também pode se valer. No Estado de Nova York, no ano 2000, foi aprovado o *Green Building Tax Credit Program*, que oferecia incentivos para que proprietários e usuários adotassem medidas para garantir a eficácia do consumo eficiente de energia e da qualidade do ar interno, além de reduzir os diferentes impactos exercidos pelas edificações.

Nesse contexto, o que se pode esperar para o futuro das edificações ecoeficientes? Uma das metas que se têm para o futuro destas construções é que a edificação seja capaz de gerar, de forma limpa, toda a energia necessária ao seu funcionamento. E mais: havendo sobras, que essa energia possa ser comercializada junto às concessionárias. Certamente muitos outros itens ainda serão incorporados na expectativa de se alcançar a meta de neutralidade de carbono[1].

---

1 Efeito de compensação (neutralização) das emissões de poluentes, entre eles o dióxido de carbono.

2.4 – Estudos de casos

Nesta Seção você observará e analisará alguns exemplos selecionados para demonstrar os benefícios promovidos pelas edificações ecoeficientes. Quando se tenta fazer uma seleção, em nível mundial, percebe-se que a lista de edificações ecoeficientes já é bem grande. Assim, não se pretendeu esgotar o tema, mas tão somente apresentar alguns casos famosos, à guisa de exemplificação. Foram escolhidas três edificações com diferentes tipos de ocupação: uma para fins administrativos, outra para fins residenciais e outra para fins educacionais.

A - COUNCIL HOUSE TWO

Detalhes da construção:

Tipo de edificação	Administrativa – escritórios
Localização	Melbourne, Austrália
Início da construção	2004
Término da construção	2006
Número de pavimentos	10
Área construída	12.536 m^2

Desenhado para ser um prédio de destaque no contexto da sustentabilidade, o *Council House Two* (CH2) é o prédio da prefeitura de Melbourne, Austrália, ilustrado nas Figuras 2.3 e 2.4. Em abril de 2005, tornou-se o primeiro edifício de escritórios da Austrália a receber a classificação máxima (seis estrelas verdes) pelo *Green Building Council of Austrália*.

Figura 2.3 – Council House Two, Austrália

Fonte: roryrory (CC BY-SA 2.0, https://commons.wikimedia.org/wiki/File:CouncilHouse2.jpg#/media/File:CouncilHouse2.jpg)

Figura 2.4 – Detalhe da fachada oriental e das microturbinas eólicas

Fonte: Nick Carson (CC BY-SA 3.0, https://commons.wikimedia.org/wiki/File:Council_House_2_Melbourne_east_and_turbine_detail.JPG#/media/File:Council_House_2_Melbourne_east_and_turbine_detail.JPG)

A arquitetura visa a economia de água e energia, além de proporcionar o bem-estar de seus ocupantes. Para tal, o edifício se adapta a quatro situações diferentes: dia e noite e inverno e verão. No verão, os brises de madeira reciclada da fachada (Figura 2.4) são movidos por energia fotovoltaica, de modo a evitar iluminação direta, e um exaustor suga o ar quente do teto (PROGRAMA CIDADES SUSTENTÁVEIS, 2013). O edifício abriga 540 funcionários, possui 20 vagas de estacionamento que podem ser convertidas em escritórios e 80 vagas para ciclistas.

Como medida de refrigeração, o prédio conta com cinco torres de borrifamento, que através de evaporação diminuem a temperatura ambiente de cerca de 35°C para 21°C. No inverno o prédio utiliza sistemas que aproveitam o calor gerado por computadores e funcionários, além da radiação solar.

Quando anoitece, dutos resfriam tetos, paredes e pisos, utilizando a brisa noturna. Janelas na fachada norte do prédio abrem-se automaticamente e exaustores no telhado entram em atividade, garantindo o fluxo de ar. Durante o dia o prédio é abastecido com energia eólica e solar, gerada por microturbinas (Figura 2.4) e painéis fotovoltaicos instalados no teto. Para ajudar a resfriar o prédio há também tubulações para circulação de água, passando pelos tetos e pisos. A água é resfriada nas torres de borrifamento instaladas na fachada do edifício.

Em comparação aos consumos de edifícios convencionais, este edifício foi projetado para:

- Redução de 85% no consumo de eletricidade;
- Redução de 87% no consumo de gás;
- Produção de apenas 13% de emissões;
- Redução de 72% no consumo de água.

A previsão era de que os investimentos feitos para tornar a edificação ecoeficiente retornassem em menos de 10 anos.

B – BedZED

Detalhes da construção:

Tipo de edificação	Residencial
Localização	Londres, Inglaterra
Início da construção	1999
Término da construção	2002
Número de pavimentos	3
Área construída	1.405 m^2

Identificado de longe por suas chaminés coloridas (Figura 2.5), o *Beddington Zero Energy Development* (BedZED) é uma edificação ecoeficiente, situada em Hackbridge, nos arredores de Londres, mas que é famosa também por suportar um estilo de vida mais sustentável. Trata-se de um conjunto residencial, composto por 82 apartamentos. Neste empreendimento, a utilização de veículos é desencorajada, privilegiando-se o uso do transporte público, bicicletas e caminhadas. Em consequência, há vagas limitadas para estacionamento de veículos.

Concebeu-se o empreendimento com a intenção de que toda a energia consumida fosse produzida no próprio edifício, a partir de fontes renováveis. Para tanto, foram instalados 777 m² de painéis fotovoltaicos, conforme se observa na Figura 2.5. Os acabamentos utilizados na construção foram de alto padrão, para atrair os profissionais residentes na área urbana de Londres.

Fonte: Tom Chance (CC BY 2.0, http://openbuildings.com/buildings/bedzed-profile-12796)

Figura 2.5 – BedZED

Os materiais selecionados para a construção tiveram origem nos procedimentos de reutilização e reciclagem, e foram procedentes de uma distância limite de 56 km do local da obra. Os apartamentos tiveram janelas voltadas para o Sul (Hemisfério Norte), para explorar as vantagens de iluminação natural e insolação. A maior parte da água de chuva é captada e utilizada no empreendimento. Os moradores do empreendimento são incentivados a adotar o uso compartilhado de veículos.

Por meio de monitoramento realizado em 2003 e se comparado à média de consumos verificados nas demais construções inglesas, constatou-se que no empreendimento houve:

- Redução de 57% no consumo de água quente;
- Redução de 25% no consumo de energia elétrica;
- Redução de 50% no consumo de água;
- Redução de 65% na quilometragem percorrida por veículos de moradores do empreendimento.

C – ACADEMIA DE CIÊNCIAS DA CALIFÓRNIA

Detalhes da construção:

Tipo de edificação	Educacional
Localização	Golden Gate Park, São Francisco
Início da construção	2005
Término da construção	2008
Número de pavimentos	4
Área construída	37.000 m^2

A *California Academy of Sciences* (Figura 2.6) está entre os dez maiores museus de história natural do mundo, contando com mais de 26 milhões de espécies em seu acervo. A construção do edifício teve um orçamento de 500 milhões de dólares e o talentoso Renzo Piano foi o responsável pela elaboração do projeto arquitetônico. As inovações, *design* e propostas ligadas à sustentabilidade renderam prêmios ao projeto, tais como o *Holcim Silver* (em 2005) e o *Urban Land Institute Award* (em 2008).

Figura 2.6 – Academia de Ciências da Califórnia – São Francisco – USA

Fonte: Wolfman SF (CC BY_SA 3.0, https://commons.wikimedia.org/w/index.php?curid=12172959)

Outra distinção do empreendimento, relevante para a temática tratada neste livro, foi o recebimento da certificação platina pela ferramenta LEED (*Leadership in Energy and Environmental Design*), assunto que abordaremos na Seção 5.2 desta obra, ocasião em que apresentaremos as várias modalidades para certificação ambiental das edificações. O edifício incorpora uma série de práticas positivas no campo da sustentabilidade, tais como:

- Produz águas residuais em quantidade 50% menor do que o antigo edifício existente no local, danificado por um terremoto;
- Capta e utiliza águas pluviais para irrigação;

- Produz energia a partir de 60.000 células fotovoltaicas dispostas na cobertura do edifício que, associado a outros sistemas, permite a redução entre 30% e 35% no consumo de energia elétrica;
- Sistemas de recuperação de calor atuam para reduzir o consumo de energia elétrica, aproveitando o calor gerado pelos equipamentos em operação no empreendimento;
- Conta com uma cobertura verde com área de um hectare, que proporciona isolamento térmico eficiente;
- Faz uso da iluminação natural em 90% dos espaços internos;
- Durante a construção, fez-se uso de 15.000 m^3 de concreto reciclado;
- Todo o concreto consumido na obra incluiu 30% de cinzas procedentes das indústrias de carvão e 20% de escórias originadas da indústria siderúrgica;
- Pelo menos 50% da madeira utilizada na obra foi certificada pelo *Forest Stewardship Council* (FSC);
- A estrutura empregou 5.000 toneladas de aço reciclado;
- Paredes de fechamento possuem um isolamento térmico inovador, à base de pedaços de tecido de algodão (jeans) reciclado;
- Vidros de alto desempenho foram utilizados para reduzir os níveis normais de absorção de calor;
- Nas obras foram consumidos pelo menos 20% de materiais e produtos fabricados localmente ou dentro de um raio de 800 km.

Indiscutivelmente, a cobertura verde implantada neste edifício merece atenção. Alguns autores reportam que Renzo Piano teria se inspirado nas sete principais colinas de São Francisco para projetar as ondulações que se destacam no plano da cobertura, que recebeu mais de 1,7 milhão de plantas nativas. Por se tratar de vegetação acostumada com o clima local, as plantas são mais resistentes às pragas, toleram longos períodos de estiagem e favorecem a biodiversidade. Os visitantes têm acesso à cobertura, porém podem circular por alguns caminhos autorizados pelo projeto.

A cobertura da praça central possui escotilhas de vidro que se abrem no período diurno – para a saída do ar quente – e no período noturno – para a entrada de ar fresco, trazendo eficiência energética ao edifício.

O sítio ArchDaily (2020) também traz informações relativas à eficiência no uso da água deste empreendimento: (a) devido ao uso de águas pluviais e de águas recuperadas, consome-se 30% menos água potável do que um edifício convencional equivalente; (b) a água salgada utilizada no aquário é canalizada desde o Oceano Pacífico, reduzindo o consumo de água potável para esse fim; (c) a água do aquário passa por sistema de purificação para ser reciclada.

Síntese do Capítulo

Ao longo deste Capítulo você pôde acompanhar um breve relato da tomada de consciência, por parte da Humanidade, acerca dos graves problemas ambientais e sociais vivenciados nas últimas décadas.

Percebeu que a partir de meados da década de 1960, com a publicação da obra de **Rachel Carson**, houve uma gradativa evolução nas manifestações a favor da preservação dos recursos naturais. O início da década de 1970 foi um divisor de águas, pois em 1972 ocorreu a Primeira Conferência Mundial sobre o Homem e o Meio Ambiente, organizada pela ONU, que inaugurou definitivamente o debate mundial acerca dessa temática. Outras conferências, realizadas a cada 20 anos, foram ressaltadas neste relato: a Eco-92 e a Rio+20, ocorridas no Brasil em 1992 e em 2012, respectivamente.

Nesse histórico de conscientização, foi realçada a importância da publicação do **Relatório Brundtland**, em 1987, cujo destaque foi a divulgação de um dos conceitos mais disseminados de desenvolvimento sustentável: "capacidade de satisfazer as necessidades das gerações atuais, sem comprometer a capacidade de as gerações futuras satisfazerem as suas próprias necessidades". Assim, a **sustentabilidade** é uma forma de pensamento sistêmico, correspondendo à continuidade dos aspectos econômicos, sociais, culturais e ambientais da sociedade humana.

Esses conceitos serviram para contextualizar a definição de edificações ecoeficientes, que passaram a ser concebidas no início dos anos 70 e, ao longo do tempo, foram incorporadas novas demandas (consumo eficiente de água, gerenciamento dos resíduos, redução das emissões de CO_2, e outras). Definiu-se a ecoeficiência como um modelo de gestão que se caracteriza por ações que permitem oferecer produtos e serviços que atendem às necessidades humanas, com preços justos e que reduzem os impactos ambientais negativos associados a sua produção.

Em seguida foi apresentado que a **edificação ecoeficiente** é aquela que pode manter moderadamente ou melhorar a qualidade de vida e harmonizar-se com o clima, a tradição, a cultura e o ambiente na região, ao mesmo tempo em que conserva a energia e os recursos, recicla materiais e reduz as substâncias perigosas dentro da capacidade dos ecossistemas locais e globais, ao longo do ciclo de vida do edifício.

Em alguns momentos você deve ter imaginado que a construção sustentável é uma quimera inalcançável. Com efeito, ainda temos muito a acrescentar no cotidiano do projeto, da execução e da gestão do uso e manutenção das edificações, para que possam ser notados os benefícios da edificação ecoeficiente. Pelos exemplos apresentados, você observou que a edificação ecoeficiente é uma opção viável, correlacionando-se com a durabilidade e a exploração dos recursos naturais (iluminação, ventilação etc.) em prol do bem-estar dos seus usuários.

Atividades de Aprendizagem

1. Acidentes ambientais são acontecimentos inesperados e indesejados que podem causar, direta ou indiretamente, danos ao ambiente e à saúde. Esses acontecimentos perturbam o equilíbrio da natureza e, normalmente, estão associados a prejuízos econômicos. Eles podem se manifestar na forma de: derramamentos ou vazamentos de produtos nocivos, incêndios, explosões, colisões etc. Faça um relato dos principais acidentes ambientais ocorridos no mundo nas décadas de 70 e 80, pois foram os que motivaram a conscientização e o debate das questões ambientais. Descreva os acidentes e suas consequências.

1. Elabore uma síntese dos principais eventos globais que marcaram a evolução da preocupação com as questões ambientais, a partir da década de 70.

2. Descreva a importância do economista polonês Ignacy Sachs para a formulação do conceito de *desenvolvimento sustentável.*

3. Elabore uma redação, com no máximo 15 linhas, para conceituar as *edificações ecoeficientes.*

4. O edifício projetado por Renzo Piano para a Academia de Ciências de São Francisco, Califórnia, USA, é um dos ícones da construção ecoeficiente. Realize um estudo de caso dessa obra, indicando os princípios da construção ecoeficiente que foram identificados no estudo.

Capítulo 3

Estratégias para os Edifícios Ecoeficientes

OBJETIVOS DE APRENDIZAGEM

- Relacionar as principais diretrizes para a elaboração do projeto das edificações ecoeficientes.
- Apontar a importância dos critérios para a implantação da edificação ecoeficiente.
- Compreender a influência da especificação dos materiais de construção na meta de se obter êxito na redução dos impactos ambientais.
- Identificar no canteiro de obras as medidas que são mitigadoras dos impactos ambientais causados pela construção de edificações.
- Reconhecer os benefícios que se estabelecem na fase de uso da edificação ecoeficiente e os critérios para que a manutenção da edificação não gere prejuízos ao meio ambiente.

Para reduzir o consumo de energia e atenuar os impactos ambientais, de modo a caracterizar parcialmente a edificação ecoeficiente, arquitetos e engenheiros têm como missão a incorporação de várias estratégias em seus projetos, as quais certamente têm início na prancheta (ou no monitor do computador, se for o caso).

Portanto, a edificação ecoeficiente deve ser adequadamente implantada, com formas apropriadas ao clima e isolamentos apropriados entre os ambientes internos e externos. O projeto ainda terá que incorporar equipamentos bem dimensionados e eficazes em consumo de água e energia, além de propiciar a geração e emprego de energias obtidas de fontes renováveis.

Neste Capítulo você terá a oportunidade de conhecer ou aprofundar os conhecimentos a respeito do projeto, execução, uso e manutenção das edificações ecoeficientes.

> "A conservação dos recursos naturais é o problema fundamental. Se não o resolvermos, ficará difícil resolver todos os demais."
>
> Theodore Roosevelt (1858 – 1919)

3.1 – Projeto e implantação da construção

Nesta Seção serão apresentadas as estratégias para a concepção e implantação do projeto de edificações ecoeficientes. As ações aqui discutidas estão voltadas essencialmente às edificações residenciais, em função da sua importância quantitativa no cotidiano da arquitetura e engenharia civil. O leitor observará a relevância ocupada pelos temas "uso eficiente de recursos naturais" e "eficiência energética" no contexto das diretrizes para o projeto das edificações ecoeficientes. Por esse motivo, iniciamos esta Seção exatamente com a exploração desses assuntos.

3.1.1 Utilização eficiente dos recursos naturais

Entende-se por *recursos naturais* todos os bens e serviços disponíveis na natureza, dos quais o Homem faz uso para satisfazer suas necessidades. Os recursos hídricos (oceanos, corpos de água doce, precipitações etc.), solos, minerais, florestas, biodiversidade das espécies, entre outros, são exemplos de recursos naturais. No final do Capítulo 1 abordamos aspectos relativos ao consumo de dois insumos fundamentais para o conceito das edificações ecoeficientes: a água e a energia. Neste momento voltamos à temática do uso eficiente do patrimônio propiciado pela natureza, pois a sustentabilidade do setor da construção civil é altamente dependente da sua disponibilidade.

Para conquistar êxito na economia de recursos naturais há vários caminhos que podem ser examinados. Um deles, que merece especial atenção neste momento, diz respeito à conscientização da sociedade por meio de campanhas voltadas à educação ambiental, que podem e devem atingir pessoas de todas as idades e em todos os locais. E aqui vale ressaltar que as crianças recebem e assimilam com muito mais facilidade as lições e exemplos que lhes são trazidos.

Nessa vertente ganha especial destaque a **permacultura**, que pode ser considerada como uma ciência de cunho socioambiental, que reúne o saber científico com a sabedoria popular, com a intenção de preservar as condições de vida na Terra. Santos e Venturi (2019) explicam que a expressão é derivada do idioma inglês "***Perma***nent *Agri**culture***", tendo sido criada pelos ecologistas australianos Bill Mollison e David Holmgren na década de 1970. Com o passar do tempo, o termo passou a abranger conhecimentos provenientes de várias áreas científicas, além da própria agricultura, com a meta explícita de criar ambientes humanos sustentáveis e produtivos, em equilíbrio com a natureza.

Ainda segundo estes mesmos autores, a permacultura se baseia em três éticas:

1. Cuidar da terra;
2. Cuidar das pessoas;
3. Cuidar do futuro, incentivando limites ao crescimento e ao consumo, além da partilha justa.

Os princípios de planejamento e as éticas que fundamentam a permacultura baseiam-se na observação da forma sustentável com que interagem os organismos na natureza e os métodos de produção e vida das populações mais tradicionais, sempre trabalhando a favor do meio ambiente e nunca contra. No total são doze princípios de planejamento, publicados por David Holmgren em 2002 no livro: "Permacultura: princípios e caminhos além da sustentabilidade", conforme segue:

1. Observe e interaja;
2. Capte e armazene energia;
3. Obtenha rendimento (para isso há itens que podem ser observados: conservar a energia no sistema, produzir alimentos de base, cultivo de espécies rústicas e aumentar a fertilidade dos solos para uma maior produção de alimentos);
4. Pratique a autorregulação e aceite conselhos (*feedbacks*);
5. Use e valorize os serviços e recursos renováveis;
6. Não produza desperdícios;
7. Design partindo de padrões para chegar aos detalhes;
8. Integrar ao invés de segregar;
9. Use soluções pequenas e lentas;
10. Use e valorize a diversidade;
11. Use os limites e valorize o marginal (zonas periféricas);
12. Responda criativamente às mudanças.

A filosofia da permacultura pode ser implantada em comunidades por meio de várias práticas. Destacamos uma que é bastante divulgada quando se fala em permacultura: o banheiro seco (Figura 3.1). Trata-se de um banheiro que visa diminuir o uso de água e tratamento das fezes humanas. Aliás, nesses banheiros não se usa água para descargas. As fezes coletadas são armazenadas em locais sem contato com o ambiente externo e, em seguida, utilizando-se o processo de compostagem para sanitizar os dejetos humanos, os resíduos são utilizados como fertilizantes para cultivo de algumas plantas.

Figura 3.1 – Banheiro seco nas proximidades de Jerusalém

Fonte: Way of Nature Corporation / (Public domain, https://commons.wikimedia.org/wiki/File:Compost_toilet.jpg#/media/File:Compost_toilet.jpg)

Outro caminho que pode ser vislumbrado, nesta abordagem relativa ao consumo de recursos naturais, consiste em formular políticas que incentivem a mitigação de matérias-primas utilizadas na produção das edificações e demais empreendimentos da construção civil. No caso específico de uma única edificação, há muitas técnicas de projeto capazes de amenizar a sobrecarga dos recursos naturais, seja por meio de elementos construídos – como as **coberturas verdes** (Figura 3.2) –, por meio da seleção conveniente dos materiais de construção ou demais práticas que explicitaremos ainda neste Capítulo.

As coberturas verdes correspondem a jardins instalados na cobertura das edificações – com profundidade de substrato variando de 5 a 10 cm, no caso das coberturas extensivas; e maior que 20 cm no caso de coberturas intensivas (ROLA, 2008) – e proporcionam efeitos positivos ao edifício e seu entorno. Há registros de aumento da umidade relativa do ar na microrregião onde estão instalados; remoção de partículas suspensas no ar; retirada de gás carbônico do ar; funcionam como filtro para as águas pluviais, retardando a sua chegada no sistema de drenagem pluvial e devolvendo-a para o ciclo natural por meio da evaporação; redução na transmissão de calor e sons para o interior da edificação; além de outros benefícios.

Fonte: Tony The Tiger (CC BY-SA 3.0, https://commons.wikimedia.org/wiki/File:20080708_Chicago_City_Hall_Green_Roof.JPG#/media/Ficheiro:20080708_Chicago_City_Hall_Green_Roof.JPG)

Figura 3.2 – Cobertura verde do *Chicago City Hall*

Podemos citar outro método para utilização eficiente de recursos, que tem conquistado mais e mais adeptos em grandes centros urbanos, denominado **substituição de serviços**, que consiste na troca da propriedade individual de produtos por um modelo que se baseia no compartilhamento de bens com fins semelhantes. Esse modelo foi citado no estudo de caso do condomínio BedZED (edificação ecoeficiente nos arredores de Londres – Seção 2.4), em que se incentiva o uso compartilhado de veículos em detrimento da sua propriedade particular. Essa mudança de comportamento tem reflexos na arquitetura da edificação, pois em casos como esses há um número reduzido de vagas para estacionamento de veículos particulares. Paralelamente são oportunizados espaços e instalações para estacionamento de bicicletas.

Acrescentamos, nesse contexto, outra possibilidade de eficiência na utilização de recursos denominada **tecnologia apropriada**. Trata-se de um conceito que basicamente se opõe ao conceito de alta tecnologia, caracterizado pelos seguintes atributos: (a) baixo investimento por emprego criado; (b) baixo investimento de capital por unidade produzida; (c) organização simples e de pequena ou média escala; (d) adaptação e harmonia com o meio ambiente sócio-cultural; (e) economia no uso de recursos naturais; (f) baixo custo do produto final; (g) alto potencial gerador de empregos (RATTNER, 1981, p.60).

Esse conceito é relevante para edificações ecoeficientes e para o meio ambiente, visto que a construção de edificações e obras de infraestrutura, em pequenas comunidades e em países em desenvolvimento, se baseia no emprego elevado de mão de obra. Há técnicas construtivas que se enquadram nessa filosofia, como é o caso da taipa e do adobe, designadas por *construções de terra*, que podem resultar em edificações duráveis e ecoeficientes, considerando-se que se faça o uso apropriado dessas técnicas. Aliás, a Muralha da China – edificada à base de pedras, tijolos e taipas – representa um bom exemplo do nível de durabilidade que pode ser alcançado por essas construções.

Focando no setor da construção civil, Keeler e Burke (2010) explicam que as metas de eficiência no uso dos recursos se referem a muitas técnicas, que envolvem tanto materiais como os métodos de construção, que resumidamente são relacionadas no Quadro 3.1.

Quadro 3.1 – Diretrizes para a eficiência no uso de recursos naturais

Requisitos	Descrição
Seleção dos materiais e equipamentos	Especificar produtos que minimizem os impactos da nova construção ou reforma. Observar a localização de produção do material e sua distância em relação ao canteiro de obras, selecionando aqueles com o menor impacto de distância. Evitar materiais virgens não renováveis, como é o caso das rochas. Priorizar o uso da pedra artificial (também chamada de pedra composta ou industrializada), em vez de mármores ou granitos (no estado bruto ou polido).
Redução no consumo de matérias-primas	Reduzir a quantidade de matérias-primas em produtos e sistemas de produção, conservando os recursos.
Eficiência dos materiais estruturais	Explorar ao máximo a eficiência dos materiais estruturais, de modo que uma quantidade menor de determinado material seja suficiente para se atingir uma mesma meta.
Redução no consumo de água no processo	Alguns produtos consomem grande quantidade de água no seu processo produtivo, tais como aqueles que provêm da mineração. Assim, investigar os atributos do produto em relação ao consumo de água e escolher aqueles considerados mais eficientes nessa condição.
Uso de componentes pré-fabricados	Projetar considerando os pré-fabricados, como painéis de concreto do sistema *tilt-up*, estruturas de aço e de madeira. A pré-fabricação diminui as perdas nos canteiros de obras.

Reutilização e reciclagem	Projetar considerando a reutilização de materiais e componentes, buscando a flexibilidade ou a adaptabilidade. Selecionar produtos e sistemas com base nos atributos da pré-ciclagem (diminuição na geração de resíduos no ato da compra, optando por materiais biodegradáveis ou recicláveis). Preferir os materiais que possuem altas porcentagens de componentes com conteúdo reciclado, especialmente conteúdos pós-consumidos.
Durabilidade	Examinar a vida útil prevista para os produtos e compará-la com o prazo de garantia da obra. Para ser sustentável é essencial que o produto seja durável.
Renovação	Privilegiar os recursos que se renovam ou se regeneram rapidamente. A madeira, o bambu e a cortiça são considerados bons exemplos de materiais que se renovam com rapidez. Adquirir e utilizar somente madeiras procedentes de florestas plantadas ou de manejo florestal, priorizando aquelas que possuem certificação de procedência sustentável. Analisar a viabilidade de especificação de produtos que contenham materiais de base biológica na sua composição, tais como as fibras agrícolas (trigo, soja etc.).
Embalagem	Privilegiar os materiais fornecidos em paletes de madeira, reutilizáveis, com os materiais revestidos por películas plásticas de base biológica, em detrimento de sistemas não-recicláveis. Exigir a redução da quantidade de embalagens, inclusive o papel e o papelão.
Facilidade de manutenção	Especificar acabamentos e revestimentos que exijam pouca necessidade de manutenção e o uso de produtos de limpeza com emissões baixas ou nulas.
Desconstrução	Projetar pensando na desconstrução do edifício, reduzindo os resíduos de demolição. Preferir as práticas de desmontagem em detrimento à demolição das construções.

Para concluir, o projeto de edificações ecoeficientes vai muito além do que a simples especificação de materiais reciclados para o empreendimento. Significa incorporar conceitos, tecnologias e estratégias de modo que a edificação seja durável, confortável, que empregue preferencialmente materiais produzidos na região e que resulte em baixos custos de operação durante a sua fase de uso e manutenção. Para isso não há um receituário pronto e inflexível. Ao contrário, a especificação de produtos deve ocorrer de maneira holística, considerando simultaneamente o ciclo de vida do material e da edificação.

3.1.2 Eficiência energética

Buscar a eficiência energética é uma das metas principais do projeto das edificações ecoeficientes. O baixo consumo de energia, em edificações habitacionais, se conquista com a contribuição dos seguintes princípios:

- Uso de sistemas de vedação externa capazes de criar uma separação térmica satisfatória entre o interior e o exterior por meio de estanqueidade ao ar, isolamento térmico, eliminação de pontes térmicas[1], seleção de materiais de acabamento externos adequados, localização e uso de janelas, além de vidros de alto desempenho;

- Possibilidade de controle da ventilação e iluminação natural;

- Incorporação de técnicas passivas de climatização natural, associadas à calefação, à refrigeração e ao aquecimento de água;

- Uso de equipamentos bem dimensionados para fins de calefação e refrigeração, assim como a escolha de equipamentos e eletrodomésticos eficientes em consumo de energia;

- Produção e consumo de energias renováveis para suprir as demandas energéticas da edificação.

No que diz respeito à iluminação das edificações, há muitos recursos e estratégias que devem ser explorados. Dois projetistas são indispensáveis para conquistar êxito nesse propósito: o projetista arquitetônico (arquiteto ou engenheiro civil) e o engenheiro eletricista. O projetista arquitetônico adota as técnicas da arquitetura bioclimática para beneficiar a edificação; o engenheiro eletricista elabora projetos bem dimensionados e seguros.

O uso de dispositivos como medidores individuais, *dimmers*, minuterias e lâmpadas de baixo consumo de energia já são realidade em boa parte das edificações. Embora as lâmpadas fluorescentes compactas sejam eficazes, pois utilizam cerca de um terço da energia consumida pelas lâmpadas incandescentes para produzir praticamente a mesma quantidade de luz e duram muito mais, as lâmpadas LED já estão disponíveis no mercado a preços competitivos, ampliando-se ainda mais os benefícios relativos à redução no consumo de energia elétrica e durabilidade.

Para se economizar energia elétrica, especialmente em ambientes de utilização coletiva (escolas, escritórios, comércio, repartições públicas, escadas de edifícios de múltiplos pavimentos etc.), os sensores de presença se mostram como alternativa profícua, pois desligam automaticamente as lâmpadas quando não há ninguém no compartimento. Para uso residencial recomenda-se a utilização de sensores que tenham controle manual.

Aquecedores solares para as instalações de água quente representam uma alternativa econômica em termos de consumo de energia e, no caso brasileiro, confortavelmente recomendados, pois boa parte do país recebe

[1] Pontes térmicas são espaços em que o isolamento térmico não tem continuidade, permitindo a transmissão do calor do ambiente externo para o interno ou vice-versa.

insolação suficiente para o eficiente aquecimento da água. Os sistemas para aquecimento solar de água são encontrados facilmente no mercado, a preços acessíveis. A popularização desse sistema tornou-se ainda mais evidente com as exigências dessas instalações nas habitações de interesse social, estabelecidas pelo governo federal. Com a economia gerada na conta de energia elétrica, o morador em pouco tempo obtém o retorno do investimento nesse equipamento.

Quando se trata do consumo de energia nas edificações, também merece especial atenção a geração de eletricidade na própria edificação, por meio das células fotovoltaicas, feitas à base de materiais condutores como o silício. Quando a radiação solar (determinados comprimentos de onda) incide na célula, o silício libera elétrons que geram eletricidade. Células fotovoltaicas agrupadas formam os chamados *painéis fotovoltaicos*, capazes de gerar energia suficiente para abastecer a edificação e a energia excedente pode suprir as demandas da rede pública, no sistema *on grid*, por meio da instalação de equipamentos denominados inversores.

O surgimento dos módulos fotovoltaicos bifaciais traz evolução ao conceito de geração de energia em relação à área ocupada, uma vez que utiliza o efeito Albedo para gerar energia, no qual a radiação e a irradiação solar são aproveitadas. Esse sistema é bastante promissor para ambientes urbanos, em que o posicionamento e adensamento das edificações podem resultar em áreas de sombreamento dos painéis, que diminuem a eficiência na geração de energia. Além disso, o sistema é capaz de gerar a mesma quantidade de energia que os painéis convencionais, porém com menor ocupação de área.

No contexto da busca por alternativas para a geração de energia limpa, recentemente algumas inovações têm sido disponibilizadas no mercado, como é o caso das telhas produzidas em argamassa que já vêm com as células fotovoltaicas integradas no material. Segundo informações disponibilizadas pelo fabricante, cada telha tem capacidade de produção média mensal de 1,15 kW/h, esperando-se que o retorno sobre o investimento ocorra em um período de 3 a 5 anos, dependendo do sistema instalado.

Para finalizar, Agopyan e John (2011) alertam que a economia de energia não pode ser o centro da estratégia de construção sustentável em países onde o condicionamento artificial de edifícios é exceção.

3.1.3 Consumo racional de água

Quando são planejadas as edificações ecoeficientes, há consenso quanto à indispensável racionalização do consumo de água potável. Como dissemos anteriormente, trata-se de um recurso natural cada vez mais escasso e primordial para a sobrevivência humana. A meta é reduzir em pelo menos 50% o consumo de água nas edificações ecoeficientes e para a sua concretização, algumas estratégias devem ser implantadas, conforme segue:

- Medidores individuais – projetar, instalar e fazer uso dos medidores individuais de água. Recomenda-se que sejam instalados em locais de fácil acesso para descomplicar as leituras e controle do consumo;

- Redutores de pressão – instalar esses dispositivos em chuveiros, lavatórios e pias de cozinha, sempre que as pressões nesses pontos de consumo sejam elevadas, evitando-se o desperdício de água;

- Preferir as caixas de descarga acopladas aos vasos sanitários;
- Instalar válvulas de descarga de fluxo duplo (*dual flush*) – estes dispositivos permitem o controle do esvaziamento da carga de descarga, por meio dos quais o usuário pode optar pelo esvaziamento total ou parcial do reservatório, dependendo da necessidade de limpeza;
- Adotar torneiras com bicos arejadores e não removê-los na fase de uso – esses acessórios incorporam ar ao jato de água que sai da torneira, causando a impressão de que a vazão é maior do que a efetiva;
- Em locais públicos, preferir as torneiras com fechamento automático;
- Instalar sistema de aproveitamento de águas pluviais – sem a exigência de grandes investimentos, as águas pluviais podem ser aproveitadas para diversos fins na edificação: descargas, lavagem de pisos e calçadas, lavagem de veículos, irrigação e outros. O mercado disponibiliza sistemas de coleta e filtros bastante acessíveis. Dependendo do uso, o tratamento dessa água pode ser recomendado;
- Instalar sistema de reaproveitamento de águas servidas (águas cinzas) – as águas utilizadas em chuveiros, lavatórios, tanques e máquinas de lavar roupas, quando devidamente filtradas e tratadas, também podem ser reaproveitadas com êxito na edificação.

3.1.4 Seleção do terreno

Para uma completa abordagem dos princípios que caracterizam a edificação ecoeficiente, obviamente não é possível dissociar a construção do seu entorno e suas relações com o meio urbano. Apesar da relevância, essa discussão ultrapassa as fronteiras estabelecidas para análise neste livro, que é centrar a atenção nas recomendações aplicáveis ao edifício.

Um dos grandes questionamentos acerca da sustentabilidade das edificações diz respeito ao transporte urbano. A escolha do terreno para a implantação da edificação determina o uso da energia consumida no transporte, ou seja, os usuários de edificações localizadas em terrenos suburbanos dependem principalmente dos automóveis, uma vez que geralmente não têm muitas opções em termos de transporte. Logo, o resultado é que os moradores dos bairros mais afastados provavelmente consomem anualmente mais energia *per capita* do que os usuários de edificações situadas em contextos mais densos.

Como consequência, alguns pesquisadores defendem o adensamento na malha urbana, medida que também produz resultados negativos, sobretudo na infraestrutura e no trânsito. De qualquer modo, a presença de terrenos vazios inseridos no tecido urbano, frequentemente equipados com toda a infraestrutura necessária, é motivo de preocupação e o poder público tem a obrigação de intervir nessa matéria, pois muitas vezes esses terrenos resultam de especulação imobiliária.

Há casos de terrenos que foram contaminados por um determinado uso prévio, como, por exemplo, pela presença de uma instalação industrial, de um posto de combustível ou até mesmo de um depósito de lixo, constituindo-se nas áreas denominadas ***brownfields***. Apesar do frequente custo elevado para recuperação dessas áreas, a utilização desses terrenos é bem aceita pelos defensores da sustentabilidade das edificações, desde que a descontaminação seja efetuada com segurança.

3.1.5 Elaboração do projeto arquitetônico

Boa parte das decisões que geram efeitos positivos para a edificação ecoeficiente é tomada na fase de projeto, mais especificamente na elaboração do projeto arquitetônico, que também influencia fortemente os projetos complementares. Reiteradamente até a opção pelo material estrutural é uma definição consumada na fase de projeto arquitetônico. Como o projeto é uma atividade com vocação multidisciplinar, recorda-se que decisões técnicas exigem conhecimentos específicos. Para isso, o autor do projeto arquitetônico deve conduzir reuniões com os demais projetistas, de modo que as soluções técnicas mais importantes sejam compartilhadas com os profissionais responsáveis pelos projetos complementares.

Cabe salientar que a edificação ecoeficiente deve ser concebida com a intenção explícita de atingir as metas relacionadas neste texto. Queremos dizer com isso que o partido arquitetônico será adotado com base no desejo de se conceber uma edificação ecoeficiente. No caso de obras públicas – cujos projetos são escolhidos por meio de concurso público – há alguns exemplos positivos, como é o caso da sede do Conselho Regional de Engenharia e Agronomia do Estado do Paraná (CREA-PR), localizada em Curitiba, em que o edital do concurso já estabelecia condições mínimas de sustentabilidade que o projeto deveria atender.

Para Gomes (2008, p.10), a realização de licitações que considerem a contratação de projeto e obras sob o ponto de vista ambiental, que deve ser observado durante a elaboração do projeto e na execução da obra,

> [...] não se trata de um direito, sujeito à discricionariedade e sensibilidade do gestor para a questão ambiental, mas de um dever do Administrador Público em segui-la e dos órgãos de fiscalização em verificar seu cumprimento, sob o ponto de vista legal.

"É possível manipular a pegada ecológica[2] da edificação planejando-se o espaço de maneira eficiente durante o projeto", afirmam Keeler e Burke (2010). Deve-se ter em mente que a sobreposição de funções e núcleos de serviço, o compartilhamento de paredes e a criação de espaços flexíveis permitem ao projetista maximizar a eficiência e os benefícios.

Há que se ressaltar o impacto que a implantação de um empreendimento gera no seu entorno e até mesmo para uma determinada comunidade. Nesse aspecto, o projeto da edificação deve ser culturalmente aceito e

2 Pegada ecológica corresponde ao tamanho das áreas produtivas de terra e mar, necessárias para gerar produtos, bens e serviços que sustentam a vida de um indivíduo ou sociedade.

respeitar as diversidades que caracterizam a comunidade do local (Figura 3.3), muito bem ilustrado por uma das emblemáticas obras de Renzo Piano. Da mesma maneira, a preservação do patrimônio histórico é indiscutivelmente uma prática associada com o conceito de edificação ecoeficiente.

Fonte: JOOZLy (CC BY-SA 4.0, https://commons.wikimedia.org/wiki/File:Egrant-190-91.jpg#/media/File:Egrant-190-91.jpg)

Figura 3.3 – Centro cultural Jean-Marie Tjibaou na Nova Caledônia

Para que a edificação ecoeficiente seja durável, o projeto arquitetônico deverá considerar o uso flexível dos ambientes, de modo que os espaços projetados e construídos sejam capazes de se adaptar a diferentes formas de utilização ao longo de toda a sua vida útil. Os usos e costumes podem se alterar com o passar dos anos. Além disso, a composição do núcleo familiar também pode sofrer transformações ao longo do tempo. Assim, a flexibilidade da edificação para se adaptar a novos padrões contribui para a não geração de resíduos de demolição ou de reformas precoces.

O projeto também deve contemplar a necessidade de facilitar a reciclagem dos resíduos gerados pelos produtos consumidos pelos usuários. Deste modo, a proposição de ambientes para a armazenagem de produtos recicláveis, tais como embalagens, óleo de cozinha etc., é altamente recomendável em edifícios multifamiliares. Nas áreas de uso comum, o projeto deve prever a instalação de dispositivos (lixeiras) para receber os resíduos sólidos recicláveis, com capacidade para atender à demanda dos usuários e nas cores padronizadas pela Resolução CONAMA 275, de 25 de abril de 2001.

Alguns autores sugerem que o edifício ecoeficiente incorpore também a multiplicidade de usos, ou seja, o projetista deve estimular o uso da residência como local de trabalho, por exemplo, inserindo escritórios nos projetos dessas construções. Há muitos exemplos de profissionais que têm condições de realizar suas atividades em sua própria residência, evitando os custos com deslocamentos diários para o local de trabalho, além de outras vantagens. A expansão acelerada das redes de comunicação e a popularização de *smartphones*, *notebooks* e *tablets* tornam cada vez mais possível a realização de atividades laborais (*home offices*) na própria residência.

Nos últimos anos, o setor imobiliário tem apresentado soluções inovadoras que contemplam o uso de ambientes construídos por pessoas que não trabalham necessariamente na mesma empresa, eventualmente reunindo profissionais que atuam em diferentes áreas. São os empreendimentos denominados *co-working*, que permitem o compartilhamento de espaços e recursos de escritório.

Na visão de Keeler e Burke (2010), alguns dos objetivos a serem contemplados na fase de projeto das edificações ecoeficientes compreendem:

- A implantação da edificação, sua orientação e a localização das aberturas, conforme abordagem apresentada na Seção 3.1.7;
- O estabelecimento de critérios de iluminação interna e isolamento de ruídos;
- A seleção de um sistema de climatização (incluindo filtragem e limpeza do ar) adequado para o clima, a localização e o tipo de uso da edificação;
- A seleção de taxas de ventilação e a escolha de um método capaz de garantir que a ventilação adequada seja oferecida para todos os usuários em todas as condições operacionais;
- A determinação das exigências térmicas da edificação;
- O projeto de todos os sistemas e componentes de climatização com a finalidade de facilitar a instalação e uso;
- A seleção de critérios que favoreçam edificações e materiais de construção com baixos níveis de emissão. A escolha deve levar em conta a durabilidade dos materiais e as exigências de limpeza e manutenção;
- A sequência de instalação dos materiais de acabamento;
- O projeto da vedação externa da edificação visando à minimização da entrada, condensação e infiltração de água.

3.1.6 Otimização das dimensões do projeto

Ao tentar atender aos anseios dos clientes, o projetista se vê diante de um conflito: de um lado, o cliente que deseja uma edificação espaçosa e confortável, por vezes com dimensões que extrapolam os saldos disponíveis para construir o empreendimento; por outro lado, os princípios da edificação ecoeficiente que recomendam o uso eficiente dos recursos naturais e energéticos, isto é, que se faça uso moderado desses bens. Obviamente que o tamanho da edificação tem relação direta com esses impactos, pois quanto maior a construção, maior será o consumo de energia e de matérias-primas. Assim, o projetista tem a difícil tarefa de encontrar o ponto de equilíbrio entre desejos, necessidades e capacidades.

No momento das entrevistas com os clientes (*briefings*), os projetistas devem alertá-los e conscientizá-los acerca dos prováveis impactos decorrentes das escolhas definidas para a nova construção.

A otimização do tamanho do projeto é abordada por alguns autores. Mascaró (2010) realça que os elementos que formam os planos verticais das edificações representam cerca de 50% dos custos da edificação. Isso implica dizer que para reduzir os custos das construções, o melhor caminho não é a redução na área de construção, pois a relação não é linear. Em busca de situações de projeto racionalizadas, o projetista deve considerar a relação entre o perímetro e a área envolvida, que se trata de uma relação puramente geométrica, facilmente demonstrável, denominada *índice de compacidade*.

3.1.7 Implantação da edificação e a resposta ao clima

Ao implantar a edificação, o projetista deve considerar a possibilidade de realizar poucas alterações na topografia do terreno, se possível preservando as suas características naturais e a paisagem. Mudanças na topografia implicam em riscos e custos elevados. Vários são os exemplos de edificações que tiveram seus custos aumentados consideravelmente por problemas causados nas construções vizinhas, decorrentes de acidentes ocorridos nas estruturas de contenção de divisa. Além disso, grandes escavações interferem no equilíbrio do solo e nível do lençol freático, de modo que a influência dessas alterações excede em muito os limites do terreno onde a obra será construída.

Chamam-se ***edificações resilientes*** aquelas que têm capacidade de se adaptar ao clima local. Para tanto, antes de se iniciar o projeto das edificações ecoeficientes, a primeira medida é a identificação do clima da região onde a construção será implantada. As características do terreno – como topografia, vegetação, edificações adjacentes e microclimas – têm influência nas estratégias passivas de projeto, notadamente nas edificações térreas com pequena altura, pois eventuais edificações e vegetações de grande porte, que estejam no entorno, podem bloquear a incidência de sol, gerando efeitos positivos e negativos.

Bitencourt (2019) acrescenta que o conceito de resiliência foi vinculado às edificações pelo ecologista canadense C. S. Holling, que em 1973 publicou o artigo "*Resilience and stability of ecological systems*", no qual descreve a persistência dos sistemas naturais em face de mudanças nas variáveis do ecossistema geradas naturalmente ou pelo homem. Portanto, sob essa óptica, a resiliência pode ser encarada de duas maneiras: (a) representa o tempo necessário para um sistema voltar ao estado estacionário, após uma perturbação; ou (b) a capacidade de um sistema para absorver perturbação e estabelecer a sua reorganização. Nesse contexto, os projetistas de arquitetura têm a responsabilidade de conceber ambientes flexíveis sustentáveis, capazes de se adaptar facilmente às condições naturais e se recuperar, se for o caso, nas vicissitudes.

Para que o projetista explore abundantemente as condições ambientais, tais como ventilação, insolação e iluminação, é necessário o adequado posicionamento da edificação no terreno e o atendimento a uma série de princípios, que destacamos nos itens apresentados a seguir. Os resultados, obviamente, serão traduzidos sob a forma de redução dos impactos ambientais do edifício.

A – Ventilação natural

Para que a ventilação natural se concretize, há que se dispor tomadas e saídas de ar – na forma de janelas, venezianas ou outros dispositivos – em lados opostos da edificação (ventilação cruzada). Como a ventilação só ocorrerá com a abertura desses elementos, o usuário será capaz de controlar a passagem do ar dependendo das condições climáticas. Uma estratégia adicional consiste na utilização das chaminés de ventilação, que têm aberturas no topo e na base, as quais devem ser altas o suficiente para gerar gradientes de temperatura e induzir o movimento ascendente do ar.

Porém, nem sempre o vento tem velocidade suficiente para garantir o conforto. Nesse caso, recomenda-se a instalação de ventilação mecânica (ventiladores), sempre que possível, pois são mais econômicos do que os aparelhos de ar-condicionado.

A ventilação natural também é favorável para manter a qualidade do ar interno das edificações. As emissões resultantes do emprego de alguns tipos de materiais de construção ou as contaminações devidas à falta de manutenção de equipamentos (filtros de ar-condicionado, por exemplo) exigem uma constante renovação do ar interno.

B – Insolação

A incidência de sol é fundamental para qualquer tipo de projeto. No entanto, a admissão ou rejeição da incidência de raios solares nas paredes da edificação depende do clima externo. Ela é admitida quando o clima está frio, mas rejeitada com o calor. Assim, esta condição determina a orientação da edificação, sua volumetria, distribuição de janelas, *sheds*, claraboias e outros. A resposta ao sol também determina a orientação dos telhados e posicionamento de equipamentos, tais como painéis para aquecimento de água e painéis fotovoltaicos geradores de energia. Os bons resultados em termos de economia se manifestam, sobretudo, pela boa orientação da edificação e escolha adequada dos materiais de vedação externa (paredes e telhas).

A orientação da edificação ao longo de um eixo leste-oeste permite que um maior número de paredes estejam voltadas para o norte e para o sul, oferecendo acesso ao sol quando é necessário para calefação. Do mesmo modo, essa orientação facilita a iluminação interna equilibrada. Em outras palavras, trata-se de explorar as estratégias que compõem a arquitetura bioclimática.

C – Iluminação natural

Embora a iluminação natural seja desejável para a realização de algumas atividades, em outras a sua presença é incômoda, como é o caso do ofuscamento causado pela incidência da luz solar numa mesa de estudo. Assim, o projetista de edificações ecoeficientes deve procurar, por meio da orientação adequada do edifício, maximizar o uso da iluminação natural, prevendo formas de captar a luz natural nos ambientes, com os devidos cuidados quanto aos ganhos térmicos. Desse modo, faz parte da responsabilidade desses profissionais o dimensionamento adequado das janelas e portas, em conformidade com as dimensões e profundidades dos ambientes em que elas serão inseridas.

Dependendo do ambiente para o qual as aberturas forem projetadas, é importante considerar não apenas a maneira com que a iluminação natural ingressará no cômodo (janelas, claraboias etc.), mas também como a luz solar direta será bloqueada. Há, no mercado, brises e persianas que permitem o controle da entrada de diferentes níveis de iluminação natural. Alguns sistemas mais sofisticados, também já disponíveis, reduzem automaticamente os níveis de iluminação artificial, sendo fundamentais para o desempenho energético da edificação. Além de portas e janelas, outros elementos podem cumprir a função de iluminar os ambientes da edificação, tais como: jardins de inverno, claraboias, lanternins, *sheds*, prateleiras de luz (Figura 3.4) e iluminação tubular solar.

Fonte: Julian A. Henderson (CC BY-SA 3.0, https://commons.wikimedia.org/w/index.php?curid=19588365)

Figura 3.4 – Prateleira de luz na biblioteca infantil do *Bronx Library Center*

3.1.8 Escolha do sistema estrutural

As estruturas das edificações podem ser produzidas a partir de: concreto armado, concreto protendido, aço, alumínio, madeira e outros. Às vezes esses materiais podem ser combinados em uma única estrutura, formando as denominadas *estruturas compostas (híbridas)*. Por outro lado, as *estruturas mistas* são obtidas quando dois ou mais materiais estruturais são combinados para cumprir a mesma função. As combinações de aço e concreto, além de madeira e concreto, são exemplos clássicos de estruturas mistas.

No contexto das edificações ecoeficientes, a lógica é explorar ao máximo as qualidades dos materiais estruturais. Por isso, a combinação entre eles é bem-vinda e reflete o grau de tecnologia permitido pela engenharia estrutural contemporânea.

Não devemos deixar de mencionar a importante contribuição da alvenaria estrutural para a solução da estruturação das edificações. Trata-se de um sistema construtivo que utiliza blocos industrializados (cerâmica, concreto etc.) interligados por argamassa, formando um conjunto monolítico e resistente. Há princípios de racionalização intrínsecos ao sistema, tornando-o recomendável para edificações ecoeficientes.

Ao fazer a opção pelo material ou sistema estrutural, o projetista deve estar atento às peculiaridades de cada um deles, considerando sempre a visão holística. Por isso, o projetista arquitetônico tem papel fundamental na indicação do sistema e dos materiais que constituirão a estrutura da edificação. Na Seção 3.2, que trata da especificação dos materiais de construção, você terá oportunidade de acompanhar uma exposição mais aprofundada acerca das características e propriedades do concreto, do aço e da madeira, pois representam os principais materiais estruturais da atualidade.

Ao contratar o projetista de estruturas, o cliente deve se informar a respeito da experiência e competência do profissional. Outra observação igualmente importante relaciona-se com a falsa percepção de economia no momento da contratação dos projetos, ou seja, por não serem exigidos pelas prefeituras municipais ou pela fiscalização do Conselho Regional de Engenharia e Agronomia (CREA), alguns projetos complementares nem sempre são contratados, tratando-se obviamente de um equívoco. A não contratação do projeto estrutural frequentemente fomenta desperdícios de materiais na execução da edificação, os quais nem sempre vêm acompanhados do pressuposto aumento na segurança.

Relaciono, a título de exemplo, o projeto de fôrmas para estruturas de concreto armado. Esse projeto define espessuras dos painéis de fôrmas, espaçamento entre gravatas de travamento, espaçamento e dimensões das escoras, contraventamentos, dimensões de cimbramentos, especificações de prazos para desformas e assim por diante. Raramente esse projeto é visto em canteiros de obras, apesar de sua importância. Alguns engenheiros responsáveis pela execução de obras desconhecem o mérito desse projeto.

Dificilmente também encontramos em canteiros de obras o projeto de estruturas de madeira. Com essa omissão, a responsabilidade pela determinação das dimensões das peças estruturais, contraventamentos, número de conectores e seus respectivos diâmetros, entre outras, é atribuída aos carpinteiros. Mesmo que tenham boas intenções, esses profissionais não foram preparados para isso e os riscos de ocorrências de não-conformidades são elevados. Qual é o tipo de economia que se tem quando se coloca em risco a segurança do empreendimento? Os projetistas precisam alertar os seus clientes quanto aos riscos e consequências desse comportamento.

3.1.9 Isolamentos térmicos, acústicos e impermeabilizações

Neste texto, o termo *isolamento* está sendo utilizado para expressar todas as estratégias que devem ser adotadas no projeto e construção das edificações, com vistas a prevenir ou impedir os efeitos negativos decorrentes da incidência de raios solares, da passagem da água, ar e sons. No cotidiano da construção civil, esses cuidados são geralmente designados por isolamento térmico, isolamento acústico e impermeabilizações, incluindo as etapas de preparação das superfícies para recebimento dos produtos isolantes.

Tendo como alvo a necessidade de buscar eficiência na utilização dos recursos naturais, Keeler e Burke (2010) sugerem os seguintes princípios para se conseguir bom êxito no isolamento da edificação:

- Utilização de coberturas verdes e paredes vivas, as quais atenuam o reflexo e os efeitos de ilhas térmicas, além de reduzir e/ou diminuir a velocidade de escoamento das águas pluviais;

- Evitar o uso de impermeabilizantes líquidos ou de membranas que têm o asfalto como origem ou outros derivados do petróleo (plásticos), pois têm vida útil limitada, exigindo manutenção e reparos constantes;

- Considerar o emprego de telhas que contêm adições em suas composições. É possível a produção de telhas por meio de várias misturas, incluindo celulose, fibras minerais, metais, fibras de vidro, embalagens do tipo longa vida e até polpa de madeira;

- A profundidade e a largura dos beirais e dos elementos de sombreamento devem ser projetadas de acordo com as exigências climáticas. Assim, em climas quentes e úmidos os beirais devem ser largos e profundos; para climas predominantemente frios os beirais devem ser mais estreitos e curtos;

- O isolamento térmico pode ser conseguido por meio do emprego de vários tipos de materiais – mantas, enchimentos soltos ou espumas de baixa densidade – que podem ser injetados no local ou pré-fabricados sob a forma de placas.

Quando de trata de isolamento, para qualquer finalidade em uma edificação, há que se investigar a origem, composição e correta especificação desses materiais, tomando-se todos os cuidados necessários. O leitor deve se lembrar de uma tragédia que ocorreu em 2013, quando 242 pessoas morreram durante um incêndio na boate Kiss, em Santa Maria – RS, e outras 680 saíram feridas. Durante uma apresentação musical no recinto, foi aceso um sinalizador que provocou faíscas que atingiram o teto, queimando a espuma de isolamento acústico. Rapidamente a fumaça espessa e venenosa se alastrou pelo ambiente, culminando na tragédia.

Obviamente que a cautela na especificação de materiais deve ser preocupação constante dos projetistas e construtores, não apenas na indicação de alternativas para isolamento, pois lamentavelmente há ainda muitos produtos que já não deveriam fazer parte do cotidiano da construção civil. Hoje é possível encontrar no mercado produtos para impermeabilizações que não derivam do petróleo, como é o caso de uma resina de poliuretano produzida a partir de óleo de mamona, considerada ambientalmente correta. Essas soluções certamente estão muito mais alinhadas com as necessidades das edificações ecoeficientes.

3.1.10 Revestimentos de paredes externas

Como fica constantemente exposto aos raios solares, chuvas e ventos, este subsistema da construção precisa ser cuidadosamente considerado, pois grande parte das manifestações patológicas ocorre nas paredes externas. Para adequar-se às necessárias exigências de durabilidade, recomenda-se evitar o uso da madeira em revestimento de paredes externas, pois nessa condição sua durabilidade é limitada. Porém, há recursos que atenuam esse inconveniente, como a adoção de beirais suficientemente amplos para promover a necessária proteção dos revestimentos externos.

Painéis constituídos por chapas cimentícias são duráveis e resistem ao fogo e aos ataques de agentes biológicos. A eles podem ser adicionadas fibras de madeira oriundas de processos de manufatura pós-industriais, ou ainda outros tipos de fibras sintéticas e naturais, de modo que suas propriedades sejam modificadas e melhoradas. Há ainda a possibilidade de adoção das fachadas ventiladas (ou fachadas duplas), ilustrada na Figura 3.5, que além de aumentar a durabilidade dos materiais de revestimento externos, propiciam benefícios satisfatórios nas condições de isolamento térmico, pois criam uma segunda pele na fachada.

Figura 3.5 – Instalação de fachada ventilada

Fonte: Frankpulido (Domínio público, https://commons.wikimedia.org/wiki/File:Fachada_ventilada_sts_reus_(espa%C3%B1a).jpg#/media/Ficheiro:Fachada_ventilada_sts_reus_(españa).jpg)

O princípio de funcionamento da fachada ventilada baseia-se na formação de uma camada de ar entre a camada externa e a vedação da edificação propriamente dita. Algumas publicações afirmam que é possível se alcançar economia entre 30% a 50% no consumo de energia do edifício com a sua adoção. Apesar do custo elevado, essa proposta é uma alternativa altamente recomendada para fachadas que recebem grande incidência de raios solares durante o verão, especialmente no período da tarde.

3.1.11 Revestimentos e acabamentos internos

Relativamente aos acabamentos internos das edificações, há um grande número de alternativas de materiais e técnicas de execução que têm aspectos favoráveis na diminuição do consumo de recursos naturais e aumento do desempenho energético. Keeler e Burke (2010) relacionam algumas recomendações para esta etapa do processo construtivo, que se encontram sintetizadas no Quadro 3.2.

Quadro 3.2 – Proposições ecoeficientes para revestimentos internos

Etapa construtiva	Descrição
Revestimentos argamassados	Preferir as argamassas à base de cal ou soja. Reduzir o uso de cimento Portland em determinadas argamassas, substituindo-o por cinzas. Argamassas acrílicas utilizam derivados do petróleo, logo, devem ser empregadas com parcimônia.
Gesso acartonado	O valor ecológico dos painéis de gesso já esteve associado ao conteúdo reciclado de papéis (que corresponde a aproximadamente 6% do peso de uma chapa). No entanto, atualmente ainda há dificuldades para a reciclagem das chapas de gesso acartonado.
Pisos cerâmicos e azulejos	As opções de pisos cerâmicos e de azulejos são praticamente infinitas e, em grande parte, estão relacionadas a materiais de mineração, compostos e alternativos. O vidro triturado é um dos materiais reciclados comumente utilizado como matérias-primas na produção de pisos cerâmicos e azulejos. Também é possível integrar muitos produtos derivados da manufatura ao produto final, tais como os resíduos de mineração, da indústria do papel e celulose, da metalurgia, de produção de energia e outros.
Pisos flexíveis	Muitos materiais de pisos flexíveis – borracha, vários tipos de plásticos, linóleo[1] e cortiça – são ótimas alternativas aos materiais convencionais que contêm cloreto de polivinil (PVC).
Pisos de rochas	As rochas são recursos naturais finitos que, certamente, não se renovarão ao longo dos períodos vivenciados por seres humanos. O principal problema associado às rochas é a energia incorporada consumida pelos processos de mineração, fabricação e transporte do produto acabado até o canteiro de obras. Além disso, há grande consumo de água e geração de resíduos nos processos de polimento.
Pinturas	As tintas representam uma séria ameaça à saúde, sendo mais preocupante do que suas características em termos de consumo de recursos naturais. Existem tintas à base de leite, de argila e com teores de produtos reciclados. Todavia, há sempre que se pesquisar o verdadeiro impacto desses produtos na qualidade do ar interno.

3 Linóleo é um tipo de tecido impermeável, geralmente produzido a partir da juta e untado com óleo de linhaça e cortiça em pó, ideal para revestir os pisos de salas de dança, por exemplo.

3.1.12 Requisitos para janelas e vidros

Além do controle da luz natural e entrada do ar, várias outras funções são atribuídas às janelas, tais como: proporcionar segurança e privacidade; conferir beleza à edificação e influenciar no consumo de energia. As janelas sem isolamento levam a perdas e ganhos térmicos indesejados nas aberturas, resultando no aumento do uso de energia para fins de calefação e resfriamento. Portanto, as janelas com alto desempenho térmico são parte fundamental do projeto de todas as edificações habitacionais e comerciais com baixo consumo de energia.

As janelas e os vidros passaram por uma evolução tecnológica bastante representativa nas últimas décadas. Materiais como o alumínio, o aço, a madeira, o PVC e as fibras de vidro são tradicionalmente utilizados na produção das esquadrias. Atualmente, há resultados interessantes decorrentes da associação de alguns desses materiais, na forma de ***esquadrias híbridas***, como ocorre a partir da combinação entre as fibras de vidro (parte externa) e a madeira (parte interna). Esquadrias com vidros duplos e vidros triplos já são comercializadas, produzindo resultados espetaculares em desempenho térmico e acústico.

O desempenho térmico das esquadrias de PVC é comparado ao das esquadrias de madeira, mas pode ser aprimorado com o preenchimento de suas cavidades internas com material isolante. No entanto, mais adiante teremos oportunidade de conhecer um pouco mais acerca dos impactos negativos do PVC à saúde humana, além dos impactos ambientais associados à produção, dúvidas relativas ao descarte após o fim da vida útil devido às dificuldades da reutilização e da reciclagem e preocupações referentes aos gases tóxicos emitidos pelo produto acabado em caso de incêndio. Desse modo, o projetista deve especificar com cautela esse produto e alertar os seus clientes quanto aos riscos intrínsecos de sua utilização.

Relativamente ao vidro, os fabricantes destacam frequentemente que o material é 100% reciclável, podendo ser utilizado infinitamente sem perda de qualidade. Apesar da inquestionável reciclabilidade do vidro, devemos nos lembrar que a reciclagem é um processo de transformações físicas e químicas, que no caso desse material consome grande quantidade de energia. Seu principal atributo é a transparência, permitindo a integração entre o ambiente interno e o exterior. Nas últimas décadas houve um grande avanço e o emprego de novas tecnologias permitiu o desenvolvimento de vidros que controlam a luz solar, contribuindo para a eficiência energética. Há inclusive vidros autolimpantes, que atenuam o consumo de produtos de limpeza.

As películas também se constituem em expressões do desenvolvimento tecnológico no segmento. Elas reduzem o coeficiente de ganhos térmicos solares, impedindo a entrada de sol nas edificações durante o verão e reduzindo, assim, a necessidade de resfriamento. Todavia, no inverno elas podem ser um problema em regiões demasiadamente frias, por exigir necessidade de aumento de calefação.

3.1.13 Paisagismo e áreas de infiltração

Sabemos que as plantas fornecem sombra, transpiram, reduzem o calor, impedem a erosão da camada superficial do solo, além de servirem de habitat para a vida selvagem. Abaixo segue uma lista de recomendações essenciais para a obtenção de melhores resultados na concepção e implantação do paisagismo, tendo como foco a edificação ecoeficiente:

- Dar preferência às plantas nativas, visto que são mais adaptadas ao clima local e resistentes a pragas;
- Elaborar jardins cujas plantas exijam pouca água e preferir a irrigação por meio de gotejamento;
- Evitar as monoculturas, já que a diversidade de plantas cria um habitat favorável ao desenvolvimento da vida animal e vegetal;
- Nos vasos ou canteiros, utilizar protetores de raízes procedentes de madeira certificada ou materiais reciclados;
- Utilizar plástico reciclado ou materiais leves nas floreiras;
- Aproveitar a vegetação para criar os sombreamentos desejáveis. Árvores caducifólias perdem suas folhas, geralmente nos meses mais frios e secos, tornando-as favoráveis ao aquecimento das edificações do entorno. Por outro lado, as folhas proporcionam o sombreamento desejável nos meses mais quentes. Alguns exemplos de caducifólias encontradas no Brasil: jabuticabeira, cerejeira, figueira, amoreira e o ipê, que encanta a todos por sua beleza.

Pavimentos porosos são empregados com o objetivo de facilitar a infiltração das águas pluviais e, assim, contribuir para o abastecimento dos lençóis freáticos. Usualmente os pavimentos porosos são constituídos por placas de concreto em forma de grelha, pedra britada ou peças de concreto que incorporam materiais reciclados, como borracha de pneus, plásticos etc. Em determinados locais, os pavimentos porosos (Figura 3.6) podem suportar a passagem de veículos e, desse modo, evitam a compactação gerada pelo tráfego, o que diminuiria a permeabilidade do solo. A utilização simultânea de grama com pavimentos porosos tem repercussão positiva no controle da temperatura do microclima onde está implantada a edificação.

A permeabilidade dos pavimentos é altamente desejável nas cidades, pois contribui favoravelmente com o sistema de drenagem e alia-se às exigências impostas pelas legislações municipais em relação à manutenção de áreas de infiltração nos terrenos. O concreto permeável se diferencia do concreto convencional pelo índice de vazios. No concreto permeável o material granular tem praticamente a mesma granulometria, criando os vazios desejáveis para esse material. O material já vendo sendo empregado com sucesso na produção de pavimento intertravado, conhecido como *paver*, além de ciclovias, estacionamentos e demais pavimentações, geralmente com solicitações não muito elevadas.

Fonte: Lombroso (CC BY-SA 3.0, https://commons.wikimedia.org/wiki/File:Demonstration_experiment_of_the_permeable_paving_(2012.10.07).jpg#/media/File:Demonstration_experiment_of_the_permeable_paving_(2012.10.07).jpg)

Figura 3.6 – Demonstração de concreto permeável

3.1.14 Qualidade e conforto dos ambientes internos

Vários são os fatores que contribuem para a qualidade dos ambientes internos das edificações ecoeficientes. Mais adiante trataremos das substâncias químicas que, uma vez presentes no ar, comprometem o bem-estar e a saúde dos usuários do edifício.

A presença de ruídos nos ambientes internos provoca estresse e diminuição da produtividade. Desse modo, o projeto da edificação ecoeficiente deve abordar esse problema, de modo que sejam propostas medidas para o seu controle. A distribuição das aberturas, seleção do tipo de janela e escolha apropriada dos materiais de construção são medidas que contribuem para atenuar os efeitos dos ruídos nos ambientes internos.

A proposição de **paredes vivas**, isto é, elementos de vegetação em grande escala que podem ser independentes ou fazer parte de um plano vertical da edificação (Figura 3.7), incorporam benefícios ao bem-estar dos seus usuários. As paredes vivas são também designadas por *paredes verdes (green wall)* ou *jardins verticais*. Especialistas em paisagismo recomendam as espécies epífitas (plantas que vivem sobre outras espécies vegetais sem que ocorra parasitismo) para a composição das paredes vivas, tais como: orquídeas, samambaias, a brilhantina, a begônia, a avenca, a cifre de veado, a renda portuguesa, os cactos, entre outras.

Figura 3.7 – Parede viva em Hong Kong

Fonte: Ronald Lu & Partners (CC BY 3.0, https://commons.wikimedia.org/w/index.php?curid=9964097)

As paredes vivas beneficiam ativamente a qualidade do ar interno, sendo que, em alguns casos, há o acoplamento de sistemas de tratamento do ar interno, por meio de filtros. O formaldeído e o benzeno são decompostos na passagem pelas paredes vivas. Paredes vivas também podem ser executadas em ambientes externos, tomando-se o cuidado de selecionar adequadamente as espécies vegetais e o modo de plantio.

Finalmente, para ser considerado confortável, o ambiente interno deve ser constantemente submetido à limpeza e manutenção. Cronogramas regulares de limpeza são essenciais, bem como a utilização de produtos de limpeza apropriados e ambientalmente corretos.

3.1.15 Redução das perdas de materiais de construção

Num primeiro momento, o leitor pode imaginar que esta Seção está mal posicionada no texto, pois as perdas de materiais de construção são frequentes nos canteiros de obras durante a fase de execução. Todavia, neste ponto queremos abordar as perdas resultantes da especificação inadequada dos materiais de construção, que eventualmente serão reduzidas com a análise mais cuidadosa e a consciência do projetista.

No tocante à diminuição das perdas de materiais de construção, é relevante ressaltar a contribuição positiva advinda da adoção da ***coordenação modular*** na elaboração do projeto, pois os elementos construtivos são dimensionados a partir de uma unidade de medida comum (o módulo). Nesse caso, as dimensões dos ambientes são também estabelecidas segundo as especificidades dos materiais escolhidos. Por exemplo, no caso de edificações com fechamentos verticais em alvenaria, o pé direito é definido a partir das dimensões dos blocos e juntas de assentamento, além da devida consideração da altura das vigas. Sugere-se consultar a ABNT NBR 15873:2010 – Coordenação modular para edificações – para aprofundamentos nessa temática.

Outra orientação recomendável para este contexto é a ***compatibilização dos projetos***, que pode ser feita pelo profissional gestor do projeto utilizando-se recursos de informação, como é o caso do *Building Information Modeling* (BIM). O BIM é uma forma de parametrização das informações dos objetos, que são editáveis pelos diversos profissionais que participam da elaboração do projeto. Com isso, diminuem-se as chances de se constatarem não-conformidades durante a execução da obra.

Para alcançar êxito na redução dos desperdícios de materiais nos canteiros de obras, destaco também a escolha apropriada da forma de assentamento dos pisos cerâmicos, que pode ser com juntas alinhadas, intertravadas, em diagonal, em dama ou em escama de peixe. Adotando-se as juntas em diagonal, alguns defeitos são disfarçados, sobretudo aqueles decorrentes da ausência de ortogonalidade (esquadro) entre as paredes adjacentes. No entanto, será enorme a quantidade de recortes que serão efetuados nas peças cerâmicas situadas no perímetro da área revestida, aumentando-se significativamente as perdas devidas à escolha dessa forma de assentamento.

Em ambientes com revestimento cerâmico nos pisos, geralmente nos deparamos com outra fonte importante de perdas de materiais se os rodapés forem especificados também em cerâmica. Se forem aproveitadas apenas as bordas da peça cerâmica para produzir os rodapés, um percentual expressivo dessas peças restará sem utilidade. Considerando-se que o formato das peças cerâmicas avança para tamanhos cada vez maiores, há que se repensar o tipo de rodapé que será instalado nesses ambientes. O rodapé de madeira é uma opção que resulta em pequenas perdas de material. Alternativamente, pode-se optar pelos rodapés prontos, que infelizmente não são oferecidos pelos fabricantes para qualquer tipo de piso cerâmico. Ou ainda, providenciar que os pisos cerâmicos sejam recortados em marmorarias, diminuindo sensivelmente os índices de perdas.

Os exemplos apresentados acima demonstram como é indispensável a avaliação prévia das perdas por parte do projetista. Assim, esses cuidados não podem ser delegados aos colaboradores que executam as obras. Nesses casos, a omissão do projetista converte-se em desperdícios, geração de resíduos e comprometimento estético dos acabamentos da edificação. Exigir que o profissional elabore o projeto executivo é uma das recomendações para se evitar esse tipo de ocorrência. Reconheço que há muitos problemas com a ausência de padronização de materiais e componentes na construção civil, o que torna ainda mais complexa a atuação neste segmento.

3.2 – Especificação de materiais e equipamentos

Uma parcela considerável dos impactos negativos provocados no meio ambiente está vinculada à etapa de especificação dos materiais e equipamentos para as construções. Ao afirmar que a especificação de materiais representa a espinha dorsal da edificação sustentável, Keeler e Burke (2010) reconhecem a magnitude deste ofício para atingir os propósitos da edificação ecoeficiente, pois sua abrangência está relacionada com o ciclo de vida da construção.

Ao longo desta Seção você perceberá que nem sempre as informações relativas às características e repercussões negativas causadas pela produção de bens e serviços chegam aos consumidores. É comum, inclusive na indústria dos materiais de construção, a prática do ***greenwashing*** (disfarçar de ecológico), isto é, a realização de um esforço de marketing para supervalorizar alguns atributos ambientais irrisórios, enquanto são ocultadas graves implicações negativas.

Por isso, no momento da especificação dos materiais e equipamentos para a edificação, arquitetos e engenheiros devem aprofundar seus conhecimentos sobre o tema, realizar profundas investigações relacionadas com os prováveis impactos gerados na produção, transporte, comercialização, uso e descarte dos produtos, assim como das suas embalagens, pois em algumas circunstâncias está se colocando em risco a própria saúde e bem-estar dos usuários da edificação.

3.2.1 Substâncias químicas que afetam os seres humanos e as edificações

Em 30 de outubro de 2013, a revista Veja publicou reportagem relacionando as 12 substâncias químicas que causam mais problemas hormonais. Segundo os cientistas, no dia a dia somos expostos constantemente a substâncias que podem interferir no sistema endócrino e levar a problemas como danos à fertilidade e maior risco de câncer, por exemplo. Essas substâncias podem ser encontradas em alimentos, água, embalagens, produtos de limpeza e até nos cosméticos. Na lista encontram-se o bisfenol A (BPA) – um composto químico que compõe alguns objetos de plástico e o revestimento interno de latas de alumínio – e as dioxinas.

A inalação das emissões químicas de determinados acabamentos internos, como seladores ou tintas para madeira, pode agir sobre os pulmões e ter efeitos de longo prazo em outros sistemas corporais. Outro método de transmissão das substâncias químicas é o contato direto ou indireto pelas membranas mucosas e pela pele. Nas edificações, esse contato se dá facilmente pelo manuseio de produtos de limpeza domésticos e industriais comuns.

Passamos boa parte de nossas vidas em ambientes fechados. Portanto, devemos ter a preocupação com a qualidade do ar nesses ambientes (posteriormente, neste texto, denominada simplesmente de qualidade do ar interno), pois a presença de determinadas substâncias químicas pode ser prejudicial à saúde.

Adiante também trataremos dos compostos orgânicos voláteis (COV), que evaporam rapidamente e sua presença no ar diminui com o passar do tempo, tais como o benzeno e o tolueno. De acordo com Alves *et al.* (2006), o termo COV é também estendido aos compostos semivoláteis e engloba não só os compostos de carbono-hidrogênio, mas igualmente os que contêm outros átomos, como o oxigênio, enxofre, cloro, etc. Diferentemente dos COV, cujas emissões são rápidas, os compostos orgânicos semivoláteis são emitidos mais lentamente e por períodos mais longos. Exemplos de compostos semivoláteis incluem os ftalatos, os amaciantes usados na fabricação do PVC e os retardantes de chamas halogenados.

Keeler e Burke (2010) acrescentam que determinadas toxinas persistentes e bioacumulativas, além de poluentes orgânicos duradouros, podem ser encontradas nos materiais de construção, como por exemplo:

- Os produtos derivados e os precursores de materiais como o PVC e outros plásticos – por exemplo, ftalatos em pisos, borrachas e outros materiais flexíveis;
- Os retardantes de chamas brominados e os PBDE's (Éter de Difenila Polibromado) no mobiliário;
- O metal, o chumbo e os compostos do cromo em tintas, vernizes, tintas de impressão e plásticos;
- O bisfenol A em tintas e películas, como é o caso do epóxi;
- Os retardantes de chamas halogenados, principalmente o cloro e determinados halogênios bromados, usados em fios e tecidos de estofamento;
- Os perfluorcarbonos, que são usados como refrigerantes (agentes frigorígenos);
- O arsênico empregado nos tratamentos autoclavados da madeira, que já foi banido nos Estados Unidos, mas ainda é utilizado no Brasil para esse mesmo fim.

É indispensável ressaltar que os efeitos decorrentes da má qualidade do ar interno, ou seja, do ar carregado com substâncias químicas prejudiciais à saúde, talvez levem um longo tempo para se tornarem evidentes. Há casos, todavia, que os problemas de manifestam rapidamente. Há pelo menos duas condições frequentemente associadas às edificações, que são: síndrome do edifício doente e as doenças relacionadas às edificações.

A ***síndrome do edifício doente*** foi definitivamente reconhecida pela Organização Mundial da Saúde (OMS), em 1982, após se comprovar a morte de 34 pessoas, além da contaminação de outras dezenas, contagiadas pela bactéria *Legionella pneumophila* (que causa pneumonia grave) presente no ar interno de um hotel na Filadélfia, EUA. Em ambientes com pouca ou nenhuma renovação do ar, doenças respiratórias podem ser transmitidas com facilidade usando como veículo o próprio sistema de ar-condicionado. Todavia, a síndrome do edifício doente se manifesta também nos casos menos graves, como a irritação das membranas mucosas, causando coriza, que ocorre em um ambiente interno, por exemplo, mas que diminui quando a pessoa afetada sai do recinto.

Por sua vez, as ***doenças relacionadas às edificações*** consistem em alterações permanentes na saúde das pessoas, que podem estar diretamente relacionadas à exposição a substâncias químicas, poeiras ou microorganismos presentes no ambiente interno. O Quadro 3.3 ilustra algumas doenças específicas relacionadas ao uso das edificações cuja qualidade do ar interno implica em algum comprometimento à saúde.

Acrescenta-se que os sistemas mecânicos e instalações prediais também podem comprometer a qualidade do ar interno. Basicamente, os casos mais frequentes de promoção desse tipo de contaminação estão associados à ventilação e à refrigeração (ou calefação em regiões de clima frio) dos ambientes.

Quadro 3.3 – Principais doenças específicas relacionadas às edificações

Doença	Tipo de edificação	Fonte em ambiente interno
	Infecciosas	
Doença do legionário e febre de Pontiac	Grandes edifícios (escritórios, hospitais e hotéis)	Torre de refrigeração, ar-condicionado ou umidificador
Doença semelhante à gripe ou resfriado comum	Edifícios comerciais	Fonte humana
Tuberculose	Edifícios comerciais	Fonte humana
	Imunológicas	
Pneumonite hipersensível e febre do umidificador	Edifícios comerciais e fábricas	Umidificador, ar-condicionado e unidade de ventilação
	Alérgicas	
Dermatite, rinite e asma	Edifícios comerciais e fábricas	Poeira superficial, carpetes, roupas e umidificador
	Irritação	
Dermatite, irritação do trato respiratório inferior e superior	Edifícios comerciais	Placas do teto, fumaça de tabaco, descargas de veículos

Fonte: Secretaria de Saúde, Tecnologia e Meio Ambiente do Sindipetro – RJ

3.2.2 Bases para a especificação de materiais e equipamentos

De um modo ou de outro, a fabricação de qualquer material ou produto contém um potencial expressivo de afetar os recursos naturais – a água e o ar, por exemplo –, além de consumir determinados níveis de energia ao longo de seus ciclos de vida. No contexto das edificações, os materiais de construção e demais componentes, tais como equipamentos e o mobiliário, podem alterar a qualidade do ar dos ambientes internos durante as diferentes etapas de fabricação, instalação, uso, manutenção e destinação final.

Desse modo, na sequência são expostas algumas diretrizes que servem de orientação aos profissionais da construção civil, no momento da seleção dos materiais construtivos.

Para serem encarados como eficientes, Keeler e Burke (2010) apontam que os materiais (ou produtos) e seus componentes devem apresentar as seguintes qualidades:

- Serem duráveis;

- Serem minimamente embalados;
- Resultarem de processamento mínimo, sem produtos derivados nocivos;
- Produção mínima de resíduos ao longo do ciclo de vida;
- Alto percentual de conteúdo reciclado, podendo ser pré-consumido[4], mas, preferencialmente, pós-consumido;
- Uso mínimo de recursos naturais, mas, se utilizados, que sejam com a máxima eficiência;
- Altos níveis de conteúdo de demolição, reutilização ou recuperação;
- Serem produzidos a partir de materiais renováveis;
- Serem compostos por materiais com base biológica;
- Apresentam baixa (ou mínima) necessidade de limpeza e manutenção;
- Ter componentes que possam ser reutilizados junto a produtos finais preexistentes ou planejados;
- Causar impactos reduzidos ou nulos na água, solo e ar durante todas as fases do ciclo de vida;
- Ter componentes que possam ser reciclados ou deciclados[5] (*downcycling*).
- Haver a possibilidade de desmontagem (sem demolição).

As matérias-primas empregadas na produção das edificações devem estar o mais próximo possível dos canteiros de obras, diminuindo o consumo de combustíveis fósseis para o seu transporte, que no Brasil ocorre frequentemente por caminhões. O projetista tem a responsabilidade de estar atento ao local de origem, fabricação ou distribuição dos materiais. Ao optar por materiais encontrados na região, o projetista também estará contribuindo com o fortalecimento da produção e comércio local.

Materiais, componentes e sistemas fabricados pelo homem consomem e produzem energia durante a manufatura. Ao registro do nível de energia consumido nos processos durante a sua vida útil denomina-se *energia incorporada* (*emdodied energy*). Conforme a abordagem pretendida, a energia incorporada pode englobar:

- Apenas a energia necessária para colocar o material no canteiro de obras;
- A energia consumida na extração das matérias-primas para a produção, transporte e aplicação dos materiais na obra;
- Todos os consumos de energia, desde a extração de matérias-primas até a demolição e disposição final dos resíduos.

Pensando em simplificar a avaliação da quantidade de energia incorporada em um determinado produto ou material, pode-se dividir a análise em duas partes:

1. A energia gasta durante a fabricação, o transporte e a montagem ou instalação *in loco*;

2. A energia consumida durante o uso na edificação.

[4] Reciclagem pré-consumo ocorre quando são reciclados os resíduos do processo de fabricação de novos produtos. Os reciclados pós-consumo, por sua vez, procedem da reciclagem de produtos já consumidos e que poderiam ser enviados a destinos finais tradicionais, como a incineração ou aterros sanitários.

[5] Deciclagem (downcycling) é o processo de conversão de materiais, a partir de resíduos ou produtos inúteis, em novos materiais ou produtos de menor qualidade e funcionalidade reduzida. Um claro exemplo de downcycling é a reciclagem de plástico, que transforma o material em plástico de qualidade inferior.

De modo geral, impõe-se que algumas questões sempre sejam investigadas no momento da especificação de um determinado material ou produto, conforme segue:

- O transporte dos materiais e produtos para o canteiro de obras. Ainda que pareça estranho, o transporte marítimo, que sugere o vencimento de longas distâncias, afeta menos o meio ambiente que o uso de caminhões ou trens. As vantagens ambientais propiciadas pelo uso de determinado produto, como é o caso da madeira, serão muito afetadas dependendo da distância percorrida até chegar ao canteiro de obras;

- O tipo de combustível utilizado no processamento do material;

- A energia necessária para instalar o produto ou material. A execução de uma estrutura de madeira, por exemplo, demanda energia para os equipamentos elétricos, enquanto que a concretagem de uma estrutura requer caminhão-betoneira, bomba de concreto com lança, equipamentos de vibração e outros.

3.2.3 Qualidade do ar dos ambientes internos

A qualidade do ar interno exige a elaboração do projeto integrado, isto é, aquele que conta com a participação de arquitetos, paisagistas, decoradores e engenheiros nas diferentes modalidades – civis, mecânicos, eletricistas etc. – desde as fases iniciais do projeto. Vários são os fatores que influenciam na qualidade do ar interno e que, consequentemente, afetam o bem-estar e a saúde dos usuários da edificação.

Além de contribuir para o conforto térmico, o sistema de ventilação também tem como objetivos a diluição e a remoção dos contaminantes presentes no ar interno dos ambientes. Sem a devida manutenção, o sistema de ventilação pode se tornar fonte de contaminação – por exemplo, quando o mofo cresce dentro e ao redor das serpentinas de resfriamento e das bandejas de drenagem de aparelhos de ar-condicionado, ou ainda quando os dutos ficam impregnados de poeira pela falta de limpeza dos filtros. No início desta Seção já destacamos várias patologias advindas do uso de edificações que contêm tais irregularidades.

Adicionalmente, ressaltamos que os produtos especificados para a edificação podem conter uma série de substâncias nocivas à saúde. Nessa hipótese, os reflexos na saúde ocorrem em qualquer fase da manufatura de um produto, afetando os trabalhadores e as comunidades do entorno. Isso acontece, por exemplo, com os trabalhadores envolvidos na produção de adesivos; ou com os colaboradores de empresas que aplicam adesivos ao substrato de um material de revestimento; ou com aqueles que instalam revestimentos colados em obras; e ainda com pessoas que trabalham, moram e estudam em locais onde tais materiais foram utilizados.

Para certificar-se de que os materiais especificados não agridem a saúde dos trabalhadores e/ou usuários da edificação, uma das alternativas é submetê-los a testes em **câmaras de emissões**. Isso, obviamente, considerando que os fabricantes não disponibilizaram informações precisas e pormenorizadas de seus processos.

Usando uma conceituação bastante simplificada, os testes em câmaras de emissões consistem na colocação de um material em um equipamento – que geralmente tem o tamanho de um forno de micro-ondas – de modo que o ar passe por ali e seja coletado na saída do equipamento. Os materiais podem ser testados individualmente ou a partir de combinações (materiais compostos), como é o caso de um carpete colado a um substrato. O ar resultante é analisado por um cromatógrafo a gás e/ou por meio do uso de um *software* de espectrometria de massa. O relatório emitido pelo laboratório, além de descrever o protocolo utilizado, apresenta uma lista contendo os dez compostos mais encontrados no produto, indicando, também, todos os compostos químicos destacados por inúmeras listas.

Você pode estar se perguntando: Não há outra saída? Tenho mesmo que submeter os materiais e produtos a ensaios? Podemos dizer que há, sim, alternativas para essas questões. Para evitar a realização desses testes por quem adquiriu algum material, os fabricantes devem certificar os seus produtos, trazendo transparência na relação entre consumidor e produtor. Na prática são poucos os fabricantes que adotam facultativamente essa postura de fornecer aos consumidores todas as características, riscos e impactos de seus produtos. Em algum momento o poder público terá que intervir e elaborar normas para garantir que o acesso a esses dados seja facilitado.

Os produtos e materiais deverão ser certificados e analisados por um conjunto de critérios, padrões e protocolos. Alguns exemplos de atributos que podem ser utilizados para conferir a certificação a um determinado produto incluem: o consumo de energia, o processo de fabricação, conteúdo de materiais reciclados, emissão de compostos orgânicos voláteis etc. Há diferentes tipos de selos que têm essa missão, mas trataremos desse assunto mais adiante, no Capítulo 5 deste livro.

3.2.4 Especificação dos materiais de construção: cuidados e benefícios

Nesta Seção serão apresentadas algumas particularidades dos materiais e equipamentos empregados na execução de atividades e instalações da construção civil, salientando-se os benefícios ou os impactos negativos que resultam da extração de matérias-primas, produção, transporte e utilização. Não se teve a intenção, ao introduzir este tema, de esgotar o assunto relacionado aos materiais de construção, mas sim de ressaltar suas características no contexto da sustentabilidade.

Você perceberá adiante, com a leitura deste texto, que não existem materiais de construção perfeitos sob a óptica da sustentabilidade. Todavia, compreender as peculiaridades dos materiais, em termos de composição, eficiência em recursos naturais, bem como pensar nos respectivos ciclos de vida, nos coloca em sintonia com a busca pela solução de projeto ideal para a edificação ecoeficiente.

3.2.4.1 Cimento Portland, cal e seus derivados

O cimento Portland é um dos produtos mais impactantes ao meio ambiente, pois seu processo produtivo consome uma grande quantidade de energia e lança enormes quantidades de dióxido de carbono na atmosfera. Não se pode esquecer, também, da imensa quantidade de matérias-primas não renováveis (calcário, argila etc.) que é retirada do meio ambiente.

Dados publicados por Agopyan e John (2011) ilustram o potencial poluidor da indústria do cimento Portland. Para cada 1.000 kg de clínquer[6] produzidos, são lançados na atmosfera entre 600 a 800 kg de CO_2, cuja variação depende essencialmente das fontes de energia utilizadas no processo produtivo. Considerando que o cimento Portland é o produto industrial mais utilizado no Planeta, podemos ter uma ideia do nível de impacto decorrente da utilização deste material. Segundo Visedo, Pecchio e Battagin (2019), a indústria cimenteira corresponde, globalmente, por cerca de 7% de todo o gás carbônico emitido pelo Homem.

Desse modo, devemos nos preocupar com a redução no consumo do cimento Portland, aplicando-o de maneira eficiente, sem desperdícios. Por outro lado, a indústria cimenteira também se preparou, incorporando resíduos ao produto e produzindo, assim, cimentos com um menor percentual de clínquer, denominados ***cimentos compostos***. Há vários tipos de cimentos compostos, que se diferenciam, sobretudo, pelo tipo e percentuais de adições. Na Tabela 3.1 se relacionam os percentuais e tipos de adições do cimento Portland CPII. No contexto das edificações ecoeficientes recomenda-se a utilização do cimento Portland CPIII ou CPIV, cujos percentuais de adições estão relacionados nas Tabelas 3.2 e 3.3, respectivamente. De maneira geral, os cimentos com adições têm desempenhos comparáveis aos dos cimentos Portland comuns, nas aplicações convencionais, sendo que para certos tipos de obras apresentam algumas vantagens técnicas.

Tabela 3.1 – Composição do CP II

Sigla	Clínquer + sulfato de cálcio (%)	Escória granulada[(1)] (%)	Material pozolânico[(2)] (%)	Material carbonático[(3)] (%)
CP II-E	94 – 51	6 – 34	–	0 – 15
CP II-Z	94 – 74	–	6 – 14	0 – 12
CP II-F	89 – 75	–	–	11 – 25

(1) e (2) A determinação do teor é facultativa.

(3) Com, no mínimo, 85% de $CaCO_3$, a determinação do seu teor é facultativa.

Tabela 3.2 – Composição do CP III

Sigla	Clínquer + sulfato de cálcio (%)	Escória granulada[(1)] (%)	Material pozolânico (%)	Material carbonático[(2)] (%)
CP III	65 – 15	35 – 75	–	0 – 10

(1) A determinação do teor é facultativa. Quando entre 60% e 70%, o cimento é considerado resistente a sulfatos.

(2) Com, no mínimo, 85% de $CaCO_3$.

6 Clínquer de cimento Portland é o material obtido por meio da sinterização de rochas carbonáticas e argilosas em forno rotativo, na temperatura de queima de 1.450 °C.

Tabela 3.3 – Composição do CP IV

Sigla	Clínquer + sulfato de cálcio (%)	Escória granulada (%)	Material pozolânico[1] (%)	Material carbonático[2] (%)
CP IV	85 – 40	–	15 – 50	0 – 10

(1) Quando entre 25% e 40%, o cimento é considerado resistente a sulfatos.

(2) Com, no mínimo, 85% de $CaCO_3$.

Atualmente, há investigações buscando-se estratégias para a mitigação do CO_2 na cadeia produtiva do concreto e, dentre elas, destaca-se a elevação do percentual de adições nos cimentos, automaticamente reduzindo a quantidade de clínquer no produto. A meta do setor é aumentar o percentual de adições para 48% da composição, até 2050, esperando-se que os materiais carbonáticos contribuam com parte importante desse incremento.

Muitos produtos empregados intensamente no processo construtivo têm o cimento Portland em sua composição, como é o caso do concreto e seus derivados: blocos para alvenaria, paver e demais tipo de pavimentação, meio-fio etc. Desse modo, sempre que possível, na produção do concreto deve-se procurar a utilização de agregados reciclados, os quais diminuem o consumo de matérias-primas virgens. Outros produtos que podem ser empregados na produção do concreto incluem: cinzas (procedentes de produtos agrícolas como a cana-de-açúcar, arroz etc.), agregados plásticos e metálicos, resíduos procedentes do polimento do porcelanato, além de vidro reciclado.

Por outro lado, é possível o reaproveitamento do concreto em diversos tipos de soluções, como é o caso de bases para pavimentação rodoviária, calçamentos e equipamentos para paisagismo. Sempre que possível, recomenda-se a adição de materiais de base plástica, incorporadores de ar ou agregados leves ao concreto, de modo que se obtenha um material mais leve e resulte em menor consumo de insumos.

Por sua vez, a cal é um produto que resulta da decomposição térmica (900 a 1200°C) do calcário ($CaCO_3$). Consiste em um produto também muito utilizado no dia a dia da construção civil, principalmente para a confecção de argamassas de assentamento e revestimento. De acordo com Silva (2013), dados fornecidos pela Associação Brasileira dos Produtores de Cal (ABPC) demonstram que em 2008 a construção civil consumiu 37% da cal produzida no Brasil, seguida pelo setor de siderurgia com consumo de 22%.

Ainda segundo este mesmo autor, a indústria da cal está entre as mais poluidoras do meio ambiente. Na operação de calcinação, o setor emprega os seguintes combustíveis: gás natural, óleo combustível, lenha e carvão. Para cada tonelada de calcário que é queimada são lançados 770 kg de CO_2 na atmosfera, além da extração de recursos não renováveis. Na produção da cal hidratada consome-se 240 litros de água para cada tonelada de material.

No mercado encontram-se opções para a substituição de parte ou de toda a cal utilizada em várias aplicações. Trata-se de aditivos plastificantes para argamassas de assentamento de pisos e azulejos, bem como a execução de revestimentos internos e externos. Os fabricantes apresentam como vantagens: a redução no consumo de água utilizada para o preparo da argamassa, reduzindo as fissuras por retração; e melhor aderência ao substrato, permitindo o sarrafeamento logo após a aplicação. No entanto, deve-se ressaltar que o produto pode causar irritações na pele durante as aplicações e os fabricantes não informam claramente os eventuais danos causados à saúde humana e ao meio ambiente.

3.2.4.2 Materiais metálicos

O **aço** é um material produzido basicamente a partir da combinação de minério de ferro, carvão e cal. Na primeira fase do processo produtivo, denominada *preparação da carga*, grande parte do minério de ferro é aglomerada com o emprego de cal. O produto resultante desse processamento é denominado *sínter*. Paralelamente, o carvão é também processado, transformando-se em *coque*. Na segunda etapa do processo produtivo, essas matérias-primas (sínter e coque) são carregadas no alto-forno, enquanto que o oxigênio aquecido a 1.000°C é soprado pela parte inferior do forno. O resultado da fusão desses materiais é o metal líquido denominado *ferro-gusa*, que contém um teor de carbono muito elevado. Na etapa seguinte, são reduzidas as impurezas e o excesso de átomos de carbono presentes no ferro-gusa (etapa denominada *refino*). Por último, o material é transformado em blocos ou lingotes, que darão forma a uma ampla variedade de produtos siderúrgicos (INSTITUTO AÇO BRASIL, 2013).

Como se vê, estamos novamente cercados por um processo que consome matérias-primas não renováveis, promove gigantescas alterações na paisagem das áreas de extração dos minérios, emprega alto consumo de energia e libera doses colossais de CO_2 na atmosfera. Para se ter uma ideia, em processos que utilizam o carvão mineral e o gás natural, os valores de emissões totais de CO_2 são superiores a 2.000 kg por tonelada de aço produzido (RODRIGUES *et al.*, 2011). Ainda, segundo esses mesmos autores, a siderurgia emite cerca de 650 milhões de toneladas de CO_2 por ano, sendo responsável por 10% das emissões desse gás na atmosfera terrestre.

Agopyan e John (2011) relatam que a indústria do aço é responsável por algo entre 6 e 7% das emissões globais de CO_2, embora apenas uma parcela do material produzido é destinada à construção civil. Esses autores acrescentam que as siderúrgicas brasileiras, em média, emitem 1,25 t CO_2/t de aço produzido, segundo estimativas fornecidas pelo IPCC. Esse valor é menor que o acima relatado dado à grande participação da aciaria de arco elétrico, que ao reciclar sucata e utilizando a energia elétrica limpa, apresenta emissões de CO_2 até 50% inferiores à produção via alto-forno e aciaria.

Embora a indústria do aço realize esforços no sentido de ressaltar a reciclabilidade do material, é importante não se esquecer dos impactos gerados ao meio ambiente na etapa de extração e transporte das matérias-primas, além da imensa quantidade de energia consumida durante o processo produtivo, que obviamente também se consome na reciclagem. Ademais, em vários tipos de produtos a reciclabilidade é dificultada pela pulverização dos materiais no meio ambiente. Como reciclar, por exemplo, as palhas de aço utilizadas no ambiente doméstico?

Outros metais são igualmente importantes para a indústria da construção, dentre os quais podemos destacar o alumínio, o cobre e as ligas metálicas (bronze, que resulta da combinação entre cobre e zinco, e latão, que resulta da combinação entre cobre e estanho).

No caso do **alumínio**, desde a extração da matéria-prima (bauxita) até o processamento final, envolve-se um enorme consumo de energia. Para se ter uma noção, no sítio do Instituto Socioambiental[7] informa-se que as empresas de alumínio consomem 8% de toda a energia elétrica do País e cerca de 2% de toda a energia elétrica produzida no mundo, segundo dados apresentados em 2002 por Glenn Switkes. Alguns autores comentam que o consumo dessa imensa quantidade de energia implica em dificuldades para instalação de novas indústrias, agrega pouco valor ao produto – uma vez que o material é vendido a preços insignificantes no mercado internacional – e gera poucos empregos.

Da mesma maneira, a indústria do alumínio recorre à reciclabilidade do material para elaborar proposições que consideram o material sustentável. De fato o material é 100% reciclável e pode passar pelo procedimento inúmeras vezes sem afetar a sua qualidade. Na reciclagem são economizados recursos naturais e energia elétrica, pois se consome apenas 5% da energia necessária para a produção do alumínio primário, segundo dados do consórcio Alumar (2013). De acordo com essa mesma fonte, o mercado brasileiro de reciclagem do alumínio movimenta mais de US$ 100 milhões anuais, gerando renda para famílias de várias partes do país.

Por sua vez, o **cobre** é o metal não-ferroso mais utilizado, após o alumínio, pela sua excelente capacidade de condução de eletricidade e calor. De acordo com artigo publicado em 1997 pela Gerência Setorial de Mineração e Metalurgia do Banco Nacional de Desenvolvimento Econômico e Social (BNDES), as reservas mundiais de minérios contendo alto teor de cobre encontram-se esgotadas, sendo que as mais ricas atualmente apresentam teores de cerca de 4% de cobre. Considerando-se a atual demanda pelo material, estima-se que as reservas mundiais – conhecidas e medidas – têm capacidade para abastecer o mundo por cerca de 50 anos (BNDES, 2013).

Há um perigo muito grande por trás do consumo do cobre. Todos os compostos desse material deveriam ser tratados como resíduos tóxicos, pois uma quantidade de 30 gramas de sulfato de cobre, por exemplo, é letal ao ser humano. Apesar dos riscos, águas contaminadas com resíduos de cobre são lançadas no meio ambiente, muitas vezes, sem qualquer tipo de tratamento.

Desse modo, é importante salientar que as estruturas metálicas devem ser projetadas no limiar entre a segurança e a economia, de modo a racionalizar a utilização dos metais. Sempre que possível, reutilizar as estruturas metálicas procedentes de outros canteiros de obras.

3.2.4.3 Solo e materiais cerâmicos

Da mistura homogênea, compactada e curada de solo, cimento Portland e água, em proporções adequadas, resulta o material denominado ***solo-cimento***. Esse material apresenta boa resistência à compressão, bom índice

[7] O Instituto Socioambiental pode ser acessado em: http://www.socioambiental.org/esp/bm/dest.asp.

de impermeabilidade, baixo índice de retração volumétrica e boa durabilidade. Nessa mistura, a quantidade de cimento Portland varia de 5 a 10% do peso do solo, o suficiente para estabilizá-lo e conferir as propriedades de resistência desejadas para o composto (ABCP, 2013).

Ainda segundo a Associação Brasileira de Cimento Portland (ABCP), praticamente qualquer tipo de solo pode ser utilizado para a fabricação do solo-cimento, exceto aqueles que contêm matéria orgânica. Todavia, os mais apropriados possuem teor de areia variando entre 45 e 50%. Nas edificações habitacionais podem ser adotados dois processos construtivos: o de paredes monolíticas e o da produção de tijolos ou blocos prensados. O solo-cimento também é amplamente utilizado na construção de bases e sub-bases de pavimentos rodoviários. Vale lembrar que o solo pode ser extraído do próprio local da obra, o que faz com que esse material seja uma alternativa profícua para a edificação ecoeficiente.

O encarecimento da mão de obra e o avanço contínuo dos processos de industrialização dos materiais contribuíram para que a **taipa** caísse em desuso. Trata-se de uma técnica construtiva vernacular, que utiliza a argila (misturada com fibras vegetais, cimento ou cascalho) no preenchimento de um entramado previamente constituído.

No caso da *taipa de mão*, o entramado geralmente é feito com galhos de madeira ou bambu, mas é possível a utilização de fôrmas para serem preenchidas com o barro e, nesse caso, a técnica é denominada *taipa de pilão*. Essa técnica permitiu a construção de muitas edificações na cidade de São Paulo. Mas, dado à rusticidade, é uma alternativa apropriada para a construção de edificações em regiões com pouca infraestrutura, até mesmo sem energia elétrica, ocupando destaque no cenário das construções sustentáveis pelo baixo índice de energia incorporada.

Os materiais que têm a argila como matéria-prima podem ser pouco impactantes ao meio ambiente, sobretudo se não passarem por processo de queima, como é o caso do ***adobe*** – tijolos de barro que apenas secam ao sol, com eventuais adições de materiais orgânicos, sendo a palha o mais frequente. Apesar de uma aparente impressão de durabilidade limitada, no Marrocos encontra-se a cidade de Ait-Benhaddou, fundada no ano de 757, que emprega o adobe em suas construções.

Por sua vez, os blocos e os revestimentos cerâmicos que passam por cozimento exigem a queima de combustíveis – lenha, carvão, gás etc. –, que além de emitirem CO_2 na atmosfera, nem sempre o combustível provêm de fontes legalizadas. Desse modo, os materiais cerâmicos têm pontos positivos, como sua grande durabilidade e desempenho térmico, mas sempre devem ser consultados os processos produtivos utilizados pelos fornecedores. Assim, o desafio do setor é buscar alternativas para amenizar os impactos resultantes da queima da argila.

O solo-cimento, a taipa e o adobe conseguem aproximar-se firmemente dos princípios da edificação ecoeficiente, pois atendem à recomendação de se utilizar preferencialmente os materiais encontrados na região.

3.2.4.4 Madeira e bambu

Por se tratar de um material renovável e biodegradável, a madeira é recomendada reiteradamente para a composição das edificações ecoeficientes. Mas podemos dizer que os benefícios são ainda maiores, pois ao realizar o processo de fotossíntese, o vegetal retira gás carbônico da atmosfera e devolve oxigênio, prestando um exemplar serviço ambiental.

Como consequência de a madeira ser um material que apresenta resistência e durabilidade, seu uso final para produtos sólidos mantém o carbono sequestrado por longos períodos (SOUZA, SOARES, 2013). É oportuno também evidenciar que o crescimento, a extração e o desdobro das árvores estão associados a um baixo consumo de energia (boa parte do total é energia solar), além de não provocarem danos ao meio ambiente, desde que providenciada a respectiva reposição florestal. Na Tabela 3.4 são comparados os consumos de energia para a produção do concreto estrutural, aço e madeiras.

Tabela 3.4 – Materiais estruturais – dados comparativos

MATERIAL	Densidade (g/cm^3)	Energia consumida na produção (MJ/m^3)[(1)]
Concreto	2,4	1.920
Aço	7,8	234.000
Madeira – conífera	0,6	600
Madeira – dicotiledônea	0,9	630

(1) para o concreto a energia provém da queima de óleo; para o aço, da queima do carvão; para a madeira, energia solar.

Fonte: Adaptado de Calil Júnior e Dias (1997)

No entanto, uma das críticas frequentemente associada ao uso da madeira relaciona-se com a inflamabilidade do material. Apesar da inegável combustibilidade, as peças estruturais de madeira evidenciam um conveniente desempenho a altas temperaturas, melhor que o de outros materiais em condições severas de exposição. Na realidade, a carbonização superficial das peças se transforma em uma barreira de isolação térmica. Sendo um bom isolante térmico, a temperatura interna nas peças de madeira cresce mais lentamente, não provocando maior comprometimento da região central das peças que, desta maneira, podem manter-se em serviço nas condições onde o aço, por exemplo, já teria entrado em colapso (escoamento), mesmo não sendo um material inflamável.

A despeito de ser suscetível ao ataque de organismos xilófagos e ao apodrecimento em circunstâncias específicas, a madeira tem uma boa durabilidade natural, a qual pode ser prolongada quando previamente tratada com substâncias químicas preservativas. Ainda nesta Seção trataremos da toxicidade de algumas substâncias químicas utilizadas para o tratamento das madeiras. No caso de emprego do material em ambientes externos, deve-se salientar a importância de previsão de detalhes construtivos que garantam maior durabilidade à madeira, evitando-se a exposição excessiva aos raios solares e à umidade proveniente da água de chuva ou do solo.

Há diversos produtos que resultam da industrialização da madeira, ou seja, que provêm da união de lamelas, lâminas, fragmentos ou fibras de madeira por meio de adesivos. Como exemplos, podemos citar os seguintes produtos: madeira lamelada colada (MLC), madeira lamelada colada cruzada (MLCC), compensados, *Oriented Strand Board* (OSB), aglomerados, *Medium Density Fiberboard* (MDF), chapas duras e outros. Todos esses produtos já são fabricados no Brasil e frequentemente empregados na indústria da construção civil e moveleira.

O cuidado que precisamos tomar, ao especificar um produto resultante da industrialização da madeira, é a identificação precisa do tipo de adesivo adotado no processo de fabricação e os eventuais riscos que eles podem provocar à saúde humana. Os adesivos encontrados frequentemente em tais materiais à base de madeira, bem como em vários outros produtos derivados da celulose, costumam originar-se do formaldeído, que é um composto orgânico volátil (COV) produzido a partir do metanol. Em temperatura ambiente, o formaldeído é um gás incolor que evapora facilmente, possui odor forte e é inflamável. Na forma líquida é chamado de formol ou outros sinônimos.

Apesar de o formaldeído ser um componente natural presente no ar, fontes antropogênicas geralmente intensificam seus níveis de concentração. O formaldeído ocorre naturalmente na madeira, sendo que dois tipos podem ser encontrados em materiais ou produtos de construção: o formaldeído de ureia, que tem taxas de emissão mais altas, e o fenol-formaldeído, considerado o menor dos males. As taxas de emissão do fenol-formaldeído são mais baixas, pois durante a manufatura sua cura é mais rápida, afetando mais os trabalhadores do que os usuários finais. Ambos os formaldeídos devem ser evitados, visto que não existem níveis de exposição seguros. Para se ter ideia do perigo, alguns sistemas de certificação ambiental das construções exigem a ausência de formaldeído de ureia nos materiais.

Tanto a Organização Mundial da Saúde (OMS), como a Agência Internacional de Pesquisa sobre Câncer, reconhecem o formaldeído como carcinogênico para humanos e outros animais. Profissionais da área de saúde – que manipulam corpos conservados em formol – e cabeleireiros, que manipulam tinturas e descolorantes, são expostos a altos riscos. Operários da indústria madeireira, de papel e da construção civil também são expostos, porém sob menores riscos.

Todavia, já há no mercado produto com grande potencial para a substituição do formaldeído nesses produtos. Trata-se do adesivo poliuretano – desenvolvido pelo Instituto de Química de São Carlos, da Universidade de São Paulo – produzido a partir do óleo de mamona. Por ser livre de solventes no processo, esse adesivo não expõe a riscos o trabalhador que está em contato com o produto, além de ser procedente de fontes renováveis.

Com vistas a explorar a excelente contribuição de retirar o gás carbônico atmosférico, transformando-o em celulose, alguns preceitos devem ser observados na utilização das madeiras:

- Especificar e adquirir sempre madeiras certificadas. No Brasil dispomos da certificação *Forest Stewardship Council* (FSC) e, desde 2002, o Programa Brasileiro de Certificação Florestal (CERFLOR). Apesar de a madeira ser um recurso renovável, a velocidade de reposição do material deve ser considerada, pois em alguns casos são necessários dezenas de anos para a exploração das áreas de plantio;

- Especificar e adquirir espécies que não estejam ameaçadas de extinção ou que a sua exploração possa afetar as florestas mais antigas. Geralmente há opções de substituição, inclusive de madeiras procedentes de florestas plantadas;

- Reduzir o volume de madeiras nobres nas estruturas das edificações. Hoje dispomos de produtos estruturais derivados da madeira que se baseiam em colagem de lamelas – tais como a madeira lamelada colada e a madeira lamelada colada cruzada – nos quais a produção geralmente se baseia em espécies de reflorestamento, especialmente o pinus;

- No caso de construções com acabamentos de madeira, não buscar apenas produtos sem defeitos ou de primeira qualidade. A produção de peças isentas de defeitos requer árvores maduras e acarreta um desperdício considerável de material. Lembrar-se que os defeitos característicos da madeira são o registro da ação do meio ambiente na produção do material, tornando-o exclusivo. Com base nisso, nenhuma peça será idêntica a outra;

- Usar peças de madeira pré-fabricadas capazes de reduzir os resíduos provenientes da marcenaria;

- Preferir, sempre que possível, os sistemas estruturais treliçados, pois nesse caso as peças de madeira serão solicitadas apenas à compressão ou à tração, explorando-se suas melhores propriedades mecânicas;

- Especificar janelas e portas pré-fabricadas e padronizadas, o que aumenta a eficiência da construção e diminui a produção de resíduos;

- Sempre que possível, utilizar as sobras de madeira na própria obra. Reaproveitar a madeira proveniente de outros canteiros de obras ou aquelas procedentes de demolição de edificações;

- Determinadas madeiras são naturalmente resistentes a pragas e organismos xilófagos, com destaque para as madeiras de alta densidade, tais como o pau-ferro, angelim, aroeira e outras, dispensando tratamentos preservativos agressivos ao meio ambiente;

- Elaborar detalhamento das estruturas e demais aplicações da madeira, com vistas ao emprego adequado do material, não a submetendo à umidade ou outros agentes que possam diminuir sua durabilidade.

Pertencente à família das gramíneas, o **bambu** não pode ser confundido com a madeira e possui uma qualidade impressionante de sequestrar grandes quantidades de carbono da atmosfera, devido a sua alta taxa de crescimento. Possui elevada resistência à tração paralela às fibras e pode ter sua parte oca preenchida com concreto, o que lhe garante boa resistência à compressão normal às fibras, sem prejudicar o aspecto estético.

O bambu pode ser utilizado como pilar, viga, caibro, ripa, telha e revestimentos (de parede e de piso). Se tratado adequadamente, pode durar como as madeiras de lei. A Figura 3.8 ilustra uma edificação que tem o bambu adotado como elemento estrutural e de vedação, notando-se a versatilidade para aplicação em diversos subsistemas da edificação. Não se pode deixar de registrar a possibilidade de produção do bambu laminado colado (BLC), com características semelhantes às da madeira lamelada colada. As espécies *Dendrocalamus giganteus* e o *Bambusa vulgaris* são encontradas no Brasil e apresentam potencial para a fabricação desse laminado.

Fonte: Tschaperkotter (CC BY-SA 4.0, https://commons.wikimedia.org/wiki/File:Meti_School_Exterior.jpg#/media/File:Meti_School_Exterior.jpg)

Figura 3.8 – Escola em comunidade rural de Bangladesh

Diante da conveniência de ampliar o repertório de possibilidades de emprego da madeira em edificações, apresentamos a madeira lamelada colada cruzada (*cross laminated timber* – CLT), que consiste em painéis de madeira para fins estruturais (para pisos ou paredes), que surgiram em meados da década de 1990 na Áustria e Alemanha. Trata-se de um produto que tem modificado substancialmente os paradigmas de aplicação da madeira em estruturas de edificações, pois se consegue superar limitações intrínsecas do material, tais como a construção de edificações com múltiplos pavimentos.

A madeira lamelada colada cruzada resulta de um processo industrial de colagem de camadas de lamelas – peças de madeira serrada com espessura que varia entre 20 e 40 mm – previamente selecionadas e preparadas para esse fim. Em geral se utiliza um número ímpar de camadas (frequentemente três, cinco ou sete camadas), com as lamelas sendo ortogonalmente dispostas. Devido à excelente resistência da CLT, tanto para ações aplicadas no plano quanto para aquelas perpendiculares ao plano, os painéis podem ser utilizados para pisos ou paredes das edificações.

Fonte: NinaRundsveen (CC BY-SA 4.0, https://commons.wikimedia.org/w/index.php?curid=89316966)

Figura 3.9 – Edifício Mjøstårnet inaugurado em março de 2019

A Figura 3.9 ilustra o edifício Mjøstårnet, na Noruega, produzido a partir de uma combinação de madeira lamelada colada e painéis de CLT. Com 18 pavimentos, a edificação de uso múltiplo é a mais alta do mundo neste segmento e abriga apartamentos, hotel, escritórios e restaurante.

Em adição, os painéis de CLT apresentam as seguintes vantagens: são facilmente montados no canteiro de obras, reduzindo significativamente o prazo para a execução do empreendimento; eliminam-se os resíduos desta etapa construtiva, já que os painéis têm as dimensões e recortes de portas e janelas definidos em fábrica; requerem equipamentos de montagem mais simples, porquanto a madeira é um material que tem um quarto do peso específico do concreto, por exemplo; alinham-se com os princípios da edificação ecoeficiente, pois oferecem baixo nível de energia incorporada e elevado nível de remoção de gás carbônico da atmosfera, entre outras.

3.2.4.5 Plásticos

Como ponto de partida, enfatizamos que os produtos que derivam do petróleo têm características negativas para o contexto das edificações ecoeficientes, pois a sua decomposição é muito lenta, além de serem emitidos gases do efeito estufa em seus processos produtivos. Mesmo assim, muitos desses produtos são utilizados em larga escala no setor da construção civil, especialmente os plásticos, impermeabilizantes, asfaltos e outros.

Visando obter um material substituto da borracha, Alexander Parkes, em 1862, descobriu um material orgânico derivado da celulose. Seu custo de produção era elevado e não houve muito progresso. Em 1869, John Wesley

Hyatt, descobriu que um material à base de nitrato de celulose transformava-se em um filme sólido e flexível. Porém, foi em 1907 que Leo Hendrik Baekeland obteve a primeira resina sintética: a baquelita, a partir de uma combinação de fenol com formaldeído, sendo considerado o pai da indústria do plástico. Dessa forma, os marcos históricos de evolução dos plásticos incluem o desenvolvimento da borracha e do poliestireno (1839), do poliuretano (1937), do náilon (1939), do polietileno de alta densidade e do polipropileno (ambos em 1951). Na década de 1950 foram ainda concebidos outros tipos de plásticos, incluindo o cloreto de polivinil (PVC).

No setor da construção civil há um notório incremento no uso dos plásticos para diversos fins: esquadrias, revestimentos de pisos, forros, tubulações para instalações hidrossanitárias, eletrodutos, caixas de passagem elétricas, caixas d'água e outros. As propriedades vantajosas estão relacionadas com a sua aplicação, como: anticorrosão, isolamento térmico e acústico, impermeabilidade, flexibilidade, durabilidade e higiene. A Associação Brasileira da Indústria do Plástico (ABIPLAST) estima que cerca de 15% dos plásticos transformados sejam utilizados em empreendimentos imobiliários.

Convém alertar que no processo de fabricação dos plásticos são empregados aditivos nocivos à saúde humana. Essas substâncias tóxicas também são emitidas na fase de uso dos plásticos, tornando-se fonte de atenção e cuidados. Os ftalatos são exemplos de aditivos plásticos que afetam a nossa saúde, os quais são acrescentados, por exemplo, ao processo de produção de PVC, uma vez que o tornam mais macio e maleável (KEELER; BURKE, 2010). A Figura 3.10 traz uma relação dos tipos de plásticos e a hierarquia em termos de recomendação para o uso, variando desde os que devem ser evitados até aqueles que têm o uso preferível.

Esses autores ainda destacam que, ao longo de suas vidas úteis, os produtos derivados do versátil PVC, junto com seus aditivos e precursores, podem provocar problemas graves de saúde, dentre eles: o câncer, a disrupção endócrina, a endometriose, danos neurológicos, defeitos de nascença, o desenvolvimento de crianças com deficiências e danos aos sistemas reprodutor e imunológico. Por sua vez, os aditivos que tornam o PVC um produto viável liberam particulados e gases ou, com o tempo, são removidos em contato com líquidos, podendo causar câncer, asma e envenenamento por chumbo.

Figura 3.10 – Tipos de plásticos e hierarquia de recomendação para uso

EVITAR					DAR PREFERÊNCIA
▶ PVC	▶ Plásticos com aditivos extremamente nocivos à sáude	▶ ABS ▶ EVA ▶ Policarbonato ▶ Poliestireno ▶ Poliuretano ▶ Silicone	▶ PEX ▶ PET	▶ Polietileno ▶ Polipropileno	▶ Plásticos biobaseados

Fonte: Adaptado de Keeler e Burke (2010)

Todavia, nem tudo é tão nefasto nesta seara. Muitos produtos do nosso cotidiano são fabricados a partir de polímeros reciclados, criando uma verdadeira indústria de reciclagem nesse segmento. Hoje já se produzem peças plásticas que reproduzem os padrões da madeira ("madeira plástica" ou "madeira artificial"), além de revestimentos e esquadrias com elevado conteúdo de material reciclado. A "madeira artificial" tem aplicações em objetos e componentes construtivos expostos às intempéries, tais como: brinquedos de playground, bancos, esquadrias, decks e outros.

3.2.4.6 Tintas

Mello e Suarez (2012) afirmam que o início do uso de produtos sintéticos na confecção de tintas teve como fronteira a síntese de um corante (púrpura de anilina), em 1856, por William Henry Perkin. A partir dessa descoberta, novas pesquisas passaram a ser desenvolvidas para a substituição dos pigmentos à base de metais pesados, de alta toxicidade. A presença desses metais pesados nos pigmentos fazia com que profissionais relacionados com a pintura apresentassem elevada incidência de doenças crônicas.

As tintas podem conter muitas substâncias tóxicas e prejudiciais à saúde humana, como benzeno, tolueno, xileno, hexano, chumbo, mercúrio, ftalatos e formaldeído, entre outros. Para se ter uma ideia do perigo, a exposição ao benzeno aumenta em cerca de 40% o risco de se desenvolver câncer ao longo da vida. O benzeno, o tolueno, o xileno e o hexano estão relacionados com problemas de saúde do sistema neurológico.

Além da ameaça devida à presença dos metais pesados, não podemos deixar de considerar os **Compostos Orgânicos Voláteis** (COV), que são poluentes do ar emitidos na fabricação de tintas, solventes, vernizes, colas, produtos de limpeza e resultam da queima de combustíveis fósseis. Os COV são prejudiciais ao meio ambiente, pois sua evaporação agride a camada de ozônio. Paralelamente, os produtos que contêm esses compostos causam danos à saúde, uma vez que sua evaporação pode provocar problemas como irritação nas vias respiratórias, fadiga, falta de ar, danos ao sistema nervoso, ao fígado e aos rins e até câncer.

Novamente você deve estar se questionando: E por que esses produtos continuam no mercado se são prejudiciais à saúde? Neste caso, caríssimo leitor, há uma triste constatação de que esses produtos continuam circulando por que têm baixo custo, além de serem eficazes. Em tintas, por exemplo, os COV ajudam a atenuar a viscosidade e contribuir para uma secagem homogênea. No entanto, há empresas que produzem tintas com baixos níveis de COV, ou até mesmo sem a presença deles. Nesse caso, as tintas são produzidas com base mineral ou à base de solo.

É importante realçar que os produtos de limpeza têm uma enorme participação nas cargas de COV e nas emissões de outros poluentes em um padrão regular e de longo prazo, gerando, com frequência, muito mais cargas químicas que os materiais de construção propriamente ditos.

3.2.5 Materiais tóxicos

Na Seção 2.1 deste livro tratamos das substâncias químicas que afetam os seres humanos. Nela foram expostas algumas toxinas que são componentes de materiais utilizados na construção das edificações e, por afetarem a qualidade do ar interno, devem ser evitadas nas edificações ecoeficientes.

Registram-se, ainda, outros materiais que merecem a nossa atenção, pois o seu uso e manuseio inadequados podem afetar a saúde humana. Destacamos, inicialmente, o **amianto** (asbesto) e os produtos dele resultantes. O amianto é uma fibra mineral extraída de certas rochas e utilizado desde a Antiguidade na fabricação de tecidos. Hoje se encontra o amianto em placas e peças de fibrocimento, isolamentos térmicos e acústicos, argamassas, tintas, colas, pastilhas de freios e outros. Para a Organização Mundial de Saúde, todas as formas de amianto são perigosas à saúde humana, quando inaladas. Se as fibras estiverem fortemente ligadas a outra substância (como é o caso do fibrocimento) e não se libertarem, não representam grande perigo à saúde. As fibras do amianto podem causar asbestose (cicatrização do tecido pulmonar) e demais problemas pulmonares, todos eles com elevada gravidade. Os riscos são tão sérios que a Comunidade Europeia proibiu, em 2005, a utilização de quase todos os tipos de amianto.

Tendo como alvo o aumento da resistência da madeira ao ataque dos organismos xilófagos, uma solução consiste no **tratamento químico** do material, o qual é recomendado para algumas classes e riscos de exposição. O tratamento químico mais eficiente é aquele feito sob pressão, em autoclave, com a utilização de CCB (mistura de óxido de cobre, trióxido de cromo e ácido bórico) ou CCA (mistura de óxido de cobre, trióxido de cromo e arsênio). O arsênio é um produto altamente agressivo ao meio ambiente e pode afetar seriamente a saúde humana, causando doenças cerebrovasculares, diabetes e câncer, entre outras. Desse modo, há que se tomar muito cuidado com a madeira tratada com CCA, recomendando-se que o tratamento seja realizado após a obtenção das dimensões definitivas das peças, de modo que não haja sobras para serem depositadas em aterros. Na impossibilidade de cumprir essa determinação, as sobras da madeira tratada devem ser encaminhadas para aterros industriais e não devem ser misturadas com a madeira não tratada nos canteiros de obras, evitando-se a contaminação.

Outro material que merece destaque é o **chumbo**, o qual antigamente era regularmente utilizado para a fabricação de canalizações. Atualmente é comum a utilização dessa substância em atividades de soldagem e na manufatura de plásticos, vidros, cerâmicas e tintas. Os problemas de saúde provocados pelo contato humano com o chumbo, quando em grandes concentrações, compreendem distúrbios em praticamente todas as partes do organismo – sistema nervoso central, sangue e rins. Em doses baixas, há a alteração de hemoglobina e pode provocar alterações psicológicas e comportamentais.

Não especificar e não permitir que sejam adquiridos materiais que liberem **fumaça tóxica** na fase de combustão é outra recomendação importante neste contexto. O incêndio ocorrido na boate Kiss, em Santa Maria – RS, já citado anteriormente, é um lamentável exemplo dos riscos proporcionados pela combustão de alguns materiais de construção. O fato é que, sob qualquer circunstância, os profissionais responsáveis pelo projeto e especificação de materiais e equipamentos devem ter ciência das ameaças advindas desse ato e da enorme responsabilidade envolvida.

3.2.6 Equívocos comuns na seleção de materiais

Agopyan e John (2011), no livro *"O Desafio da Sustentabilidade na Construção Civil"*, apresentam um relato dos principais equívocos observados na seleção dos materiais de construção para as edificações ecoeficientes. Alguns deles já foram previamente mencionados e outros ainda serão ressaltados neste texto.

No entanto, cabe ressaltar a necessidade da pesquisa e do conhecimento de pormenores relacionados à produção dos materiais e equipamentos empregados na construção das edificações. A possibilidade de equívocos nesse universo é imensa, sobretudo por conta da ampla variedade de insumos utilizada nos canteiros de obras. Por trás de um produto que parece ecoeficiente, por exemplo, podem estar atrelados impactos sociais medonhos.

Outro aspecto relevante é atentar-se às características do local onde os produtos serão utilizados, pois a vida útil é fortemente influenciada pelo microclima e biodiversidade do local. Em suma, o que é bom em uma região pode não ter os mesmos resultados positivos em outra.

A crença de que materiais tradicionais são sempre mais eficientes, pois vêm sendo utilizados há centenas de anos, nem sempre é verdadeira. Os tijolos cerâmicos fornecem argumentos suficientes para essa afirmação, pois são produzidos pela queima da argila, sob altas temperaturas, gerando impactos ambientais não desprezíveis.

Frequentemente também ocorre equívoco na recomendação do uso de agregados reciclados – resultantes do processamento de resíduos de construção – na produção de concretos. Estranhamente ainda vemos essa sugestão sendo proposta no meio técnico, apesar de já ter sido demonstrado claramente que, na maioria das situações práticas, concretos produzidos com elevados teores de agregados graúdos reciclados demandam um aumento de 10 a 25% no consumo de cimento Portland.

Agopyan e John (2011) complementam que os agregados estão disponíveis normalmente a curtas e médias distâncias e cerca de 90% dos impactos ambientais estão associados à produção de cimentos e aditivos, portanto a recomendação do uso de agregados reciclados, na prática, aumenta o impacto ambiental.

3.2.7 Produção dos materiais e equipamentos

Para encerrar esta discussão, porém sem a intenção de esgotá-la, há que se comentar a respeito da responsabilidade social das empresas produtoras de materiais de construção e de equipamentos.

Ao especificar um material ou determinado equipamento para a construção, o profissional deve estar atento às condições adotadas na fase de produção desses insumos. Deve-se evitar, a todo custo, o uso de materiais cuja produção esteja baseada na informalidade e em condições de trabalho indignas para os funcionários. Jamais adquirir ou permitir que sejam adquiridos produtos de empresas que empreguem mão de obra infantil, que submetam os trabalhadores a condições de escravidão ou semiescravidão, que não remunerem justamente seus operários, que pratiquem qualquer tipo de discriminação em seu ambiente de trabalho, dentre outras.

Agopyan e John (2011) advertem que a eliminação da informalidade na produção de muitos materiais de construção é um dos maiores desafios que o setor precisa enfrentar. Estudo publicado pela Fundação Getúlio Vargas, em 2017, mostrou que entre 2014 e 2016 a informalidade na cadeia produtiva da construção civil causou perda de R$ 4,1 bilhões em tributos. O levantamento indicou que o segmento de extração de pedra, areia e argila é o que apresenta a maior taxa de informalidade (superior a 20%). Por fim, o relatório destaca que a informalidade influi negativamente no benefício social da produção, limitando os investimentos públicos na melhoria da qualidade dos sistemas educacionais, de saúde e infraestrutura.

3.3 – Fase de construção do empreendimento

Diversos impactos, não menos importantes que os anteriormente descritos, podem ser gerados na fase de construção dos edifícios. No contexto da produção das edificações, um dos problemas ambientais mais relevantes diz respeito à gigantesca quantidade de resíduos gerados nos canteiros de obras, nas reformas, nas demolições ou em obras clandestinas. E para tornar mais preocupante esse problema, também nos deparamos com a insistente deposição irregular desses resíduos no meio ambiente.

Desse modo, trataremos nesta Seção de relacionar alguns dos problemas ambientais que são frequentemente percebidos nesta etapa do processo produtivo, os quais devem ser preferencialmente eliminados, mas se isso não for possível, que sejam ao menos atenuados no contexto das edificações ecoeficientes. Ao mesmo tempo em que são identificadas as adversidades sob o enfoque ambiental, abrem-se janelas para as reflexões e proposições de algumas práticas positivas aplicáveis a esta fase de produção do empreendimento, as quais serão complementadas e detalhadas na Seção 6.3 deste livro.

3.3.1 Recomendações para a fase preliminar da construção

Nesta subseção são apontadas algumas ações aconselháveis para a etapa inicial da fase de construção, tendo como alvo os benefícios para a qualidade ambiental.

3.3.1.1 Planejamento da obra

Jamais iniciar uma construção sem a realização do seu projeto e correspondente planejamento. Sabemos da necessidade de finalização dos projetos para a elaboração de um bom planejamento. Com efeito, essas atividades são imprescindíveis para se alcançar êxito na eficiência do processo construtivo. Sem projetos e sem planejamento a construção estará sujeita a todo tipo de imprevistos, que inevitavelmente resultarão em geração de resíduos, aumento no consumo de materiais, desperdícios de mão de obra, aumentos de custos e outras desvantagens para o proprietário e meio ambiente.

A fase de planejamento é um momento propício para o estudo e a avaliação qualitativa e quantitativa do projeto. É a última oportunidade – antes de iniciar a construção – para se fazer a análise crítica dos projetos e verificar a compatibilidade entre eles. Dessa reflexão também emergem outras vantagens, tais como a constatação da existência dos materiais de construção no mercado, a identificação de barreiras que impedem ou dificultam a realização das atividades e outras.

O planejamento consiste na elaboração do orçamento discriminado e dos cronogramas para a execução da obra. Diferentes ferramentas e *softwares* podem ser utilizados para esse fim, os quais ajudam o responsável pela execução do empreendimento a responder duas perguntas: (a) quanto custará esta obra? (b) qual será o tempo necessário para a sua execução? Por se tratar de uma previsão de custos e prazos, o planejamento só tem sentido se for realizado antes do início da execução da obra. Depois que a construção foi total ou parcialmente executada, quaisquer demonstrativos de custos elaborados a partir de então serão relatórios gerenciais de acompanhamento (controle) e não mais podem ser chamados de orçamentos.

Adicionalmente precisamos deixar claro que as previsões de custos e prazos da fase de planejamento precisam ser periodicamente monitoradas e controladas pelo responsável por sua execução. Se não houver disposição para acompanhar a evolução dos custos e prazos, a formalização do planejamento é uma perda de tempo.

Quando se trata da execução de empreendimentos da construção civil, infelizmente a elaboração do planejamento das atividades não é uma prática bem aceita pelos proprietários de pequenas e médias construções, que muitas vezes julgam ser dispensável a contratação de engenheiros e arquitetos. Assim, a autoconstrução e a produção não formalizada acentuam os problemas anteriormente assinalados.

3.3.1.2 Planejamento do canteiro de obras

Fundamentando-se nos mesmos princípios expostos no item anterior, jamais se deve iniciar uma construção sem o devido planejamento do canteiro de obras. Nele se desenvolverão todas as atividades necessárias para a execução da construção. Por isso, a disposição das instalações, equipamentos, construções provisórias e acessos devem atender à legislação em vigor. Há normas que estabelecem os requisitos mínimos a serem observados, de modo que não se coloque em risco a segurança, condições de higiene e bem-estar dos trabalhadores que utilizarão o local.

No planejamento do canteiro de obras deve-se procurar **preservar as árvores** existentes no local, protegendo-as contra os eventuais impactos produzidos durante a etapa de construção.

Da mesma forma, nesta fase o responsável pela construção deve idealizar medidas que evitem a **contaminação do lençol freático**. Essa contaminação pode ocorrer, por exemplo, como consequência do derramamento (acidental ou consciente) de substâncias químicas, tais como tintas, óleos, impermeabilizantes etc., as quais podem ser prevenidas. Os concretos e argamassas são produzidos em betoneiras nos canteiros de obras e esses equipamentos são lavados no final da utilização ou do expediente. Onde serão despejadas as águas de lavagem do equipamento? Uma alternativa é executar um tanque de decantação, nas proximidades da(s) betoneira(s), de modo que se faça a separação dos componentes e uma disposição segura dos resíduos.

Controlar a erosão do solo nos canteiros de obras é uma atitude sustentável, pois está relacionada à conservação dos solos e à manutenção de sua integridade. O controle do escoamento de água ajuda a mitigar a erosão, retendo a água no local da construção. Há, portanto, que se planejar e dispor áreas para a absorção dessas águas. É relevante recordar que o trânsito de máquinas pesadas compacta o solo e prejudica a capacidade de absorção das águas pluviais. Por isso, no planejamento do canteiro de obras também é pertinente a definição dos trajetos que essas máquinas percorrerão no terreno.

Os locais destinados ao armazenamento dos resíduos devem ser previstos no projeto do canteiro de obras, dispondo-os de tal modo que se cumpram os objetivos de facilidade de acesso para a segregação, deposição e remoção dos resíduos, segurança para os trabalhadores e meio ambiente, organização e limpeza do canteiro, entre outros. Para as construções provisórias e tapumes, dar preferência às **instalações reutilizáveis** e com durabilidade que permita o seu fácil emprego em diversas obras.

Lembrar-se que resíduos orgânicos são produzidos no dia a dia dos canteiros de obras, então a implantação de caixas de compostagem, hortas e floreiras são práticas socialmente e ambientalmente bem-vindas.

3.3.2 Reduzir os resíduos da construção civil

Atualmente, a gestão dos resíduos da construção civil (RCC) representa um dos mais graves desafios que os agentes que atuam no setor enfrentam no seu cotidiano. A solução demanda o envolvimento tanto do setor público, especificamente as prefeituras municipais, quanto da iniciativa privada. A geração excessiva de resíduos de construção, reformas e demolições atormenta os gestores de pequenas, médias e grandes cidades, não apenas no Brasil, mas em todas as partes do mundo.

Apesar de as empresas construtoras receberem fortes críticas por conta da quantidade excessiva de entulhos que geram, o problema maior se concentra em outras fontes: nas reformas e demolições de edificações. Para exemplificar, de acordo com a Agência de Proteção ao Meio Ambiente dos Estados Unidos (EPA), 48% dos resíduos sólidos têm origem na demolição de edificações, o que equivale a 65 milhões de toneladas por ano; as reformas respondem por 44% do total de resíduos, equivalendo a 60 milhões de toneladas por ano; por fim, os 8% restantes, ou 11 milhões de toneladas por ano, vêm de canteiros de obras (KEELER; BURKE, 2010). Estudos realizados no Brasil apontam igualmente para a geração elevada de resíduos que ocorre nas reformas das edificações, sejam obras regularizadas ou clandestinas.

Vários são os motivos que justificam a geração excessiva de resíduos sólidos na construção civil. Dentre eles podem ser ressaltados:

- a técnica construtiva adotada, que emprega pouca tecnologia, além de ausência de princípios de racionalização e compatibilização de projetos, levando à demolição de partes já construídas para receber e embutir instalações, por exemplo;

- a falta de qualificação da mão de obra, acentuada pela omissão dos gestores em oportunizar treinamentos e estabelecer padrões para o processo produtivo, resultando muitas vezes em retrabalhos decorrentes da execução equivocada ou inapropriada de componentes da construção;
- falhas na gestão do processo produtivo, resultando em deficiências quanto à armazenagem dos materiais, escolha de métodos inapropriados de transporte dos materiais nos canteiros de obras e excesso de produção de componentes, particularmente concretos e argamassas;
- excesso de embalagens;
- durabilidade limitada de alguns insumos aplicados nas edificações, entre outros.

Detectados os motivos da geração dos resíduos em canteiros de obras, cabe ao gestor do empreendimento eliminar ou minimizar a sua geração e adotar ações para evitar que eles continuem sendo levados para deposição em locais abertos, sejam autorizados ou não pela municipalidade. A deposição irregular dos resíduos sólidos resulta em uma série de problemas, tais como: a contaminação de cursos d'água por substâncias químicas presentes nos resíduos, que são dissolvidas e carregadas pela própria água; a contaminação de lençol freático; a proliferação de insetos e animais que se desenvolvem nesse ambiente e são responsáveis por doenças; entupimento de tubulações para drenagem de águas pluviais; assoreamento de cursos d'água; contaminação de áreas públicas (especialmente fundo de vales); deterioração da paisagem; esgotamento dos aterros sanitários, e outros.

Neste ponto, vamos focar particularmente os resíduos sólidos gerados por demolições. Para tentar encontrar um destino diferente para os resíduos de demolição, que não sejam as áreas de disposição final (aterros) regulamentadas ou não, é relevante programar a **desconstrução da edificação**, de modo que boa parte de seus componentes sejam reaproveitados ou reciclados. O leitor certamente já ouviu falar dos móveis produzidos a partir de madeiras de demolição. Aliás, vendidos em lojas requintadas por preços bem elevados, não é mesmo? Esse exemplo mostra que é factível obter boa lucratividade com o reaproveitamento de componentes de construções demolidas. Além da madeira, podem ser reutilizados: esquadrias, pedras (mármores, granitos etc.), louças sanitárias, azulejos, tijolos, telhas, forros, placas de gesso, vidros, fios e demais componentes construtivos.

Para tanto, na fase de projeto é possível e desejável que a edificação seja planejada para um fácil processo de desmontagem, evitando a geração excessiva de resíduos de demolição. O projetista pode se valer dos princípios do *projeto para desmontagem* – representado pelo acrônimo DfD (*Design for Disassembly*) – cujas estratégias visam reduzir o desperdício e melhorar as formas de execução das futuras demolições.

O *Whole Building Design Guide* explica que a desconstrução das edificações geralmente ocorre na ordem inversa à da construção e significa literalmente desmontar aquilo que foi construído, de forma segura e econômica. O objetivo principal é reutilizar os materiais que foram preservados na desconstrução. Obviamente que a desconstrução da edificação será cada vez mais eficiente na medida em que o projetista optar pelos princípios do DfD. Para que seja logrado êxito na desmontagem do empreendimento, o profissional deve observar os princípios estabelecidos para a fase de projetos e ainda se atentar para:

- Evitar ligações químicas – como adesivos, soldas e interligações de elementos estruturais concretados em obras – utilizando conectores mecânicos;
- Especificar componentes modulados e pré-fabricados;
- Projetar *shafts* e demais elementos que permitam o acesso aos componentes da edificação de modo a facilitar a desmontagem;
- Manter peças de reserva em estoque;
- Planejar o processo de desmontagem, verificando se há espaço suficiente (ou seja, com tolerâncias adequadas) para a realização das tarefas.

3.3.2.1 Gestão dos resíduos

Para reduzir a quantidade de resíduos sólidos gerados nos canteiros de obras, o gestor pode se valer de alguns princípios que já vêm sendo estudados e implantados em vários setores industriais. Em adição, a Política Nacional de Resíduos Sólidos – PNRS (Lei nº. 12.305 de 2010) foi criada justamente com o objetivo de reduzir a quantidade de resíduos direcionada para aterros e lixões, estabelecendo procedimentos para sua gestão integrada e responsabilidade compartilhada. Ou seja, devem se responsabilizar pelos resíduos todos os envolvidos no ciclo de vida do produto, desde a sua elaboração até o consumo. O artigo 9º da PNRS estabeleceu a hierarquia para os objetivos prioritários (Figura 3.11) na gestão e no gerenciamento de resíduos sólidos.

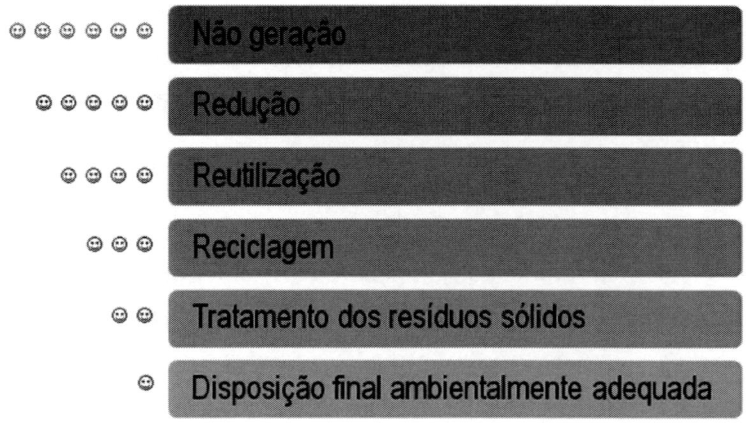

Figura 3.11 – Prioridades na gestão e gerenciamento dos resíduos sólidos

A aprovação da Resolução 307 do CONAMA, em 2002, e atualizada posteriormente por outras resoluções, é outro marco importante em relação ao gerenciamento dos resíduos da construção civil, que define como responsabilidade dos municípios a elaboração do Plano Municipal de Gestão de Resíduos da Construção Civil e como responsabilidade dos grandes geradores o Plano de Gerenciamento de Resíduos da Construção Civil (PGRCC).

Como se observa na Figura 3.11, antes de pensar na reciclagem e/ou disposição final está a proposta de não-geração dos resíduos sólidos. Há vários modelos de gestão, desenvolvidos nas últimas décadas, que contemplam essa ideia e dentre eles destacamos a Produção Mais Limpa (P+L), cujo nível máximo de hierarquia é coincidente com a PNRS: evitar que os resíduos sejam gerados.

De acordo com a filosofia da Produção Mais Limpa, pode-se inicialmente prevenir a produção de resíduos por ações direcionadas a: a) mudanças no produto; b) alterações no processo produtivo. Se, por outro lado, alguns resíduos forem gerados, a proposta é que eles sejam reaproveitados no próprio local, envolvendo os princípios de reutilização e reciclagem interna. Por fim, os resíduos sólidos que não puderem ser incorporados ao produto podem ser submetidos à reciclagem externa, servindo de matéria-prima para a fabricação de produtos utilizados no próprio setor ou em outros segmentos.

Não havendo a possibilidade de reutilizar e reciclar as sobras do processo construtivo ou produtos pós-consumo, ainda resta a possibilidade de ***recuperação de recursos***, que é adotada com frequência na indústria do lixo, pois vê os resíduos como possíveis fontes de materiais que se tornam úteis após serem submetidos a processos térmicos (incineração) ou biológicos. Os produtos finais resultantes desses processos podem ser: combustíveis, adubos, energia, cinzas e outras substâncias que são capazes de compor novos produtos.

No futuro, espera-se que sejam adotados os princípios da **logística reversa**, em que alguns dos componentes da demolição que são difíceis de serem reciclados, como é o caso dos painéis de gesso acartonado, retornem aos fabricantes para que seja dado um destino correto e apropriado ao produto.

Também é importante o desenvolvimento e a divulgação de **bancos de dados de resíduos sólidos**, os quais são facilmente acessados pela rede mundial de computadores, em que trocas (ou a comercialização) desses resíduos podem ser efetuadas de forma economicamente viável entre os interessados. Vários materiais de demolição ainda podem ser utilizados por entidades beneficentes, ou mesmo por organizações não-governamentais (ONGs), cujo objetivo seja a construção de edificações para atendimentos sociais diversos, como também de edificações para a população de baixa renda ou vítimas de desastres naturais.

Os benefícios financeiros advindos da gestão dos resíduos da construção civil (RCC) já são realidade e diversos empreiteiros já notaram esse potencial. A legislação municipal, orientada pela PNRS, obriga os grandes geradores a elaborarem os planos de gerenciamento dos resíduos. Esses planos, concebidos antes do início da construção, têm o papel de informar a previsão de geração de resíduos e qual a destinação que se dará a eles durante a fase de construção da edificação.

Para incentivar um melhor aproveitamento dos resíduos de demolição, o *Deconstruction Institute* dos Estados Unidos emite **certificados de demolição sustentável**, os quais têm a finalidade de fornecer incentivos e de dar visibilidade em termos de *marketing* para os proprietários de edificações (KEELER; BURKE, 2010). Entendo que essa é uma proposta interessante e que poderia muito bem ser praticada pelo poder público no Brasil.

3.3.2.2 Estratégias para lidar com os resíduos

O gerenciamento dos resíduos sólidos de construção geralmente inclui várias estratégias básicas, dentre as quais se destacam:

- Cumprir o disposto na legislação que aborda a temática. Conhecer as responsabilidades de cada agente e ter consciência do valor de seu cumprimento é dever de todo cidadão e das organizações;

- Assegurar a qualidade da segregação dos resíduos em canteiros de obras, observando-se a classificação estabelecida na Resolução 307 do CONAMA. É fundamental a observação dessa orientação, pois cerca de 80% dos resíduos dispostos em caçambas são totalmente recicláveis, tornando-se matéria-prima para outros processos produtivos;

- Adotar métodos construtivos mais racionais;

- Viabilizar condições para a reutilização e reciclagem das sobras de materiais. Recortes de peças de madeira, por exemplo, dificilmente serão reaproveitados no canteiro de obras se não forem previamente limpos, classificados, separados e convenientemente armazenados;

- Assegurar a qualidade dos resíduos segregados, sem contaminações, facilitando seu processo de reutilização ou reciclagem;

- Estabelecer e implantar critérios de padronização de execução de serviços e treinar os colaboradores, diminuindo as perdas decorrentes de elaboração de produtos defeituosos, que não atendam os projetos ou os padrões de qualidade;

- Distribuir os contêineres de reciclagem e lixo em uma rota importante, tanto dentro como fora do canteiro de obras, estimulando as equipes de trabalhadores a utilizá-los. Alguns autores incentivam o acúmulo dos resíduos em pequenos montes, cercados por métodos de contenção de modo que não se espalhem com a ação de ventos e águas pluviais;

- Quantificar os resíduos gerados por classe, divulgando os dados obtidos. Com isso consegue-se dar maior transparência nos canteiros de obras e os dados servem para embasar a elaboração dos planos de gerenciamento de resíduos de novos empreendimentos, bem como estabelecer ações para reduzir continuamente a quantidade gerada;

- Envolver e conscientizar a equipe e os trabalhadores terceirizados em relação às técnicas obrigatórias de gestão de resíduos sólidos;
- Comprar materiais no atacado, para evitar o excesso de embalagens;
- Reaproveitar ou devolver as embalagens e contêineres para os fornecedores ou fabricantes;
- Juntar o conteúdo de latas de produtos aplicados em estado líquido e que foram parcialmente utilizados, tal como as tintas, de modo a evitar o desperdício. Isso reduz os custos associados à compra de materiais além do estritamente necessário;
- No caso de materiais que requerem aquecimento ou mistura, misturar os produtos em lotes menores buscando reduzir o desperdício, principalmente quando o período de cura é curto.

O estabelecimento de programas de comercialização dos resíduos segregados nos canteiros de obras, quando voltados para a melhoria do bem-estar e do lazer dos operários, tem demonstrado bons resultados junto às empresas que os implantaram. Outra prática aconselhável envolve a disseminação de informações relativas à disponibilidade de resíduos, seja para doação ou comercialização. Aplicativos de *smartphones* ou sítios na internet são ferramentas úteis para essa proposta.

3.3.3 Minimizar as perdas nas obras

Os resíduos acumulados nos canteiros ou nas caçambas em frente às obras são sinais inequívocos das perdas decorrentes do processo construtivo. Quando se fala em perdas, é comum a associação imediata com o desperdício de materiais. Mas o conceito de perdas envolve também o uso de equipamentos, mão de obra e demais recursos em quantidades que extrapolem aquelas que seriam consideradas suficientes para a produção da edificação. Vários são os motivos que suscitam as ocorrências de perdas nas obras e a seguir são relacionados alguns tipos que ocorrem frequentemente:

- Perdas por deficiências no processo produtivo – são perdas decorrentes do nível de desenvolvimento tecnológico e gerencial empregado pela organização. Há um nível de perdas que pode ser considerado aceitável, o qual só diminuirá com alterações nos paradigmas da empresa;
- Perdas por excesso de produção – ocorrem quando são produzidas quantidades de componentes além das que seriam necessárias para a realização da atividade. Por exemplo, excesso de produção de concreto e argamassa;
- Perdas por alteração na especificação – ocorrem quando um determinado material é substituído por outro com qualidades superiores às requisitadas para a atividade. Por exemplo, a produção de concreto com resistência característica superior àquela especificada no projeto estrutural;

- Perdas por espera – decorrem da falta de materiais no local de execução da atividade, que têm reflexos negativos na produtividade da mão de obra e equipamentos;

- Perdas no transporte – são decorrentes do tempo gasto para se deslocar os materiais desde o local estocado até o local de consumo. A manipulação excessiva dos materiais não agrega valor ao produto e geralmente resulta da má organização do canteiro de obras. Parte dos materiais também pode ser perdida pelo emprego de equipamentos inadequados para o transporte;

- Perdas na estocagem – decorrem da gestão inadequada do armazenamento dos materiais, podendo deteriorá-los e torná-los impróprios para a utilização na obra. Exemplo: estocagem de madeiras e cimento Portland em contato com a umidade do solo;

- Perdas na realização do serviço (processamento) – são próprias da falta de qualidade e controle durante a execução das atividades. A falta de treinamento da mão de obra e de padronização de procedimentos para a execução dos serviços são exemplos destes tipos de perdas;

- Outras – há ainda algumas outras fontes de perdas no cotidiano dos canteiros de obras, tais como aquelas que ocorrem por acidentes, por vandalismos, por roubos etc.

3.3.4 Emprego de materiais recicláveis

Já tratamos, ao longo deste Capítulo, da importância da especificação dos materiais para as edificações ecoeficientes. Essa atividade ocorre simultaneamente à elaboração dos projetos e se consolida na forma de memorial de especificação de materiais. Verificamos, inclusive, que é aconselhável a opção por materiais recicláveis e que tenham o máximo de conteúdo reciclado em sua composição.

Todavia, na fase de construção é que se constatam efetivamente os resultados das escolhas feitas na fase de projeto. Os procedimentos de logística reversa ainda não estão efetivamente incorporados ao cotidiano da construção civil, de modo que diversas sobras de materiais acabam sendo depositadas nos aterros porque os construtores ficaram sem alternativa para a reciclagem das sobras desses produtos.

Desse modo, os profissionais devem ficar atentos para intensificar a indicação de materiais cujas sobras possam ser recicladas, e, sobretudo, que haja disponibilidade logística e tecnológica para proceder à reciclagem dos resíduos gerados. Obter informações precisas a respeito da quantidade, tipo e localização dos resíduos disponíveis é um bom começo para incentivar a reciclagem.

Por outro lado, há uma série de materiais empregados na construção civil que incorporam resíduos da própria indústria ou aqueles procedentes de outros segmentos. É o caso de tijolos fabricados a partir de sobras de concreto e outros tipos de resíduos; concretos com adições de cinzas em substituição parcial dos agregados miúdos; asfaltos com adição de borracha de pneus, e assim por diante. O mercado de desenvolvimento de produtos para a construção civil é bastante dinâmico e dia após dia os resíduos têm sido incorporados por meio do desenvolvimento de inovações tecnológicas.

3.3.5 Redução no consumo de água e energia no canteiro de obras

Para reduzir o volume de água consumido no canteiro de obras, algumas alternativas podem ser pautadas, tais como:

- A substituição de materiais e técnicas construtivas – alguns materiais requerem um menor consumo de água na sua preparação e/ou aplicação. O sistema de fechamento em gesso acartonado, por exemplo, consome uma pequena quantidade de água quando comparado à alvenaria tradicional. Alguns materiais sequer necessitam de água para a sua utilização, como é o caso da madeira, dos metais, dos plásticos e outros;

- Implantação de sistemas de reutilização de águas cinzas – há registros de construtoras que implantaram, com sucesso, sistemas de reaproveitamento de águas utilizadas nos chuveiros, lavatórios e tanques de lavar roupas existentes nos canteiros de obras. Essas águas são captadas, filtradas, tratadas e armazenadas para emprego em descargas dos vasos sanitários, irrigação de jardins e limpeza de áreas comuns;

- Outra alternativa sustentável consiste na instalação de sistemas de captação e utilização de águas pluviais. O reaproveitamento de reservatórios e tubulações procedentes de outros canteiros de obras reduz os custos de instalação, traduzindo-se em economia significativa de água, especialmente nas épocas e em locais com precipitações pluviométricas regulares.

Por outro lado, quando se tem o intuito de obter êxito na redução do consumo de energia nos canteiros de obras, algumas alternativas podem ser adotadas, tais como:

- Seleção apropriada de materiais – optar por materiais que tenham um menor consumo energético associado a sua produção, transporte e aplicação. No caso do concreto, por exemplo, o responsável pela obra deve procurar respostas para as seguintes questões: o concreto autoadensável consome menos energia que o concreto convencional (que requer o adensamento)? O concreto bombeável tem melhor desempenho em consumo de energia que o concreto transportado pela grua?

- Instituição de medidas para economia de energia elétrica – há também registros de empresas construtoras que estabeleceram programas de economia de energia elétrica nos canteiros de obras, os quais se consolidaram com: a instalação de claraboias e/ou *sheds* nas construções provisórias, tais como os escritórios, almoxarifado e sanitários; a instalação de "lâmpadas" de garrafas PET (Polietileno tereftalato) nas construções provisórias, que consistem em aberturas realizadas nas telhas, nas quais se introduzem garrafas PET preenchidas com água e um pouco de água sanitária; implantação de aquecedores de água para os chuveiros, fabricados com garrafas PET; a pintura na cor branca dos telhados das construções provisórias;

a instalação de sensores de presença nas escadas enclausuradas, evitando-se manter acesas as lâmpadas durante o dia; a instalação de painéis fotovoltaicos para geração de parte da energia consumida nas construções provisórias e outras.

Nesse contexto, destaca-se a importância da conscientização dos operários que atuam nos canteiros de obras, que pode ser conseguida por meio de programas educativos e de incentivos.

3.3.6 Redução dos impactos na vizinhança

Paulino (2011) ressalta a necessidade de elaboração do Estudo de Impacto de Vizinhança (EIV), o qual deve preceder a implantação de qualquer edificação e de obras de infraestrutura, no espaço urbano, que resulte em mudanças paisagísticas ou de fluxos, a ponto de interferir de algum modo no entorno. A elaboração do EIV é exigida pelo Estatuto da Cidade, inclusive para municípios com menos de vinte mil habitantes, caso sejam integrantes de regiões metropolitanas e aglomerações urbanas, de áreas de interesse turístico, ou que estejam inseridos na área de influência de empreendimentos ou atividades com significativo impacto ambiental em escala regional ou nacional.

Além dos requisitos legais acima expostos, cumpre ressaltar que os problemas causados à vizinhança durante a construção de uma edificação são intensos. Quem já morou ao lado de uma construção sabe muito bem disso! Os ruídos exagerados, a poeira ou o barro, os conflitos de trânsito com as constantes descargas de materiais, os riscos de quedas de objetos, danos estruturais nas edificações existentes, enfim, há uma lista extensa de aborrecimentos que quase sempre deixam os vizinhos estressados e frequentemente acabam em litígios.

No contexto das edificações ecoeficientes, esses conflitos devem ser obviamente evitados. O planejamento, estudos e avaliações prévias não devem ser postergados, pois eles tendem a antecipar oportunamente esses problemas e evitar que os empreendedores terminem no prejuízo. Todavia, as contrariedades e os desentendimentos observados nessas questões são habitualmente bem difíceis de resolver. Lamentavelmente alguns casos terminam em longas batalhas judiciais.

Algumas propostas colaboram com este propósito, tais como:

- No caso de edificações de múltiplos pavimentos, instalar as serras elétricas utilizadas na produção de fôrmas para concreto armado em locais fechados e protegidos. Uma opção é a acomodação desses equipamentos nos pavimentos inferiores da edificação, tão logo a estrutura e os fechamentos laterais estejam concluídos;

- Optar por sistemas construtivos pré-fabricados (concreto armado, aço ou madeira), cuja montagem resulte em operações mais limpas e menos ruidosas;

- Optar pelo concreto autoadensável, que dispensa o adensamento, e assim eliminam-se os ruídos exagerados produzidos quando os mangotes dos vibradores são encostados nas fôrmas ou armaduras;

- Executar tanques para a lavagem dos pneus de caminhões que entram nos canteiros de obras, de modo que não espalhem barro pelas ruas do entorno nos dias de chuva;

- Incentivar que os colaboradores e profissionais de empresas terceirizadas se desloquem ao canteiro de obras utilizando o transporte público ou bicicletas, evitando sobrecarregar as áreas de estacionamento público do entorno.

3.3.7 Implantação de sistema de gestão da qualidade

Empreendimentos que têm baixa durabilidade não atendem aos pressupostos expostos para as edificações ecoeficientes, comprometem a qualidade de vida e normalmente atingem negativamente e com maior intensidade os segmentos populacionais de baixa renda. A redução da vida útil das obras está associada ao emprego de materiais de baixa qualidade e/ou o uso de métodos construtivos inadequados, dentre outras origens.

Um passo importante para modificar esse cenário se deu com a instituição, em 1998, do Programa Brasileiro da Qualidade e Produtividade do Habitat (PBQP-H), que é um instrumento do governo federal que tem o objetivo de alcançar, simultaneamente, a melhoria da qualidade e a modernização produtiva do setor da construção civil. Com o progresso desse Programa, em longo prazo espera-se melhorar a competitividade entre as empresas, além de obter soluções construtivas mais econômicas e de melhor qualidade, que contribuam inclusive para a redução do déficit habitacional brasileiro.

Segundo o Ministério do Desenvolvimento Regional, as metas a serem alcançadas pelo PBQP-H envolvem as seguintes ações:

- Avaliação da conformidade de empresas de serviços e obras;
- Melhoria da qualidade dos materiais;
- Formação e requalificação de mão de obra;
- Normalização técnica;
- Capacitação de laboratórios;
- Avaliação de tecnologias inovadoras;
- Informação ao consumidor; e
- Promoção da comunicação entre os setores envolvidos.

O comprometimento dos colaboradores com a ideia de melhoria contínua da qualidade, a partir de programas de treinamento e capacitação realizados em todos os níveis da organização, é uma das evidências profícuas notadas pelo setor da construção civil com a adoção dos programas e sistemas da qualidade do PBPQ-H. Porém, o Programa também estimula o fortalecimento da inovação e melhoria tecnológica.

Vinculado diretamente à Coordenação Geral do PBQP-H, encontra-se o Sistema de Avaliação da Conformidade de Empresas de Serviços e Obras (SiAC), cujo objetivo é avaliar a conformidade do sistema de gestão da qualidade das empresas de construção civil, em níveis adequados às características das empresas, baseando-se nos critérios recomendados pela ABNT NBR ISO 9000:2015. O Sistema baseia-se em patamares evolutivos de qualidade, avaliado por auditorias internas e externas, sendo constituído pelos níveis A e B.

Atualmente, para as empresas construtoras terem acesso a linhas de financiamento mais atraentes, participar de licitações públicas e candidatar-se à construção de moradias pelo programa do governo federal "Minha Casa, Minha Vida" é necessária a certificação no nível A do SiAC. Com a certificação, as empresas são obrigadas a estabelecer procedimentos e controles para a execução dos empreendimentos, respeitar os projetos, observar as exigências das normas técnicas, realizar treinamento da mão de obra e garantir o desempenho da construção (estabelecido pela ABNT NBR 15575:2013 – Desempenho de edificações habitacionais).

Para a implantação do Sistema de Gestão da Qualidade, a empresa deverá elaborar um plano de qualidade, ocupando-se em: padronizar o processo de aquisição, recebimento e armazenagem de materiais e componentes; padronizar os procedimentos para execução dos serviços, de modo que sejam atendidas as especificações contidas nos projetos e que se alcance o desempenho esperado, baseado nas melhores práticas e treinamento da mão de obra; obter dados de controle dos processos durante a construção, para ser possível melhorar continuamente, detectando as não-conformidades e agindo corretiva e preventivamente para garantir as especificações; utilizar dados de assistência ao cliente, na fase de pós-obras, para identificar problemas recorrentes e buscar soluções para novos empreendimentos. Enfim, a empresa praticará ações que se orientam com os padrões desejáveis para as edificações ecoeficientes.

3.4 – Fase de uso e manutenção

Nesta fase tem-se a expectativa de colher os frutos da adoção prévia dos princípios que caracterizam as edificações ecoeficientes. Esta é a fase mais longa de todo o processo, esperando-se que o edifício alcance a vida útil prevista na fase projetual. Por se tratar de um período prolongado de utilização, há grandes consumos de água e energia associados, justificando-se, pois, as preocupações anteriormente apontadas quanto a essas instalações.

De acordo com Agopyan e John (2011), estimativas sugerem que o uso de todos os tipos de edifícios seja responsável por 25% das emissões globais de CO_2. Nesse percentual incluem-se as emissões diretas – decorrentes da queima de combustíveis fósseis para fins de condicionamento ambiental, aquecimento de água e cozinha – e as emissões indiretas, associadas à produção de eletricidade, por exemplo.

Em contrapartida, segundo dados do *Inventário brasileiro das emissões e remoções antrópicas de GEE*[8], diferentemente da média mundial, as emissões brasileiras de GEE dos edifícios durante a fase de produção e no transporte de materiais é mais importante que aquelas associadas ao consumo de energia elétrica durante o uso do edifício (AGOPYAN; JOHN, 2011).

[8] Ministério da Ciência e Tecnologia. Inventário brasileiro das emissões e remoções antrópicas de gases do efeito estufa. 2009. Disponível em: http://pagina22.com.br/wp-content/uploads/2009/11/inventario1.pdf. Acesso em: 01 out. 2019.

Para que as vantagens da edificação ecoeficiente sejam exploradas em sua plenitude, faz-se necessária a educação e conscientização dos seus usuários. Há pouco tempo orientei uma pesquisa, cujo foco era a identificação da satisfação dos usuários relativamente ao sistema de aquecimento de água, por meio de energia solar, em habitações de interesse social. Para nossa surpresa (minha e da pesquisadora), um bom número de moradores do conjunto habitacional, que foram entrevistados, já não utilizava o sistema de aquecimento no seu dia a dia. Alguns sequer conheciam o modo de operação e haviam substituído o equipamento por chuveiros elétricos. Com isso, nota-se que a **instrução dos usuários** é uma condição determinante e um pressuposto para o pleno êxito dos benefícios das edificações ecoeficientes.

Nesse sentido é importante ressaltar a contribuição proporcionada pelo Manual de Uso, Operação e Manutenção das edificações, também conhecido como **Manual do Proprietário**, cuja elaboração é orientada pela ABNT NBR 14037:2014 – Diretrizes para a elaboração de manuais de uso, operação e manutenção das edificações – Requisitos para elaboração e apresentação dos conteúdos. Esse documento traz orientações que ajudarão o usuário na gestão da manutenção do edifício, como se dará o atendimento ao cliente, prazos de garantias dos seus componentes, condições que levam à perda das garantias, registro de inspeções e manutenções, entre outras. Os cuidados que devem ser observados na elaboração desse documento estão registrados na Seção 3.4.3 deste livro.

Há que se obedecer as orientações expostas no programa de manutenção, tanto de áreas privativas como de áreas comuns, de modo que se prolongue a vida útil da edificação. É difícil imaginar, porém facilmente constatado no cotidiano, que as pessoas acreditem na perenidade das construções e considerem insignificantes as atividades de manutenção. A **manutenção preventiva** consiste em ações planejadas e sistemáticas, compreendidas por inspeções, reformas, reparos e outras, de modo que sejam preservadas as características e propriedades originais do produto. É preferível a realização das manutenções preventivas ao invés de manutenções corretivas, pois estas sucedem à falha de algum componente ou instalação do produto.

Outra questão delicada, e não menos importante, relaciona-se com a falta de coerência no sistema tarifário aplicado por empresas responsáveis pelas Companhias de Saneamento de algumas cidades. O sistema aplicado não incentiva a economia de água potável em condomínios, particularmente nos edifícios de múltiplos pavimentos. Cobra-se um volume mínimo por unidade (residencial ou comercial), que eventualmente não é consumido por todas as unidades do condomínio. Lembrar-se que alguns apartamentos ou salas comerciais podem estar fechados, para locação, ou seus proprietários podem estar ausentes, etc. Ao final, os condôminos pagam por uma quantidade de água (sem falar no esgoto) que não consumiram, indicando que o sistema de tarifação aplicado não incentiva a economia de água e, sob o ponto de vista da sustentabilidade, necessita revisão.

Em matéria publicada no sítio Consultor Jurídico[9], em 2014, Livia Scocuglia ressalta que é ilegal a cobrança de tarifa de água no valor do consumo mínimo multiplicado pelo número de economias existentes no imóvel, quando houver só um hidrômetro no empreendimento. Segundo a autora, o Superior Tribunal de Justiça firmou entendimento de que o consumo total de água deve ser o consumo real aferido pelo hidrômetro, no caso de

9 Disponível em: https://www.conjur.com.br/2014-jan-20/cobranca-tarifa-minima-agua-medida-unico-hidrometro-ilegal. Acesso em: 22 de abril de 2020.

condomínios (residenciais ou comerciais) cuja medição se dá pelo registro de um único hidrômetro. É importante acrescentar que mesmo nos edifícios que dispõem de hidrômetros individuais, as Companhias de Saneamento geralmente não realizam as leituras nesses aparelhos, normalmente dispostos nas áreas de uso comum dos edifícios de múltiplos pavimentos.

A seguir são relacionadas algumas outras orientações que devem ser observadas e incentivadas na fase de uso e manutenção da edificação.

3.4.1 Implantação de medidas de prevenção dos desperdícios

Os desperdícios típicos que ocorrem durante a fase de uso das edificações estão associados com o consumo de água e de energia elétrica. Algumas medidas são indicadas para amenizar esses desperdícios, dentre as quais podemos citar a utilização de eletrodomésticos que economizam esses recursos.

Em 1993, foi criado o selo Procel para indicar ao consumidor o nível de eficiência energética dos eletrodomésticos. A classificação da eficiência é medida em laboratórios idôneos e os resultados são conferidos por meio de letras – variando de A até G, sendo A o nível de maior eficiência. Os consumidores brasileiros já se acostumaram com essa etiquetagem e ficam atentos no momento da aquisição desses produtos. Podemos dizer que essa medida é altamente positiva e determinante para a redução do consumo de energia elétrica nas edificações.

Em relação ao consumo de água na operação dos eletrodomésticos, muitos avanços ainda são necessários. Máquinas de lavar-roupas com apenas dois níveis de água (baixo e alto) são encontradas com frequência no mercado. O nível baixo, nesses equipamentos, representa água até a metade do cesto. Assim, para se lavar peças pequenas, roupas íntimas etc., o nível de água deveria ser diminuído. Sem permitir o controle de nível, essas máquinas consomem um volume exagerado de água, considerando-se os vários ciclos de lavagem e enxágue. Felizmente, há sinais de mudança nesse cenário, pois alguns fabricantes já disponibilizam equipamentos que, por meio de sensores, podem inclusive avaliar a transparência da água e armazená-la para reuso.

Adiante apresentaremos algumas sugestões de mudanças de hábitos dos usuários das edificações – para reduzir o consumo de água e de energia elétrica – que têm reflexos no valor das contas a pagar ao final do mês e poupam os recursos naturais.

3.4.2 Programas de separação e reciclagem do lixo doméstico

Na etapa de projeto do edifício de múltiplos pavimentos já devem ser idealizados os ambientes para armazenamento dos resíduos produzidos na fase de uso, de modo que se tenha local apropriado para o depósito daqueles que serão reciclados. Grande parte dos resíduos sólidos que são gerados nas residências, no dia a dia, pode ser reaproveitada ou reciclada. A reciclagem, conforme anteriormente exposto, reduz a extração de matérias-primas da natureza, gera economia de água e energia, além de mitigar a disposição inadequada do lixo. Adicionalmente, muitas cooperativas de catadores encontram fonte de sustento na coleta desses resíduos.

Os resíduos recicláveis não podem ser misturados com os orgânicos – sobras de alimentos, cascas de frutas e legumes, entre outros. Plásticos, vidros, metais e papéis devem ser acondicionados em sacos separados. Os vidros quebrados e outros materiais cortantes devem ser embrulhados em papel grosso ou colocados em uma caixa para evitar acidentes.

O óleo utilizado em frituras jamais deve ser despejado na rede coletora de esgotos da edificação, nem tampouco lançado diretamente sobre o solo. Além de provocar entupimentos das tubulações coletoras, os óleos e graxas também causam impactos negativos nas estações de tratamento de esgotos. Como alternativa, pode-se armazenar esse produto em garrafas PET e, no momento oportuno, entregá-lo a empresas ou instituições que o empregam na fabricação de sabão, óleo combustível e outras aplicações.

Vale a pena todo o esforço para realizar a reciclagem dos resíduos sólidos. Para exemplificar, a partir da reciclagem podemos ter algumas vantagens: uma tonelada de papel reciclado economiza 10 mil litros de água e evita o corte de 17 árvores adultas; cada 100 toneladas de plástico reciclado economizam uma tonelada de petróleo. Lamentavelmente, apenas 18% das cidades brasileiras contam com o serviço de coleta seletiva.

3.4.3 Manual de uso, operação e manutenção

Anteriormente expusemos a importância da instrução dos usuários quanto à operação e ações de manutenção preventiva das edificações. Com o intuito de diminuir os custos na fase de uso e manutenção, uma das opções que se apresenta é ter um sistema de informações que instrua o usuário, para que esse proceda ao correto uso, operação e manutenção preventiva da edificação. Isto exige o desenvolvimento de uma interface eficiente entre as fases de produção e uso (MICHELIN, 2005).

Segundo a ABNT NBR 14037:2014, o Manual de Uso, Operação e Manutenção das edificações é um documento que reúne apropriadamente todas as informações necessárias para orientar as atividades de uso, operação e manutenção do edifício. Esse documento, de forma pró-ativa, indica as responsabilidades do construtor e do usuário, protegendo a empresa quanto ao uso inapropriado da edificação e, por outro lado, resguardando o usuário quanto aos riscos de perda das garantias do produto. O manual deve trazer informações para o estabelecimento do plano de manutenção do imóvel, mantendo a funcionalidade e a durabilidade.

O manual de uso, operação e manutenção deve obrigatoriamente ser entregue ao proprietário do imóvel, de acordo com as exigências do artigo 50, parágrafo único, do Código de Defesa do Consumidor (BRASIL, 1990). Todavia, na prática nem sempre se observa o cumprimento dessa exigência. Ao descumpri-la, as empresas construtoras manifestam seu descaso com a satisfação do cliente, além de ficarem totalmente vulneráveis nas eventuais ações impetradas pelos consumidores de seus produtos, na hipótese de ocorrência de sinistros.

Além do manual de uso, operação e manutenção destinado ao proprietário do imóvel, no caso de condomínios, a empresa construtora deve preparar a versão deste documento direcionada ao administrador do empreendimento (ou síndico), o qual também necessita dessas importantes informações, no que diz respeito às áreas e instalações de uso comum.

3.4.4 Estímulo às mudanças de hábitos dos usuários

Muitos benefícios podem ser conseguidos com a educação dos usuários das edificações. Em vários casos, conseguem-se bons resultados sem a necessidade de qualquer tipo de investimento, ou seja, a simples mudança de hábitos já traz repercussões positivas. A seguir são propostas algumas medidas para a redução no consumo de água e de energia elétrica das edificações:

- Eliminar o hábito de ficar abrindo constantemente a porta da geladeira;
- Testar a eficiência das borrachas de vedação da porta da geladeira, substituindo-as por novas em caso de necessidade;
- Instalar a geladeira em local apropriado, preferencialmente que não esteja sujeito à incidência de raios solares e nem ao calor do fogão;
- Evitar o uso do chuveiro elétrico nos momentos de maior consumo de energia, já que a tarifação é diferenciada em horários de pico;
- Evitar banhos demorados, economizando simultaneamente água e energia elétrica;
- Fechar a torneira enquanto se escova os dentes ou se faz a barba;
- Desligar equipamentos que ficam constantemente conectados à rede elétrica, pois para manter em funcionamento relógios ou outros dispositivos, esses equipamentos permanecem consumindo energia o tempo todo;
- Apagar as lâmpadas de ambientes desocupados;
- Acumular roupas para serem passadas em uma única vez, evitando ligar o ferro elétrico constantemente;
- Desligar aparelhos de ar-condicionado quando o ambiente estiver desocupado.

3.4.5 Escolher conscientemente os produtos de limpeza

Os usuários devem ter ciência das implicações relacionadas ao uso de determinados produtos de limpeza. Alguns deles possuem substâncias à base de cloro, que contêm estabilizadores e outras substâncias nocivas à saúde humana, como o mercúrio e outros metais pesados.

Por outro lado, alguns produtos podem comprometer a durabilidade dos materiais de construção empregados na edificação, podendo causar danos irreversíveis que impliquem na necessidade da sua substituição e, assim, causando danos ao meio ambiente. Obviamente que tudo isso não condiz com a realidade de edificações ecoeficientes.

3.4.6 Monitoramento das medidas implementadas

A realização de medições, monitoramento, controle e divulgação dos resultados constituem-se em ações de gestão cujo alvo é a manutenção das medidas implementadas, de modo que os usuários sintam-se constantemente estimulados a continuar participando dos programas.

No tocante ao consumo de energia elétrica, Marchais (2013) ressalta que a eficiência energética ativa requer não somente a instalação de aparelhos que economizam energia, mas também o seu controle para uso da energia necessária. Isso significa que o controle é indispensável para se alcançar a máxima eficiência. O autor cita o exemplo das lâmpadas com eficiência energética que permanecem ligadas em salas vazias. O único resultado positivo é que se vai desperdiçar menos energia do que com uma lâmpada comum.

Ultimamente, os recursos da tecnologia da informação têm proporcionado bons resultados. No mercado já existem sistemas de monitoramento, em tempo real, do consumo de água, energia elétrica e gás, com informações disponibilizadas em computadores, *tablets* e *smartphones* por meio de aplicativos.

Esses sistemas de monitoramento permitem que o usuário estime, em tempo real, o valor da conta mensal desses insumos, sendo ideais para condomínios, residências unifamiliares e também empresas em geral. Os responsáveis pela comercialização dos sistemas de monitoramento indicam as seguintes vantagens: emite alerta para eventuais vazamentos, apresenta relatórios e gráficos via web, fornece extrato de consumo e custos, colabora com a redução de desperdícios e perdas.

Síntese do Capítulo

Ao longo deste Capítulo você pôde conhecer pormenores indispensáveis à caracterização das edificações ecoeficientes. Com o propósito de facilitar e organizar a exposição do assunto, a apresentação das recomendações foi dividida em quatro etapas: o projeto da edificação, a especificação dos materiais de construção, a fase de construção e, por último, a fase de uso e manutenção.

Na etapa de projeto existe um maior leque de oportunidades para incorporar princípios que definem as edificações ecoeficientes. A intenção de construir uma edificação sustentável deve formatar o partido arquitetônico a ser escolhido pelo projetista, buscando essencialmente reduzir os impactos da construção no meio ambiente e explorar convenientemente os recursos naturais. A edificação deve ser durável, o que implica dizer que o projeto deve ser flexível para se adaptar a diferentes condições de uso ao longo de toda a vida útil da construção. Acrescenta-se que a edificação deve atender aos requisitos de conforto térmico, acústico e luminoso, procurando-se explorar os recursos provenientes da luz natural, insolação e ventilação.

Apesar de constituir uma das etapas do projeto, desmembramos a discussão acerca da especificação dos materiais de construção em uma etapa posterior, por conta da sua importância e quantidade de itens que foram discutidos. Ressaltamos os impactos que a produção de alguns materiais de construção causa ao meio ambiente, como é o caso do cimento Portland, do aço, do alumínio e outros. Além das grandes alterações na natureza provocadas pela mineração, a produção desses materiais está associada reiteradamente a um elevado consumo energético e elevada emissão de gases do efeito estufa. Assim, a especificação dos materiais deve ser feita por profissionais competentes e conscientes dos impactos causados na produção e transporte dos produtos especificados, os quais podem inclusive colocar em risco a saúde e o bem-estar dos usuários da edificação.

Na fase de construção destacamos os cuidados com a geração de resíduos sólidos e, uma vez gerados, quais são os meios para reutilizá-los e reciclá-los. Acrescentamos, ainda, os cuidados que o responsável pela construção deve ter para evitar conflitos com a vizinhança, uma vez que a execução de edifícios promove a geração de ruídos, poeira e outros incômodos aos moradores do entorno.

Por fim, ressaltamos a importância da educação dos usuários da edificação ecoeficiente, de modo que as metas propostas na fase de projeto sejam, de fato, consubstanciadas na fase de uso e manutenção da edificação.

Atividades de Aprendizagem

1. O projeto de edificações ecoeficientes vai muito além do que a simples especificação de materiais reciclados para o empreendimento; significa incorporar conceitos, tecnologias e estratégias. Relacione e comente cinco princípios que devem estar presentes no projeto dos edifícios ecoeficientes.

2. O que são *edificações resilientes*?

3. Resultados satisfatórios de isolamento térmico têm sido observados com o uso das *esquadrias híbridas*, que resultam da associação de diferentes materiais. Elabore uma pesquisa acerca desse tema, indicando os desempenhos das esquadrias, materiais frequentemente utilizados, fornecedores etc.

4. É prática comum, inclusive na indústria dos materiais de construção, a conduta do *greenwashing* (disfarçar de ecológico), em que se realiza um esforço de marketing para supervalorizar alguns atributos ambientais irrisórios, enquanto são ocultadas graves implicações negativas. Apresente um exemplo de material de construção que se enquadra nesse contexto e discuta seus efeitos negativos.

5. Relacione os princípios que devem ser observados pelo projetista das edificações ecoeficientes ao especificar os materiais de construção.

6. Elabore uma redação, com no máximo 15 linhas, indicando as vantagens conferidas pela utilização da madeira e do bambu nas edificações ecoeficientes.

7. A gestão dos resíduos da construção civil (RCC) representa um dos mais graves problemas que devem ser enfrentados pelos agentes que atuam no setor. Especifique alternativas que resultem em diminuição dos resíduos gerados nos canteiros de obras e propostas para a sua reutilização e reciclagem.

8. Para que os objetivos da edificação ecoeficiente sejam plenamente alcançados é indispensável a instrução de seus usuários. Para tanto, pode-se utilizar o Manual do Proprietário, de modo que o usuário seja informado acerca das peculiaridades da edificação. Relacione as informações que não podem faltar no Manual do Proprietário da edificação.

Capítulo 4

Sustentabilidade Econômica das Edificações

Objetivos de Aprendizagem

- Comparar os custos das construções convencionais com aqueles resultantes da implantação de medidas que tornam a edificação ecoeficiente.

- Apontar as medidas que geram os maiores custos e as que resultam em maiores benefícios para o usuário e qualidade ambiental.

- Identificar o diferencial das edificações ecoeficientes no mercado imobiliário.

Neste Capítulo você terá a oportunidade de refletir e aprofundar o seu entendimento acerca de duas questões fundamentais para o contexto das edificações ecoeficientes:

a. Qual o impacto no custo do empreendimento resultante da implantação dos princípios anteriormente descritos?

b. O cliente está disposto a pagar por eventuais aumentos nos preços dos empreendimentos ecoeficientes?

Você certamente concordará que a resposta à primeira questão está diretamente vinculada ao número de medidas implementadas nas diversas fases de construção do empreendimento. Também já deve ter percebido que nem todos os empresários do setor da construção civil estão suficientemente informados em relação a este assunto. Dessa forma, o mercado das edificações ecoeficientes já está se consolidando em algumas cidades, particularmente nas metrópoles, enquanto que é ainda incipiente em boa parte do Brasil.

Aquelas organizações que foram capazes de perceber que edificações com maior qualidade e durabilidade, confortáveis, que promovem o bem-estar de seus usuários e custos operacionais enxutos significam economias no longo prazo, já estão despontando neste mercado. Alguns dados apresentados neste Capítulo procedem de publicações relativas a empreendimentos construídos no Brasil, os quais trazem realidade aos exemplos e não apenas especulações.

Se ainda persiste a dúvida relativa ao nível de importância atribuída pelo consumidor, aos produtos sustentáveis, aproveitamos para apresentar dados relativos ao consumo consciente, publicados por Gama (2018). O texto expõe resultados de uma pesquisa realizada pelo Instituto Akatu, entre março e abril de 2018, em que foram entrevistadas 1.090 pessoas com mais de 16 anos, de todas as classes sociais e de 12 capitais ou regiões metropolitanas. A pesquisa identificou que 38% dos entrevistados incorporam mais de cinco práticas sustentáveis no seu dia a dia, representando um crescimento em relação à pesquisa realizada em 2012. Portanto, a percepção e importância atribuída ao tema pelos consumidores têm aumentado gradativamente.

Na mesma reportagem a jornalista menciona a fala de Helio Mattar, diretor-presidente do Instituto Akatu, o qual alerta que "a ideia de que ser sustentável é mais caro decorre da fama antiga dos alimentos orgânicos". Posteriormente, o representante desse Instituto complementa que "as empresas que fabricam produtos sustentáveis falam com uma minoria ainda. [...] Quem quiser ampliar mercado tem de ter boas práticas empresariais e divulgá-las consistentemente".

4.1 – Custo da sustentabilidade nas edificações

Quando iniciamos a abordagem acerca das edificações ecoeficientes, o leitor certamente deve ter refletido e elaborado as seguintes indagações: Qual o custo para a implantação de todas essas recomendações no empreendimento? Irei beneficiar o meio ambiente, mas é viável economicamente? Os clientes estão dispostos a pagar um preço maior para aquisição de empreendimentos sustentáveis?

Para responder a essas e outras questões, buscamos uma reportagem muito interessante, publicada pela Revista Construção Mercado, em 2008, que apresenta estudos elaborados por Luiz Henrique Ceotto, engenheiro civil com ampla experiência profissional. Na ocasião em que elaborou o estudo, esse profissional era diretor de design e construção da Tishman Speyer no Brasil – uma das maiores operadoras, desenvolvedoras e gestoras de investimentos imobiliários no mundo. A redação da reportagem referida é de Mirian Blanco.

Segundo Blanco (2008), a opção pela implantação de princípios fundamentados na sustentabilidade em edifícios residenciais esbarra na resistência de muitos empresários e até dos compradores de imóveis, que têm receio quanto à viabilidade e vantagens do negócio. No entanto, cita a autora, os exemplos de edificações consubstanciados no exterior – principalmente nos Estados Unidos e na Europa – indicam que os edifícios ecoeficientes são mais valorizados do que os edifícios convencionais, apresentam velocidade de comercialização e taxas de ocupação superiores, além de oferecerem aos compradores vantagens econômicas ao longo da vida útil.

A estratégia para comercialização dos imóveis considerados sustentáveis baseia-se na premissa de expor aos compradores as vantagens com a aquisição desse produto, cujos preços são competitivos e os custos de operação (condomínio + manutenção + concessionárias) são expressivamente inferiores aos dos edifícios convencionais. Logo, com a economia gerada na fase de operação, haverá retorno do capital investido e rentabilidade. Essas afirmações são baseadas em estudo desenvolvido pela Tishman Speyer do Brasil, em meados de 2008, alicerçado exclusivamente na economia de água e energia elétrica, os quais representam os insumos responsáveis pelos maiores índices de gastos de um imóvel durante a vida útil de 50 anos.

De acordo com o estudo, ressalta Blanco (2008), um investimento adicional de 5% sobre os custos de produção de um edifício residencial, para incorporar as medidas que resultam em eficiência das instalações elétricas e hidráulicas, converte-se em incremento no preço de venda do imóvel entre **2,5% a 3%**. Em seguida, o estudo avança no sentido de mostrar quais são os motivos que levam o consumidor a assumir esse adicional no preço de venda. A resposta encontra-se no curto prazo para o retorno do investimento (*payback*). A partir da implantação de instalações mais eficientes, o edifício tem uma redução no custo mensal de operação (condomínio + concessionárias) que representa uma redução de até 40% no valor das cotas condominiais, além da diminuição das despesas com água em até 50% e de energia elétrica em até 30%.

Os números do estudo, com valores válidos para o ano de 2008, seguem abaixo (BLANCO, 2008):

- O estudo da Tishman Speyer adotou, a título de exemplo, um apartamento com área de 120 m², com preço de venda de R$ 360.000,00. Considerou-se que o custo de construção equivale à metade do valor de venda;

- O incorporador que optar pela eficiência nas instalações elétricas e hidráulicas deverá investir um adicional de R$ 75,00/m², o que equivale a um incremento de **5% no custo de construção** e um reflexo de 2,5% no valor de venda;

- Supondo um impacto de 3% no preço de venda, o imóvel seria comercializado por R$ 370.800,00. Em contrapartida, o comprador terá uma economia mensal de R$ 3,00/m² no custo da operação do imóvel.

No exemplo, o comprador pagará R$ 10.800,00 a mais pela edificação ecoeficiente. Como deve receber o retorno mensal de R$ 3,00/m² em economia com a operação do imóvel, isso representa uma taxa de retorno de 4% ao mês (R$ 3,00/m² divididos por R$ 75,00/m²), que é muito superior à média do mercado.

Logo, se o investidor optar pela aquisição do imóvel sustentável terá uma economia mensal de R$ 360,00. Essa economia, se investida mensalmente em uma aplicação com rendimentos de 0,7% ao mês, totaliza, em 34 meses, R$ 13.765,00. Assim, os recursos auferidos nesse mesmo período são suficientes para pagar o investimento adicional (aplicando o mesmo rendimento de 0,7% sobre o investimento adicional de R$ 10.800,00, em 31 meses se obtém o total de R$ 13.596,00). Portanto, segundo os dados dessa simulação, em menos de três anos já se teria o retorno do investimento.

Obviamente que, em 50 anos de operação do edifício, a economia gerada com a implementação de pequenas soluções é tão brutal que paga de cinco a seis vezes o valor investido, afirmou Ceotto à reportagem.

Para a redução no consumo de energia elétrica, o referido estudo considerou instalados os seguintes dispositivos: medidores individuais, lâmpadas fluorescentes compactas, automação de elevadores e de iluminação, motores de frequência variável para elevadores e bombas, além de aquecimento solar de água. Por sua vez, para a economia de água foram considerados instalados: medidores individuais, chuveiros de baixo consumo, vaso sanitário com dupla descarga, reaproveitamento de águas cinzas, aproveitamento de águas pluviais na irrigação e automação da irrigação.

O impacto ambiental mais significativo das edificações ocorre durante a sua fase de uso, em que os fatores preponderantes são o consumo de água e de energia elétrica. A Figura 4.1 ilustra a estimativa da distribuição percentual do custo total de um edifício comercial ao longo de sua vida útil (de 50 anos). Entende-se por *custo total* a soma necessária para o projeto, construção, uso e operação, além dos custos para as adaptações no final da vida útil. As estimativas apresentadas têm como base estudos conduzidos pela Tishman Speyer, a partir de dados atualizados de mercado.

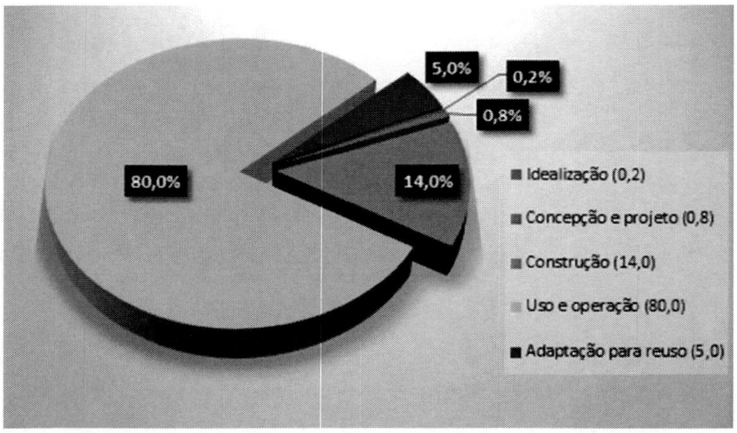

Fonte: Adaptado de Ceotto e Faversani Júnior (2013)

Figura 4.1 – Custo total de um edifício comercial em 50 anos

É pertinente complementar que em torno de 15% do custo total – que corresponde às etapas de Idealização, Concepção e projeto e Construção – são vinculados ao empreendimento em um período de aproximadamente três anos. Em outras palavras, a relevância dos custos totais de um empreendimento comercial encontra-se na fase de Uso e operação, justificando a atenção dispensada anteriormente para a economia de água e energia dessa etapa.

No entanto, a Figura 4.2 nos mostra que a possibilidade de interferência no custo total vai diminuindo acentuadamente após a fase de concepção e projeto da edificação. Isso demonstra claramente que a fase para se estudar as possibilidades que atendam aos requisitos do projeto ecoeficiente compreende as etapas iniciais, ou seja, a idealização, concepção e projeto. Aproximadamente 1% do custo total da edificação está envolvido nessas etapas, porém com a máxima possibilidade de interferências.

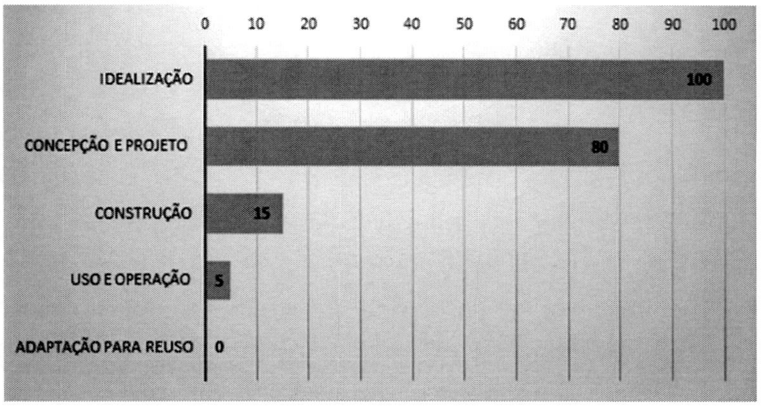

Fonte: Adaptado de Ceotto e Faversani Júnior (2013)

Figura 4.2 – Possibilidade de interferência no custo total de um edifício em 50 anos

É oportuno realçar a relevância da compatibilização dos projetos no contexto da sustentabilidade. Essa atividade envolve arquitetos e engenheiros em uma mesma interface com a meta de se antecipar conflitos que certamente ocorrerão na fase de execução da obra, gerando aumento de custos e prazos, desperdícios de materiais e mão de obra, resíduos, perda de funcionalidade, entre outros.

Quando se fala no investimento necessário para a obtenção das edificações ecoeficientes, os custos nem sempre são mais caros. O professor Vanderley M. John, da Escola Politécnica da Universidade de São Paulo, afirma para Blanco (2008) que se a empresa já tiver implantado um Sistema de Gestão da Qualidade (SGQ), é possível obter ganhos importantes com ecoeficiência sem nenhum investimento adicional.

Ainda de acordo com Blanco (2008), em 2006, a empresa BKO Empreendimentos Imobiliários lançou, em São Paulo, uma linha de empreendimentos residenciais com itens de sustentabilidade, aliando conceitos de qualidade de vida com redução de impactos ambientais e sociais. Além de vários itens incorporados, a empresa desenvolveu um sistema para reuso da água de pré-aquecimento de chuveiros. Calcula-se que o incremento no **custo da construção foi de 3,7%**. Com as inovações implantadas no empreendimento, a empresa estimou que o retorno do investimento inicial ocorreria em 74 meses.

Para o diretor dessa empresa, com o aumento do número de clientes que preferem as edificações ecoeficientes haverá a valorização desses imóveis e a consequente desvalorização dos empreendimentos convencionais. Paralelamente, os custos dos itens que conferem sustentabilidade à edificação também tendem a diminuir, além do incremento no rigor da legislação para preservação ambiental.

Outro exemplo de construção sustentável foi apresentado por Coelho (2010). Trata-se de uma loja de materiais de construção construída em 2009, na cidade de Niterói – RJ. Alguns itens foram incorporados nessa loja, tais como: o uso de piso de concreto polido, que dispensa cera ou removedor para a limpeza; a criação de um depósito de 150 mil litros para armazenamento de águas pluviais, a serem utilizadas para descargas nos vasos sanitários, limpeza da loja e manutenção de jardins; reaproveitamento do piso do antigo estacionamento que havia no local de implantação da loja; uso de tintas à base de água; válvulas sanitárias de duplo fluxo nos banheiros;

mictórios que não utilizam água e nem produtos químicos na descarga; ar-condicionado com ajuste automático de temperatura; coletores solares para aquecimento de água; iluminação da fachada com lâmpadas LED (*Light Emitting Diode*), entre outros.

Segundo Coelho (2010), com a implantação desses itens, a loja consegue economizar 50% de água potável e 17% de energia elétrica, quando comparada a um empreendimento convencional deste porte. Considerando-se a instalação dos diversos itens anteriormente relatados, o custo da obra teve **um acréscimo de 8%**, e os empreendedores esperavam que o retorno do investimento acontecesse em seis anos. As medidas selecionadas para mitigar os impactos da edificação foram decisivas na obtenção da certificação pelo processo AQUA.

Entre as práticas adotadas na fase de construção, destaca-se a implantação do Programa de Reciclagem de Resíduos, que envolveu a triagem e destinação de materiais inertes e não-inertes. O trabalho exigiu a identificação de empresas recicladoras na região da construção. Paralelamente, o material resultante da demolição de uma construção pré-existente no terreno foi reutilizado na obra, como berço para assentamento de tubulação e nos acessos ao canteiro. O restante foi enviado para empresas demolidoras. Adicionalmente, para evitar que os caminhões betoneira levassem concreto para as ruas do entorno, foram adotados lava-rodas no canteiro de obras (AECWEB, 2013).

Ceotto e Faversani Júnior (2013), participando da Conferência Latino-americana sobre Meio Ambiente e Responsabilidade Social, em 2007, afirmaram que:

- As medidas que caracterizam a construção sustentável têm reflexo entre **1 a 7% no custo da construção** e dependem da quantidade de itens incorporados;
- Espera-se o retorno do investimento em aproximadamente dois anos;
- Devem ser priorizados os itens de menor custo e maior impacto positivo (Quadro 4.1);
- Buscar soluções de fácil manutenção.

Quadro 4.1 – Alternativas de solução e seus impactos em edifícios residenciais

		Impacto nos custos		
		Alto	Médio	Baixo
Impacto positivo no meio ambiente	Alto	• Tratamento total de esgoto • Energia solar para aquecimento de água	• Aproveitamento de águas pluviais • Metais sanitários de baixo consumo • Medição individual de gás • Medição individual de água • Tratamento superficial no piso das garagens	• Retenção de água de chuva • Reserva de água de chuva • Lâmpadas de alta eficiência • Peças sanitárias de baixa vazão • Separação de lixo para reciclagem

		Impacto nos custos		
		Alto	Médio	Baixo
Impacto positivo no meio ambiente	Médio	• Reciclagem de água de banho e lavatório para uso em bacias sanitárias	• Automatização da irrigação de áreas verdes • Automação da iluminação nas áreas comuns • Vidro laminado	• Fachadas de cores bem claras • Cobertura vegetal no térreo • Isolamento térmico de coberturas
	Baixo	• Isolação térmica de fachadas • Uso de vidro insulado	• Automação de elevadores	• Uso de madeira reciclada nos móveis e revestimentos • Revestimentos de piso e paredes facilmente laváveis

Fonte: Ceotto (2008)

Obviamente que, ao longo do tempo, outras proposições foram acrescentadas ao contido no Quadro 4.1, como é o caso da implantação de painéis fotovoltaicos para a geração de energia na edificação. Tivemos a oportunidade de discutir muitos desses princípios ao longo do Capítulo 3 e complementaremos o tema com a apresentação detalhada das práticas para as edificações ecoeficientes, no Capítulo 6, expostas sinteticamente no formato de quadros.

4.2 – Mercado das edificações ecoeficientes

Infelizmente em quase todos os segmentos, e na construção civil não é diferente, houve uma banalização do conceito de sustentabilidade. Construir um edifício ecoeficiente, diferentemente do que alguns pensam, vai muito além do que plantar algumas árvores no local, instalar um coletor para águas pluviais e pintar o prédio de verde. Assim, para não ser ludibriado, o consumidor deve estar atento e, se possível, adquirir um imóvel cujos princípios de sustentabilidade incorporados sejam atestados por meio de uma certificação ambiental. Trataremos da certificação das edificações ecoeficientes no próximo Capítulo desta Unidade.

Para ter um produto diferenciado no mercado, além de poder confirmar que os preceitos da edificação ecoeficiente foram atendidos, o mercado imobiliário vem se adaptando e é cada vez maior o número de empreendedores que buscam a certificação ambiental de seus produtos. Nos grandes centros isso vem acontecendo não apenas com as edificações de alto padrão, que normalmente se destinam a abrigar a sede de grandes corporações, mas também junto aos edifícios residenciais. Com a implantação do selo Casa Azul, imagina-se que o mercado das edificações certificadas terá um grande incremento, já que o método para obtenção desse selo é bem simplificado, podendo ser aplicado em habitações de interesse social.

Ao perceber os benefícios financeiros proporcionados pela edificação ecoeficiente, resultantes da economia gerada na fase de uso e manutenção da edificação, o consumidor de grandes centros urbanos sentiu-se fortemente atraído para este mercado. Há registros de lançamentos de edifícios residenciais na cidade de São Paulo, os quais incorporam elementos da sustentabilidade, cuja comercialização total se deu em poucos dias. A edificação ecoeficiente se tornou, assim, uma forma de conseguir vantagens competitivas no mercado imobiliário, mas, lamentavelmente, um bom número de empresas construtoras e incorporadoras ainda não despertou para essa realidade.

Nem todos os consumidores estão devidamente informados acerca dos benefícios das edificações ecoeficientes, de modo que nem todos estão dispostos a pagar por esse investimento inicial. Todavia, Henrique (2019) relata que uma pesquisa realizada pela construtora e incorporadora Even (que atua nos estados de São Paulo, Rio de Janeiro, Minas Gerais e Rio Grande do Sul) confirmou a preocupação dos clientes com as questões ambientais. A partir da consulta realizada com 1.200 potenciais compradores dos seus imóveis residenciais, na cidade de São Paulo e no período de um ano, observou-se que mais de **60% deles manifestaram que a sustentabilidade influencia totalmente ou muito na decisão pela compra do apartamento**.

Por sua vez, Blanco (2008) relata os atrativos para o empresário da construção ao apostar em edifícios ecoeficientes: ter um produto diferenciado, com maior velocidade de venda e valorização do imóvel em 14%, segundo estudos da Tishman Speyer; competitividade, pois força a desvalorização dos empreendimentos convencionais; e a menor velocidade de obsolescência, pois se espera que, no futuro, os elevados custos operacionais dos edifícios convencionais os tornem cada vez menos atrativos. Os constantes reajustes de tarifas para abastecimento de água e energia elétrica, acima dos índices oficiais de inflação, justificam também a preocupação com a diminuição do consumo desses insumos.

Síntese do Capítulo

Em diversos países europeus e nos Estados Unidos, a produção de edificações ecoeficientes já se consolidou, demonstrando que os paradigmas atuais precisam ser rompidos em muitas localidades e países, uma vez que os impactos ambientais gerados por essas edificações são bem menores quando comparados às edificações convencionais. Adicionalmente, o custo para operação e manutenção das edificações ecoeficientes se torna bem menor – com a previsão de redução no consumo de energia elétrica em até 30%, além de redução em até 50% na conta de água.

Dados coletados junto a empresas que realizaram a construção de empreendimentos sustentáveis indicam um acréscimo entre 1 a 7% nos custos da edificação. Todavia, nem sempre esse percentual é repassado integralmente ao preço do imóvel, pois os custos com a construção podem resultar em aproximadamente 50% do valor venal do imóvel. Com base nisso, algumas construtoras assumem o percentual de acréscimo, mas mesmo assim ainda notam vantagens, por conta da capacidade de atração dos clientes e a consequente ampliação da velocidade de venda dos empreendimentos.

Observa-se que o mercado das edificações ecoeficientes está em fase de consolidação nos grandes centros urbanos, mas há muitas cidades brasileiras em que o projeto, produção e comercialização desses imóveis ainda não foram explorados. Nesse caso, os construtores e incorporadores certamente ainda não foram devidamente instruídos para perceber o potencial desse segmento do mercado.

Atividades de Aprendizagem

1. Imagine-se na condição de vendedor de imóveis e você tem um apartamento para comercializar localizado em um edifício ecoeficiente. Informe os argumentos que você apresentaria ao cliente para convencê-lo a comprar o referido imóvel.

2. Reúna dados relativos à experiência de consumo do brasileiro e explique, com base nesses dados, como tem sido a evolução da consciência do consumidor em relação aos produtos sustentáveis.

3. Elabore uma pesquisa, pela internet, a respeito do mercado das edificações ecoeficientes em grandes cidades. Busque dados de comercialização de imóveis, velocidade de venda dos lançamentos imobiliários etc.

Capítulo 5

Gestão Ambiental e Certificações

Objetivos de Aprendizagem

- Compreender a evolução da legislação ambiental brasileira e suas implicações.
- Relacionar os principais instrumentos de certificação ambiental das edificações, suas características e aplicabilidade.
- Reconhecer as principais ferramentas adotadas para a gestão ambiental no Brasil.
- Compreender a importância de implantação de um Sistema de Gestão Ambiental e os seus fundamentos.
- Identificar os desafios para a realização da Avaliação do Ciclo de Vida das edificações e as ferramentas disponíveis.

Caro leitor, nos capítulos anteriores você foi convidado a refletir e aprofundar seus conhecimentos a respeito de temas relevantes para a caracterização e conceituação das edificações ecoeficientes. Além disso, você contemplou os possíveis impactos financeiros decorrentes da incorporação dos princípios que qualificam os empreendimentos sustentáveis. Porém, mesmo que sinteticamente, não podemos deixar de abordar alguns temas complementares que foram reunidos neste Capítulo.

Você verá, na Seção inicial, um relato do progresso e consolidação da legislação ambiental brasileira. A Conferência de Estocolmo, de fato, é um divisor de águas no tocante a essa temática. Hoje dispomos de uma legislação rigorosa e abrangente, o que não nos permite comemorar efusivamente, já que a legislação por si só não traz resultados positivos se não houver disposição em cumpri-la e fiscalização eficiente. Em um país com dimensões continentais, pressupõe-se que há muito para melhorar nesse sentido.

Na sequência, você terá oportunidade de conhecer as principais ferramentas para a certificação das edificações ecoeficientes que cotidianamente estão sendo aplicadas no Brasil. Em seguida, será apresentado o conceito de Sistema de Gestão Ambiental (SGA), o qual compreende ações administrativas orientadas no sentido de reduzir os impactos ambientais decorrentes das operações das empresas. Caso seja implantado em conformidade com as normas da série ISO 14.000, o Sistema de Gestão Ambiental permite a certificação das empresas ou de parte de seus processos produtivos.

Por fim, este Capítulo se encerra com a apresentação da Avaliação do Ciclo de Vida, que consiste em uma abordagem atual e abrangente de identificação e mensuração dos impactos relativos aos produtos. A análise tem início na extração das matérias-primas e percorre todo o ciclo de vida do produto, incluindo a sua deposição final.

Boa leitura! Bons estudos!

5.1 – Legislação ambiental brasileira

No Capítulo 2 apresentamos uma síntese evolutiva das preocupações com as questões ambientais e, naquela ocasião, ressaltamos a contribuição da Conferência de Estocolmo, que serviu como um marco em relação a esta temática. A partir de então, a sociedade civil passou a pressionar as autoridades públicas com vistas à implantação de políticas de proteção do meio ambiente.

A partir dos anos 70, a ONU começou a estimular o estabelecimento de acordos multilaterais para combater a depredação ambiental. No entanto, as diretrizes estabelecidas no âmbito das Nações Unidas, no que se refere à exploração do meio ambiente, não se concretizariam se elas não estivessem devidamente incorporadas nas legislações ambientais de cada país. Foi nesse contexto, portanto, que a partir da segunda metade do século XX surgiram as legislações voltadas para a proteção do meio ambiente. Nas próximas linhas apresentaremos uma síntese dessas leis, evidenciando-se aquelas que têm maior relação com o setor da construção civil, sem, contudo, ambicionar o esgotamento do assunto na visita a esse tema.

A legislação ambiental emergiu da necessidade do poder público "restringir e direcionar a atividade econômica, impondo aos usuários de recursos naturais obrigações antes inexistentes, relativas a evitar danos ao meio ambiente" (GRANZIERA, 2011, p. 421). Desse modo, no estabelecimento das políticas ambientais foram instituídos os **instrumentos de comando e controle**, que representam o conjunto de restrições e proibições legais impostas aos cidadãos e à iniciativa privada com o objetivo de regular sua atuação sobre o meio ambiente (COACHMAN, 2011).

5.1.1 Período precedente à Convenção de Estocolmo

Em 1824, o Brasil conhecia a sua primeira Constituição. Inspirado nas leis francesas, esse documento garantiu as liberdades individuais e os princípios liberais, mas centralizou em D. Pedro I o poder político administrativo. Esse documento não incluía nenhuma menção às questões ambientais. Somente em 1850, por meio da Lei n° 601, é que houve o primeiro registro de uma norma imperial que tornava ilegal a derrubada de matas e a realização de queimadas em terras devolutas e alheias, prevendo punições administrativas e penais para os culpados (COACHMAN, 2011).

A primeira constituição republicana foi promulgada em 1891 e esse documento apresentou alguns avanços em matéria ambiental quando comparado com o seu antecessor. Segundo Coachman (2011), essa carta magna atribuía ao Congresso Nacional a responsabilidade de formular regras para a exploração das terras e minas da União.

No período conhecido como República Velha (1889 a 1929), o País experimentou profundas transformações econômicas e sociais. Foram dados os primeiros passos rumo à industrialização e o fenômeno de urbanização se tornou realidade. De fato, a preocupação com as questões ambientais só chegou ao poder público em 1930. Naquele cenário turbulento é outorgada, em 1934, a terceira constituição brasileira. Esse documento garantiu à União o direito exclusivo de legislar sobre a água, a pesca, a caça, as riquezas do subsolo e a energia hidrelétrica. As leis elaboradas nessa época serviram para embasar a política ambiental brasileira. Ainda em 1934, o Decreto n° 23.793 incorpora o Código Florestal à nossa legislação, ampliando o conceito de florestas de preservação permanente. Nesse mesmo ano também entram em vigor os Códigos de Caça, Minas e Águas.

Em 1937, o governo de Getúlio Vargas elabora uma nova constituição, confirmando a autoridade federal sobre minérios, águas, florestas, caça e pesca, mas, desta vez, reparte com os municípios o dever de cuidar das riquezas culturais e naturais. Uma nova Carta Magna entrou em vigor em 1946, mas substancialmente nada foi acrescentado em termos de cuidados com o meio ambiente.

A política desenvolvimentista de Juscelino Kubitscheck marca as décadas de 1950 e 1960, impulsionando a implantação do parque industrial brasileiro. Como consequência, os primeiros problemas relacionados com a poluição começam a chamar a atenção pública. Até meados da década de 1970, ressalta Barbieri (2007), a poluição industrial era tida como um sinal de progresso e, por isso, muito bem-vinda para muitos políticos e cidadãos.

5.1.2 Legislação promulgada após a Conferência de Estocolmo

Apesar dessas esparsas iniciativas de regulamentação de exploração dos recursos naturais, a Conferência de Estocolmo foi responsável pelo desenvolvimento da legislação ambiental em todo o mundo, na medida em que despertou as sociedades locais para a importância do respeito à natureza (COACHMAN, 2011). Aos poucos, o governo militar vigente à época começa a absorver o "efeito Estocolmo" e, em 1973, cria a Secretaria Especial do Meio Ambiente (Sema). Essa secretaria deixou legados fundamentais, dentre eles a Convenção Internacional sobre a Responsabilidade Civil em Danos Causados por Poluição por Óleo (Decreto n° 79.437, de 30 de setembro de 1976) e as bases da política ambiental brasileira.

Em 31 de agosto de 1981 aprova-se a **Lei n° 6.938**, alcunhada ***Política Nacional do Meio Ambiente (PNMA)***, que corresponde ao marco do direito ambiental brasileiro. Nessa lei integram-se as regulamentações pontuais anteriormente relatadas, abordando-se os problemas ambientais de forma sistêmica. Coachman (2011, p.161) ressalta que, "pela primeira vez, a legislação ambiental brasileira olhou para a conservação do patrimônio natural de forma holística, buscando equilibrar seus interesses com as metas de ordem econômica". Com efeito, o País passava por uma turbulência econômica, com inflação elevadíssima, e era indispensável a conciliação entre os aspectos econômicos e ambientais.

Granziera (2011, p.73) afirma que a aprovação da Lei nº 6.938 "mudou definitivamente a forma de tratar as atividades humanas, estabelecendo-se um vínculo de natureza legal entre o desenvolvimento e a proteção do meio ambiente". Com ela foram estabelecidas inovações relevantes, tais como a responsabilidade por dano ambiental e a legitimidade para propor ação de indenização por dano ambiental.

Importantes conquistas foram alcançadas com a promulgação dessa lei, dentre elas a constituição do Sistema Nacional do Meio Ambiente (SISNAMA) e a **criação do Conselho Nacional do Meio Ambiente (CONAMA)**, este último com a finalidade de assessorar, estudar e propor diretrizes de políticas governamentais para o meio ambiente e os recursos naturais, além de deliberar sobre normas e padrões compatíveis com o meio ambiente ecologicamente equilibrado e essencial à sadia qualidade de vida.

As Resoluções CONAMA, que vêm sendo editadas desde 1984, estabelecem as regras norteadoras do licenciamento de atividades efetiva ou potencialmente poluidoras. Essas regras constituem a estrutura normativa que regulamenta a Política Nacional do Meio Ambiente (GRANZIERA, 2011). Dentre as várias normas emitidas pelo CONAMA, cabe-nos realçar a **Resolução n° 307**, de 05 de julho de 2002, que estabelece diretrizes, critérios e procedimentos para a gestão dos resíduos da construção civil.

A Política Nacional para o Meio Ambiente se consolida, definitivamente, com a **promulgação da atual Carga Magna,** em 05 de outubro de 1988. A Constituição da República Federativa do Brasil dedica um capítulo inteiro à questão ambiental (artigo 225), em que são mantidos e ampliados os princípios anteriormente propostos. Quatro princípios fundamentais são apresentados na atual Constituição (COACHMAN, 2011, p. 163):

- Direito coletivo ao meio ambiente equilibrado, como condição fundamental para a vida sadia;
- Defesa da ideia de que a preservação do bem ambiental beneficia não apenas as gerações presentes, mas também as futuras;
- Incentivo à proteção da natureza por meio da educação ambiental em todos os níveis de ensino;
- Ratificação do princípio do poluidor pagador.

Outro destaque da Constituição de 1988 relaciona-se com a valorização dos **Estudos de Impacto Ambiental** (EIA) – regulamentados anteriormente pela Lei nº 6.803, de 02 de junho de 1980 –, obrigando os responsáveis pela implantação de atividades potencialmente poluidoras à condução dos EIA, de modo que sejam demonstrados os efeitos do empreendimento às autoridades competentes.

Outra lei que merece destaque, nesta síntese aqui alinhavada, é a **Lei nº 9.605**, conhecida como *Lei de Crimes Ambientais*, sancionada em 12 de fevereiro de 1998 e que estabelece sanções penais e administrativas aos culpados por crimes ambientais.

Em 2 de agosto de 2010 é sancionada a **Lei nº 12.305**, que institui a *Política Nacional de Resíduos Sólidos (PNRS)*, a qual dispõe sobre seus princípios, objetivos e instrumentos, bem como sobre as diretrizes relativas à gestão integrada e ao gerenciamento de resíduos sólidos, incluindo os perigosos (BRASIL, 2010). A PNRS cria os planos de resíduos sólidos, a coleta seletiva, os sistemas de logística reversa, incentiva a criação de cooperativas de catadores de materiais recicláveis, o monitoramento e a fiscalização ambiental, além de incentivos fiscais e financeiros.

Coachman (2011, p.164) afirma que "apesar de extensa, a legislação brasileira está muito presa aos instrumentos de comando e controle", ou seja, foca-se excessivamente em métodos de monitoramento e punição e faltam iniciativas de fomento à prevenção dos problemas ambientais.

5.2 – Certificação das edificações ecoeficientes

No Capítulo 3 o leitor pôde constatar o elevado número de princípios e medidas que são exigidos para constituir uma edificação ecoeficiente, que vão desde o projeto até a fase de operação do empreendimento. Vimos também, no Capítulo 2, que as edificações ecoeficientes se diferenciam das convencionais por uma série de méritos que, via de regra, não são facilmente identificados por quem passa em frente e observa o empreendimento. Desse modo, podemos formular as perguntas: Como reconhecer a edificação ecoeficiente? Como evitar o oportunismo de empresas que praticam a maquiagem verde?

Com o intuito de informar os consumidores ou usuários acerca das características incorporadas em produtos ou serviços benéficas ao meio ambiente, na década de 1970 iniciou-se a criação dos **selos** ou **rótulos ambientais**. Peculiaridades dos produtos ou serviços, tais como: biodegradabilidade, retornabilidade, uso de material reciclado, eficiência energética e outros são considerados para conferir ao produto ou serviço uma distinção (BARBIERI, 2007). O rótulo verde Anjo Azul, criado em 1977 pelo órgão ambiental do governo federal da Alemanha, é o mais antigo deles.

As normas da família ISO 14.000 classificam os rótulos ambientais em três tipos. Segundo Barbieri (2007), os rótulos tipo I são aqueles criados por entidades independentes e conferidos aos produtos que apresentem determinados padrões ambientais desejáveis na sua categoria. O selo Anjo Azul é exemplo desse tipo de rótulo. O rótulo tipo II – objeto da norma ABNT NBR ISO 14.021:2013 – refere-se à reivindicação de autodeclaração, sem certificação independente. As autodeclarações mais comuns são os símbolos de reciclabilidade estampados nas embalagens dos produtos. Por fim, os rótulos do tipo III – objeto da norma ISO 14.025:2006 – informam os dados ambientais dos produtos, os quais são quantificados por meio de um conjunto de parâmetros previamente selecionados e baseados na Avaliação do Ciclo de Vida. São rótulos concedidos e licenciados por entidades de terceira parte, ou seja, organizações certificadoras independentes. O rótulo brasileiro Procel é um exemplo bem conhecido desse último tipo.

Para certificar as edificações ecoeficientes também foram desenvolvidas ferramentas, de modo que os consumidores e usuários tenham ciência de que as edificações incorporam os requisitos que as tornam ambientalmente menos impactantes. Muitos selos foram criados em todas as partes do mundo, inclusive no Brasil. Alguns deles tornaram-se mundialmente famosos, mas sua aplicabilidade em quaisquer regiões do Planeta, indistintamente, é alvo de constantes críticas. Na sequência apresentaremos alguns dos selos mais difundidos no País.

Nos sistemas de certificação são definidas as diretrizes e os níveis de eficiência que as edificações devem alcançar para serem consideradas sustentáveis. Keeler e Burke (2010) ressaltam que essas diretrizes podem conter exigências relacionadas à localização do terreno e suas relações com o entorno, ao uso de materiais de construção isentos de toxinas prejudiciais ao meio ambiente e à saúde humana, ao uso de madeiras certificadas, à reutilização de materiais, à diminuição dos resíduos sólidos gerados, à eficiência energética e outras. Os autores ainda realçam que os sistemas de certificação são frequentemente criticados por não se aprofundarem na questão da sustentabilidade, abordando superficialmente alguns temas importantes.

Desse modo, dos sistemas de certificação emergem padrões, critérios e escalas para avaliar as estratégias sustentáveis incorporadas às edificações. Permitem, assim, que as edificações ecoeficientes sejam comparadas às convencionais. Para serem eficientes e distantes da subjetividade, os sistemas precisam ser verificáveis, mensuráveis, quantificáveis e tecnicamente consistentes.

Apesar de uma pequena elevação nos custos do empreendimento, conforme vimos no Capítulo 4, em termos de mercado as edificações que atingem pontuações elevadas nos sistemas de certificação atraem investimentos, consolidam-se como vantagens competitivas, disponibilizam benefícios econômicos para os usuários, resultam em menores consumos de água e energia, dentre tantos benefícios. Como consequência, a demanda por edificações ecoeficientes certificadas tem sido crescente e transformará, no futuro, a maneira de se projetar, construir e vender edificações, conforme ressaltam Keeler e Burke (2010). Alguns municípios dos Estados Unidos já têm adotado as exigências dos sistemas de certificação para elaborar legislações que regulamentam a construção de novos empreendimentos.

5.2.1 BREEAM

O *Building Research Establishment Environmental Assessment Method* (BREEAM) foi concebido no Reino Unido, em 1990, pelo *Building Research Establishment Ltd.* (BRE). Trata-se de um dos sistemas de certificação mais antigos, sendo mundialmente adotado e inspirou o desenvolvimento de vários sistemas de certificação de outros países.

Esta ferramenta de certificação das edificações ecoeficientes se diferencia das demais pelo rigor e profundidade de seus critérios, os quais são constantemente atualizados e resultam de pesquisas acadêmicas e avaliações do ciclo de vida de materiais e sistemas construtivos. Possui flexibilidade para ser adaptável a diferentes culturas e calibrado às particularidades regionais, por isso constitui-se em um sistema aplicado mundialmente.

O BREEAM confere pontuação para o desempenho do edifício que se traduz em benefícios ambientais, conforto e saúde para os usuários da edificação, além de prevenção de impactos ao meio ambiente, agrupando as exigências nos seguintes critérios:

Energia – eficiência energética e redução de emissões de dióxido de carbono;
Gerenciamento – política de gerenciamento da obra;

Saúde e bem-estar – conforto acústico, luminoso e qualidade do ar;
Transporte – emissões de CO_2 relacionadas ao transporte;
Água – consumo e eficiência das edificações;
Materiais – impactos incorporados nos materiais, incluindo ciclo de vida e emissões de CO_2;
Resíduos – eficiência dos recursos utilizados para a construção e gerenciamento dos seus descartes;
Uso da terra – pegada ecológica dos edifícios e terrenos;
Poluição – controle de poluição do ar exterior e água;
Ecologia – valor ecológico e preservação do terreno.

De acordo com Pinheiro (2006), o sistema BREEAM permite avaliar o desempenho ambiental de vários tipos de edificações, tais como: habitações (*EcoHomes*), edifícios para escritórios (*Offices*), unidades industriais (*Industrial BREEAM*), edifícios comerciais (*BREEAM Retail*) e ainda um sistema aberto para outras tipologias (*Bespoke BREEAM*). Também já estão disponíveis os sistemas para certificação de escolas, hospitais e instalações penitenciárias.

5.2.2 LEED

O *Leadership in Energy and Environmental Design* (LEED) – Programa Liderança em Projeto de Energia e Ambiental – foi elaborado em 1998 pelo *U.S. Green Building Council* (USGBC), instituição que busca promover a implantação de edifícios ecoeficientes e lucrativos, constituindo-se em lugares saudáveis para se viver e trabalhar. Em 2007 foi criado, no Brasil, o *Green Building Council Brasil* (GBCB), órgão vinculado ao USGBC e que tem a meta de contribuir para o desenvolvimento das edificações ecoeficientes no País.

Na verdade, o LEED constitui-se em um conjunto de sistemas de certificação que é voltado para o mercado, dedicado especialmente a edificações de alto desempenho. O GBC Brasil (2019) informa que até o final de 2018 havia 533 empreendimentos certificados no Brasil, não contemplando o *LEED for Homes*, colocando o País na 4ª posição do ranking mundial de edifícios certificados. Em 2015 foram 96 certificações concedidas em um único ano. Dentre as edificações certificadas 56% situam-se no Estado de São Paulo e 44% delas são edificações comerciais. O sistema também certifica profissionais para atuarem no projeto das edificações ecoeficientes.

Keeler e Burke (2010) afirmam que, em seus primeiros anos de criação, o LEED também provocou controvérsias significativas, dentre as quais a inclusão da decisão relativa à concessão de um ponto ao empreendimento que optasse pela não utilização do PVC.

No sítio do *Green Building Council Brasil* se colocam os benefícios esperados para as edificações certificadas quanto aos aspectos econômicos, sociais e ambientais. O sistema de certificação avalia as seguintes dimensões do empreendimento:

- *Sustainable sites* (Espaço Sustentável) – Encoraja estratégias que minimizam o impacto no ecossistema durante a implantação da edificação e aborda questões fundamentais de grandes centros urbanos, como as ilhas de calor e a redução do uso do automóvel;

- *Water efficiency* (Eficiência do uso da água) – Promove inovações para o uso racional da água, com foco na redução do consumo de água potável e alternativas de tratamento e reuso dos recursos;

- *Energy and atmosphere* (Energia e Atmosfera) – Promove eficiência energética nas edificações por meio de estratégias simples e inovadoras, tais como, por exemplo, simulações energéticas, medições, comissionamento de sistemas e utilização de equipamentos e sistemas eficientes;

- *Materials and resources* (Materiais e Recursos) – Encoraja o uso de materiais de baixo impacto ambiental (reciclados, regionais, recicláveis, de reuso etc.) e reduz a geração de resíduos, além de promover o descarte consciente, desviando o volume de resíduos gerados dos aterros sanitários;

- *Indoor environmental quality* (Qualidade ambiental interna) – Promove a qualidade ambiental interna do ar, essencial para ambientes com alta permanência de pessoas, com foco na escolha de materiais com baixa emissão de compostos orgânicos voláteis, controlabilidade de sistemas, conforto térmico e priorização de espaços com vista externa e luz natural;

- *Innovation in design or innovation in operations* (Inovação e Processos) – Incentiva a busca de conhecimento sobre edificações sustentáveis, assim como a criação de medidas projetuais não descritas nas categorias do LEED;

- *Regional priority credits* (Créditos de Prioridade Regional) – Incentiva os créditos definidos como prioridade regional para cada país, de acordo com as diferenças ambientais, sociais e econômicas existentes em cada local.

O sistema LEED é um programa de adesão voluntária e pode ser aplicado a qualquer tipo de empreendimento. O selo obtido é a confirmação de que foram atendidos satisfatoriamente os requisitos avaliados, conforme acima explicitados. O método de avaliação consiste na atribuição de pontos para os itens exigíveis, os quais variam dependendo da categoria de certificação em: Certificação Básica (26 a 32 pontos), Prata (33 a 38 pontos), Ouro (39 a 51 pontos) e Platina (52 a 69 pontos). Aplica-se a diferentes tipos de edificações, sendo alguns exemplos relacionados no Quadro 5.1, cujas pontuações e pré-requisitos variam conforme a categoria de certificação.

Quadro 5.1 – Categorias de certificação LEED

CATEGORIAS	DESCRIÇÃO
LEED NC	Novas construções e grandes projetos de renovação
LEED ND	Desenvolvimento de bairros (localidades)
LEED CS	Projetos da envoltória e parte central do edifício
LEED Retail NC e CI	Lojas de varejo
LEED Healthcare	Unidades de saúde

CATEGORIAS	DESCRIÇÃO
LEED EB-OM	Operações de manutenção de edifícios existentes
LEED CI	Projetos de interiores e edifícios comerciais

Fonte: GBCB (2019)

5.2.3 Processo AQUA

Em 1997, na França, foi criada a associação *Haute Qualité Environnementale* (HQE), destinada ao desenvolvimento da gestão da qualidade ambiental nos edifícios. Os princípios da qualidade ambiental defendidos pela HQE consistem em (PINHEIRO, 2006, p.172):

(1) reduzir os impactos dos edifícios sobre o ambiente exterior, ao nível global, regional e local;
(2) criar um ambiente interior confortável e sadio para os utilizadores.

O processo Alta Qualidade Ambiental (AQUA) de certificação é a versão adaptada do HQE, implantada no Brasil em 2007 pela Fundação Vanzolini – instituição privada sem fins lucrativos. O processo visa garantir a qualidade ambiental de um novo empreendimento, ou da reabilitação de construções antigas, utilizando-se de auditorias presenciais independentes. Os benefícios da certificação pelo Processo AQUA incluem melhorias que atingem o empreendedor, o comprador e a questão socioambiental.

A decisão pela certificação do empreendimento pelo Processo AQUA também é voluntária. De acordo com a versão 2013 do Referencial Técnico de Certificação de Edifícios Habitacionais, a qualidade ambiental do edifício estrutura-se em 14 categorias, as quais são reunidas em quatro famílias:

A – Sítio e Construção
Categoria n° 1: Relação do edifício com o seu entorno;
Categoria n° 2: Escolha integrada de produtos, sistemas e processos construtivos;
Categoria n° 3: Canteiro de obras com baixo impacto ambiental;

B – Gestão
Categoria n° 4: Gestão da energia;
Categoria n° 5: Gestão da água;
Categoria n° 6: Gestão dos resíduos de uso e operação do edifício;
Categoria n° 7: Manutenção - Permanência do desempenho ambiental;

C – Conforto
Categoria n° 8: Conforto higrotérmico;
Categoria n° 9: Conforto acústico;
Categoria n° 10: Conforto visual;
Categoria n° 11: Conforto olfativo;

D – Saúde

Categoria n° 12: Qualidade sanitária dos ambientes;

Categoria n° 13: Qualidade sanitária do ar;

Categoria n° 14: Qualidade sanitária da água.

A certificação AQUA é concedida ou não ao empreendimento, não existindo níveis intermediários. O sistema baseia-se em desempenho e, assim, cada uma das 14 categorias do Processo AQUA pode ser classificada nos níveis: Bom (práticas correntes, legislação), Superior (boas práticas) e Excelente (melhores práticas). Cabe ao empreendedor definir quais categorias atingirão a classificação máxima, intermediária ou mínima, dependendo do contexto e de sua estratégia de sustentabilidade. Para ser certificado, o empreendimento deve obter no mínimo três categorias no nível EXCELENTE e no máximo sete no nível BOM.

Agopyan e John (2011) afirmam que todos esses métodos de certificação das construções (BREEAM, LEED, Processo AQUA) foram desenvolvidos de acordo com uma agenda dos países de origem e buscam promover suas políticas públicas. Os autores realçam que esses métodos não consideram problemas ambientais gravíssimos, como perdas de materiais na obra e informalidade, comuns no nosso país. Concluem afirmando que o alcance prático desses métodos, no Brasil, é limitado à promoção da discussão do tema e à criação de um mercado de consultoria crescente, que deverá ser importante para o futuro do País.

Ainda que essas ferramentas de certificação sejam indispensáveis para trazer credibilidade às edificações ecoeficientes, evitando que o consumidor seja iludido pelas práticas de *greenwashing*, a obtenção da certificação não é garantia da inexistência de prática desaconselhável em alguma das fases de produção do edifício. No Brasil, há um caso famoso de edificação que durante a fase de execução foi interditada duas vezes por causa do emprego de trabalhadores no regime de semiescravidão, e mesmo assim este empreendimento ostenta a certificação LEED.

5.2.4 Selo CASA AZUL

O selo Casa Azul é um instrumento de certificação criado pela Caixa Econômica Federal, que objetiva classificar do ponto de vista socioambiental os projetos de empreendimentos habitacionais. Trata-se do primeiro sistema de classificação da sustentabilidade de projetos habitacionais ofertado no Brasil, em vigor desde 2008, e desenvolvido para a realidade da construção habitacional do País. O sistema busca reconhecer os empreendimentos que adotam soluções mais eficientes aplicadas à construção, ao uso, à ocupação e à manutenção das edificações, com o intuito de incentivar o uso racional de recursos naturais e a melhoria da qualidade da habitação e de seu entorno.

John e Prado (2010) ressaltam que o selo se aplica a todos os tipos de projetos de empreendimentos habitacionais, podendo se candidatar ao selo as empresas privadas, o poder público, empresas públicas de habitação, cooperativas, associações e entidades representantes de movimentos sociais.

Para a concessão da certificação, que também é voluntária, o empreendedor deve submeter o projeto à avaliação procedida pela Caixa Econômica Federal, que durante a análise de viabilidade técnica do empreendimento verificará o atendimento aos critérios estabelecidos pelo instrumento. A certificação Casa Azul possui 53 critérios de avaliação, distribuídos em seis categorias que orientam a classificação do projeto, conforme segue:

- Qualidade urbana (agrupa 5 critérios);
- Projeto e conforto (agrupa 11 critérios);
- Eficiência energética (agrupa 8 critérios);
- Conservação de recursos materiais (agrupa 10 critérios);
- Gestão da água (agrupa 8 critérios);
- Práticas sociais (agrupa 11 critérios).

Dependendo da quantidade de critérios atendidos, o empreendimento pode receber o selo correspondente ao nível BRONZE (que implica no atendimento mínimo de 19 critérios obrigatórios estabelecidos no instrumento de avaliação), nível PRATA (que compreende o atendimento aos critérios obrigatórios e mais seis itens de livre escolha do empreendedor) e nível OURO (que compreende o atendimento aos critérios obrigatórios e mais doze itens de livre escolha do empreendedor).

Com a implantação da certificação Casa Azul pretende-se incentivar o uso racional dos recursos naturais na construção habitacional, reduzir o custo de manutenção dos edifícios e as despesas mensais de seus usuários, bem como promover a conscientização de empreendedores e moradores acerca das vantagens das edificações ecoeficientes.

Segundo o sítio da Caixa Econômica Federal, o primeiro projeto a receber o selo Casa Azul foi o Residencial Bonelli, localizado no Município de Joinvile – SC. O empreendimento possui 45 unidades habitacionais e atendeu a 32 critérios do programa, recebendo, portanto, o selo nível Ouro.

5.3 – Sistemas de Gestão Ambiental

No Capítulo 1 deste livro dissemos que as ações antrópicas se constituíram em sérias ameaças à manutenção da vida no Planeta, sobretudo após a Revolução Industrial, quando foi introduzido o modelo de produção em massa. Nesta Seção vamos focar o papel que as organizações desempenham nesse contexto. Apesar de a legislação ambiental tornar-se cada vez mais rigorosa, ainda são frequentes os descasos, as omissões e os acidentes decorrentes do seu descumprimento.

No entanto, nos últimos anos se percebe algo de novo nesse cenário. Diversas organizações – especialmente as grandes empresas que adotam práticas motivadas pela responsabilidade social e pelo marketing verde – têm assumido o compromisso de mitigar suas ações impactantes ao meio ambiente. Por meio de ações planejadas, essas organizações cumprem, no mínimo, a legislação ambiental.

Lima e França (2013, p.92) realçam que "no processo de relacionamento e comunicação socioambiental, a abordagem de diálogo das organizações com seus grupos de interesse têm buscado refletir a atenção com o contexto da aplicação do chamado **Princípio da Precaução**". A lógica desse princípio indaga como reduzir ou eliminar danos e impõe que antes de lançar um determinado produto, a empresa investigue os possíveis prejuízos que possam causar aos trabalhadores, aos consumidores, à saúde pública e ao meio ambiente.

As corporações cumprem um papel importante na sociedade e seus responsáveis perceberam, assim que começou o debate acerca das preocupações com o meio ambiente (no final do século XX), que as organizações não poderiam ficar de fora. Iniciaram, pois, um movimento de melhoria nas suas relações com a natureza. Numa primeira fase adotaram uma postura reativa, ou seja, tratando a poluição gerada ao longo de seus processos produtivos. Na década de 1970, após a Conferência de Estocolmo, ingressaram numa nova fase: prevenção dos impactos ambientais. Ainda hoje há empresas que preferem "apagar incêndios" e só reagem para solucionar os problemas causados ou para evitar as elevadas multas que podem receber pelo desrespeito à legislação ambiental.

Para Curi (2012), controlar e prevenir a poluição eram o bastante para as empresas entrarem em sintonia, no passado, com as exigências da sociedade. Porém, na década de 1990, as exigências mudaram. Era necessário desenvolver, como explica a autora, um sistema que fosse capaz de realizar uma gestão ambiental, ou seja, elaborar um conjunto de ações no âmbito da empresa com o objetivo de diminuir o impacto negativo de suas atividades sobre a natureza.

No panorama brasileiro, Seiffert (2011) salienta que o meio empresarial, de forma geral, considera os problemas ambientais como secundários. Todavia, a partir da década de 1980, o governo passou a publicar regulamentações restringindo a poluição industrial, acarretando em mudanças nas formas de produção. Desse modo, nota-se que a intervenção governamental fomentou o desenvolvimento dos mecanismos da gestão ambiental empresarial.

Nesse contexto, a forma de gerenciar uma determinada organização, de modo a não destruir e prejudicar o meio ambiente, explica a função principal da gestão ambiental empresarial. Shigunov Neto *et al.* (2009) esclarecem que a **gestão ambiental empresarial** consiste em um conjunto de políticas, programas e práticas administrativas e operacionais que consideram a proteção do meio ambiente, quer eliminando ou reduzindo os danos resultantes de todas as operações da organização, incluindo todas as fases do ciclo de vida de um produto. Esses autores concluem que a gestão ambiental "é o gerenciamento eficaz do relacionamento entre a organização e o meio ambiente" (SHIGUNOV NETO *et al.*, 2009, p.17).

Por sua vez, Barbieri (2007, p.153) entende que o Sistema de Gestão Ambiental (SGA) é "um conjunto de atividades administrativas e operacionais inter-relacionadas para abordar os problemas ambientais atuais ou para evitar o seu surgimento". Assim, um SGA requer a formulação de diretrizes, definição de objetivos, coordenação de atividades e avaliação dos resultados. Como as ações são planejadas e coordenadas, espera-se que a organização seja capaz de obter melhores resultados com menos recursos. O SGA se consolida em um processo estruturado para atingir a melhoria contínua, mas o ritmo e a amplitude de sua implantação são determinados pela corporação.

Há diversos modelos de SGA que foram propostos por entidades nacionais e internacionais. Todavia, a empresa pode criar o seu próprio Sistema de Gestão Ambiental. Para isso, deve haver um sério comprometimento da organização com as questões ambientais. Num primeiro momento, o SGA adotado pela empresa deve garantir, no mínimo, o cumprimento da legislação ambiental. Mas o propósito de implantação do SGA deve ir além, ou seja, a empresa assume o compromisso de promover melhorias contínuas em suas rotinas, evitando ou prevenindo suas ações impactantes ao meio ambiente.

Lima e França (2013) entendem que o nível de detalhamento e de complexidade do SGA, a amplitude da documentação e os recursos a ele alocados, dentre outras características, dependem do porte da organização e da natureza das suas atividades. Ainda, segundo esses autores, espera-se que o SGA permita a uma organização:

- Estabelecer uma política ambiental apropriada para si;
- Identificar os aspectos ambientais decorrentes de atividades, produtos ou serviços da organização, passados, existentes ou planejados, para determinar os impactos ambientais significativos;
- Identificar os requisitos legais e regulamentos aplicáveis;
- Identificar prioridades e estabelecer objetivos e metas ambientais apropriados;
- Estabelecer uma estrutura e programa(s) para implementar a política e atingir os objetivos e metas;
- Facilitar as atividades de planejamento, controle, monitoramento, ação corretiva, auditoria e análise crítica, de forma a assegurar que a política seja obedecida e que o sistema de gestão ambiental permaneça apropriado;
- Ser capaz de adaptar-se às mudanças das circunstâncias (LIMA; FRANÇA, 2013, p.95).

Criada em 1947, a *International Organization for Standardization* (ISO) é uma instituição formada por órgãos internacionais de normatização, cujo objetivo consiste em "desenvolver a normatização e atividades relacionadas para facilitar as trocas de bens e serviços no mercado internacional e a cooperação entre os países nas esferas científicas, tecnológicas e produtivas" (BARBIERI, 2007, p.159). Por meio dos trabalhos realizados pelos integrantes dessa organização, em 1994 foi lançado o grupo de normas relacionadas com a gestão ambiental que compõe a série ISO 14.000. Possivelmente uma das mais conhecidas dessas normas é a ABNT NBR ISO 14.001:2004, que trata dos requisitos para o SGA, com orientações para uso.

A implantação dos requisitos da ABNT NBR ISO 14.001:2004 é voluntária e pode ser aplicada em qualquer organização, pública ou privada, independentemente do seu porte. Além disso, Barbieri (2007) ressalta que essa norma contém os requisitos que podem ser objetivamente auditados para fins de certificação, registro ou autodeclaração. Assim, nos dias atuais é cada vez mais frequente a busca pela certificação ambiental das empresas – ou de parte de seus processos – e o primeiro passo consiste na implantação do SGA e atendimento dos requisitos normativos.

Quais são os motivos que levam as empresas a adotar e praticar a gestão ambiental? Shigunov Neto *et al.* (2009, p.19) elencam diversas razões que representam os fundamentos básicos da implantação da gestão ambiental, a saber:

- Os recursos naturais são limitados e estão cada vez mais escassos, relativamente mais caros ou se encontram legalmente mais protegidos;
- Os bens naturais (água, ar etc.) passam a ter um custo elevado, deixando de ser disponibilizados sem custo na natureza;
- O crescimento populacional, principalmente nas grandes regiões metropolitanas e países menos desenvolvidos, exerce forte influência sobre o meio ambiente;
- A legislação ambiental exige cada vez mais respeito e cuidado com o meio ambiente;
- Pressões públicas de cunho local, nacional e mesmo internacional exigem cada vez mais responsabilidades ambientais das empresas;
- Bancos, financiadores e seguradoras dão privilégios a empresas ambientalmente sadias ou exigem taxas financeiras e valores de apólices mais elevados de firmas poluidoras;
- A sociedade em geral e a vizinhança em particular estão cada vez mais exigentes e críticos no que diz respeito a danos ambientais e à poluição provenientes de empresas e atividades;
- Compradores de produtos intermediários estão exigindo cada vez mais produtos que sejam manufaturados em condições favoráveis, pressionando seus fornecedores;
- A imagem de empresas ambientalmente saudáveis é mais bem aceita por acionistas, consumidores, fornecedores e autoridades públicas;
- Acionistas conscientes da responsabilidade ambiental preferem investir em empresas lucrativas e, ainda, ambientalmente responsáveis.

Esses autores complementam afirmando que a gestão ambiental tornou-se, e deverá continuar em ritmo cada vez mais crescente, importante instrumento de gerenciamento, com vistas a tornar as empresas competitivas.

Além da concorrência, das exigências dos consumidores, das imposições legais, o mercado internacional também impõe barreiras restritivas a produtos que resultem de processos ambientalmente agressivos. Desse modo, a gestão ambiental é uma condição para harmonizar os objetivos e necessidades organizacionais com as restrições ambientais.

5.4 – Avaliação do Ciclo de Vida

No momento de especificar materiais ou sistemas construtivos, o projetista seguramente ficará com dúvidas a respeito dos impactos ambientais – e como corolários imediatos os impactos sociais e econômicos – suscitados pela produção do material A ou B, ou qual sistema construtivo é menos impactante. Conforme dissemos no Capítulo 3, apesar de a madeira ser um material ecologicamente correto, a eventual exploração ilegal e as longas distâncias percorridas até chegar ao local de consumo podem serenar as vantagens de sua aplicação em edificações ecoeficientes. Em outro exemplo do cotidiano, é possível ter um material quimicamente inerte, mas cuja deposição e acúmulo ilegal dos resíduos sólidos acarretam em impactos na paisagem e ecossistemas.

Desse modo, o leitor está percebendo que não basta observar o processo produtivo, pois as agressões ambientais e sociais podem ocorrer em outras etapas, desde a extração das matérias-primas até a deposição ao final da vida útil do produto. O ciclo de vida que interessa à gestão ambiental envolve todos os estágios, que têm início na extração dos recursos naturais e término na deposição final dos resíduos de materiais e energia no meio ambiente. Desse modo, a avaliação compreende os estágios intermediários da produção, como o beneficiamento, transporte, estocagem e outros. A norma ISO 14.040:2006 define **ciclo de vida** como os estágios consecutivos e interligados de um sistema de produto, abrangendo desde a extração dos recursos naturais até a deposição final.

A Avaliação do Ciclo de Vida (ACV) – *Life Cycle Assessment* (LCA) – é, pois, um instrumento de gestão ambiental[10] e indicada para mensurar os possíveis impactos ambientais decorrentes da produção ou utilização de bens e serviços. A Figura 5.1 esquematiza a aplicação da ACV de produtos. De acordo com Barbieri (2007), a avaliação ambiental de produtos que considera o ciclo de vida é também conhecida pela expressão do *berço ao túmulo* (*cradle to grave*), sendo que o berço representa a fonte dos insumos primários e o túmulo indica o destino final dos resíduos que não serão reutilizados ou reciclados.

Porém, a visão linear ilustrada no lado esquerdo da Figura 5.1, em que o ciclo de vida de um produto é descrito pela extração, produção e descarte, foi contestada pelos autores William McDonough e Michael Braungart, com a publicação do livro que trata da visão cíclica do processo, denominada do *berço ao berço* (*Cradle to Cradle* ou C2C). No Brasil, o livro foi publicado em 2013 tendo o título "***Cradle to Cradle***: Criar e Reciclar Ilimitadamente". Na visão desses autores, o ciclo de vida dos produtos deve ser encarado revisando "nossas estratégias de sustentabilidade de uma forma além da redução ou minimização de danos, adotando em seu lugar uma política efetiva de otimização de ganhos" (GEJER, L.; TENNENBAUM, C., 2017, p.17). Nesse sentido, o modelo proposto rejeita a ideia de resíduos.

10 Instumento de gestão ambiental é qualquer meio ou ferramenta utilizada para alcançar objetivos específicos em matéria ambiental, como é o caso do licenciamento ambiental.

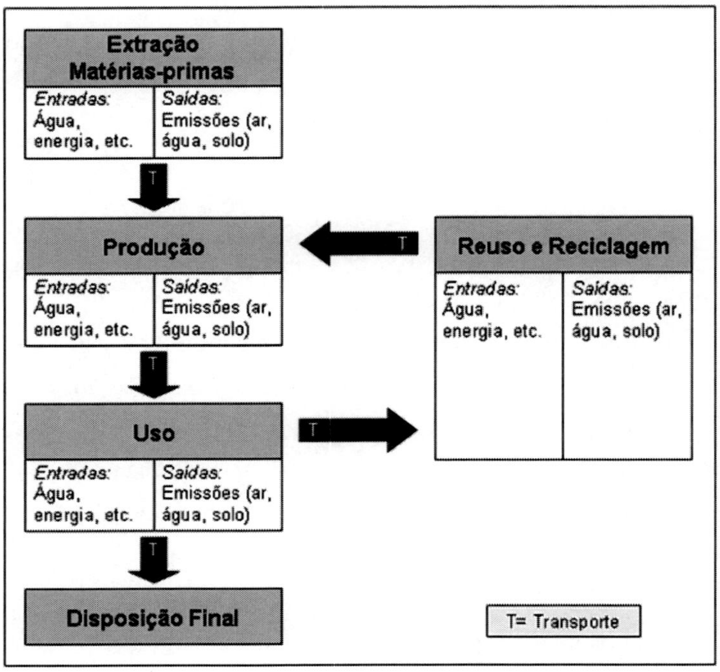

Figura 5.1 – Ciclo de vida de produtos

A ACV é baseada na quantificação dos fluxos de entrada (consumo) e saída (emissões) de materiais e energia associados ao produto, ao longo de seu ciclo de vida. Esse método deverá lastrear as declarações ambientais de produto – ferramenta que permite a um fornecedor declarar as emissões associadas ao ciclo de vida do seu produto, da mesma forma que se declaram suas propriedades técnicas (AGOPYAN; JOHN, 2011).

É importante ressaltar que a ACV não deve ser confundida com o ciclo mercadológico do produto, no qual um determinado objeto é introduzido no mercado, passa por uma fase de crescimento de demanda, maturidade e declínio, ocasião em que é retirado do mercado (morte).

Como instrumento de gestão ambiental, a ACV tem sido utilizada por algumas empresas, desde a década de 1960, para comparar produtos distintos e que têm funções similares. Vigon *et al.* (1993) relatam que a primeira análise de inventário de ciclo de vida foi realizada pelo *Midwest Research Institute*, em 1969. Na ocasião foram analisados diferentes recipientes de bebidas para a *Coca Cola Company*, com o objetivo de determinar qual deles resultaria em menores lançamentos de rejeitos no meio ambiente e provocaria menores impactos nas reservas de recursos naturais.

A pressão pela redução dos impactos ambientais, experimentada nos dias atuais, justifica a demanda crescente por estudos de ACV em todo o Planeta e nos diferentes setores. Dentre os interessados nesses estudos podem ser citados: os consumidores, os governos, os acionistas, os concorrentes e outros. Dessa forma, a ferramenta de Avaliação do Ciclo de Vida pode ser valiosa para (ABCV, 2013):

- O desenvolvimento de produtos;

- A escolha de tecnologias;
- A identificação da fase do ciclo de vida em que ocorrem os impactos;
- A seleção de indicadores ambientais relevantes para avaliação de projetos;
- A reformulação de produtos ou processo.

Em linhas gerais, de acordo com ABCV (2013), a Avaliação do Ciclo de Vida de um produto, processo ou serviço consiste: (a) na definição do seu objetivo e escopo; (b) na quantificação dos dados (inventário) de todas as entradas (materiais, energia e recursos) e saídas (produtos, subprodutos, emissões etc.) durante todo o ciclo de vida; (c) na identificação dos impactos ambientais potenciais ao longo do ciclo de vida; (d) na interpretação dos resultados do estudo.

Rodrigues *et al.* (2008) relatam que a ACV é uma ferramenta abrangente para a avaliação de um grande número de variáveis de impactos no ciclo de vida e a base de uma ACV é o Inventário do Ciclo de Vida (ICV), que corresponde a uma aferição quantitativa de todas as cargas ambientais ao longo do ciclo de vida de um determinado produto ou serviço.

Desse modo, a maior dificuldade para a elaboração dos estudos de ACV é a enorme quantidade de dados primários necessários para o processamento das avaliações. Para auxiliar na elaboração dos estudos de ACV, o mercado disponibiliza alguns *softwares*, dentre os quais destacamos: GaBi ts 9.2, Team 5.2, Umberto LCA+, SimaPro 9.0 e outros. O SimaPro tem sido muito citado em artigos publicados em periódicos internacionais bem conceituados e também explorado por pesquisadores nacionais.

Na Figura 5.2 ilustra-se uma das janelas de apresentação de resultados do SimaPro, que mostra as análises por meio de esquemas gráficos. A ilustração refere-se ao processamento de 1 kg de argila utilizada na produção de tijolos cerâmicos em olaria do norte paranaense e os percentuais indicados referem-se à caracterização dos impactos em termos de depleção de recursos hídricos. Observa-se que a água consumida na preparação da argila tem participação de 56,4% nessa categoria de impacto.

Figura 5.2 – Exemplo de janela de resultados gerados pelo SimaPro

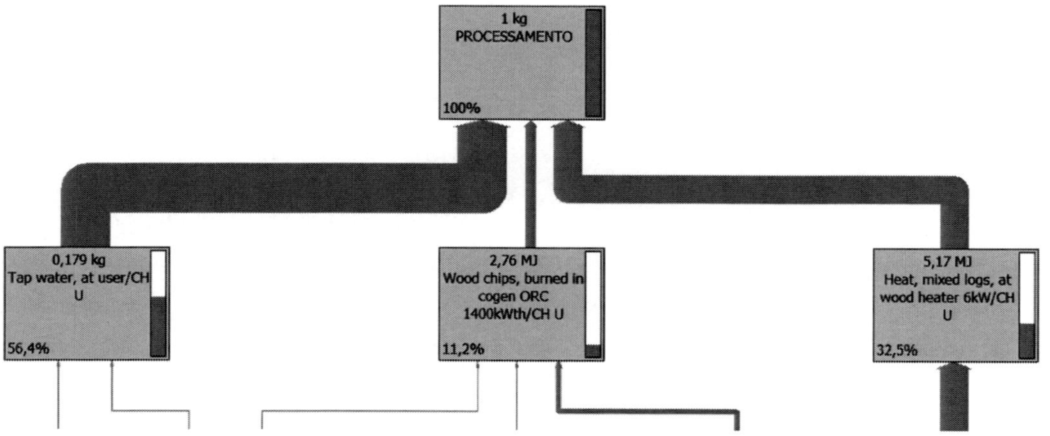

Fonte: Silva (2017)

Os potenciais impactos ambientais ao longo do ciclo de vida são apresentados sob diferentes formas pelo SimaPro, sendo mais ou menos abrangentes dependendo do método utilizado para o processamento das informações. Os impactos avaliados geralmente correspondem a: mudanças climáticas, toxicidade humana, depleção fóssil, ecotoxicidade terrestre, formação de material particulado, formação de oxidantes fotoquímicos, acidificação terrestre, eutrofização de água doce, depleção de ozônio, entre outros.

Deve-se realçar que há algumas limitações na aplicação da ACV, as quais devem ser consideradas tanto na elaboração dos estudos quanto na interpretação e uso dos resultados. Por isso, a ACV deve ser realizada a partir das exigências estabelecidas nas normas da série ISO 14.000. No caso brasileiro, os estudos desenvolvidos de ACV são fundamentados em bases de dados de outros países, sobretudo de países europeus, o que dificulta a interpretação dos impactos e pode levar a conclusões distorcidas. Uma das situações mais evidentes está relacionada com os estudos que envolvem consumo de energia elétrica, pois na Europa – origem de importante banco de dados para ACV – a matriz energética é totalmente diferente da brasileira.

Síntese do Capítulo

Você percebeu, ao estudar a primeira Seção deste Capítulo, que a Conferência de Estocolmo representa uma fronteira importante para a legislação ambiental brasileira. Até meados da década de 1970, registrou-se apenas a promulgação de normas para a proteção florestal, da caça, das minas e das águas. Houve, em diferentes Cartas Magnas, a inserção da garantia de reserva à União do direito exclusivo de legislar sobre a água, a pesca, a caça, as riquezas do subsolo e a energia elétrica. O texto da Constituição de 1937, por exemplo, repartia entre a União e os municípios o dever de cuidar das riquezas naturais.

Em 1981 foi aprovada a **Lei n° 6.938**, que definiu a *Política Nacional do Meio Ambiente*, correspondendo ao marco do direito ambiental brasileiro. Essa lei foi definitivamente consolidada com a promulgação da atual Constituição brasileira, em 1988, uma vez que foram mantidos e ampliados os princípios propostos na PNMA.

Com o intuito de informar os consumidores ou usuários acerca das características benéficas ao meio ambiente, incorporadas em produtos ou serviços, na década de 1970 iniciou-se a criação dos **selos** ou **rótulos ambientais**. Para certificar as edificações ecoeficientes foram elaboradas várias ferramentas ao redor do mundo e também no Brasil. Neste texto foram sucintamente descritas as seguintes certificações: BREEAM, LEED, Processo AQUA e Selo CASA AZUL. Essas certificações constituem-se em ferramentas valiosas contra a banalização do conceito de sustentabilidade nas edificações.

Apesar de a legislação ambiental tornar-se cada vez mais rigorosa, ainda são frequentes os descasos, as omissões e os acidentes decorrentes do seu descumprimento. As organizações desempenham um papel importante nesse contexto. Desse modo, para diferenciar as empresas que têm comprometimento com as questões ambientais, também foi estabelecida uma certificação que pode ser alcançada a partir da implantação e cumprimento dos **Sistemas de Gestão Ambiental** (SGA), os quais compreendem ações administrativas voltadas para a eliminação ou redução dos impactos ambientais decorrentes das operações das empresas.

Por fim, o leitor percebeu que as agressões ambientais e sociais não estão associadas apenas com o processo produtivo, podendo ocorrer em outras etapas. Desse modo, foi estabelecido um procedimento para a **Avaliação do Ciclo de Vida** (ACV) do produto ou serviço, compreendendo desde a etapa de extração das matérias-primas (berço) até a deposição do produto ao final da vida útil (túmulo). A ACV baseia-se na quantificação dos fluxos de entrada (consumo) e saída (emissões) de materiais e energia associados ao produto, ao longo de todo o seu ciclo de vida.

Atividades de Aprendizagem

1. Elabore uma síntese dos avanços possibilitados pela promulgação da Lei n° 6.938, de 31 de agosto de 1981, e da Lei n° 9.605, de 12 de fevereiro de 1998.

2. Qual a importância de obtenção da certificação ambiental para as edificações ecoeficientes?

3. Explique os procedimentos necessários para a obtenção do Selo Casa Azul.

4. Antigamente, controlar e prevenir a poluição eram o bastante para as empresas entrarem em sintonia com as exigências da sociedade. A partir da década de 1990, as exigências mudaram e as empresas passaram a implantar Sistemas de Gestão Ambiental. Elabore uma redação, com no máximo 15 linhas, explicitando o conceito de Sistema de Gestão Ambiental.

5. O que é a Avaliação do Ciclo de Vida (ACV) de um produto? Qual a sua importância? Quais as principais etapas que são necessárias para a realização de uma ACV?

Unidade II

Síntese das Boas Práticas para os Edifícios Ecoeficientes

A segunda Unidade deste livro é composta por dois capítulos, que completam e/ou sintetizam as diretrizes relacionadas no Capítulo 3. Portanto, é essencial que o leitor considere fortemente a recomendação de estudo e análise dos conteúdos expostos anteriormente e esteja atento para perceber, nesta Unidade, os pormenores que se consubstanciam em ações – que serão denominadas de *práticas* a partir deste ponto – indicadas para o projeto, produção e uso das edificações ecoeficientes.

Nesse sentido, no Capítulo 6 estão sintetizadas, no formato de quadros, as práticas reconhecidas como positivas para o conceito de edificações ecoeficientes. Essas práticas foram identificadas por meio de pesquisas bibliográficas, além de observações realizadas em obras, durante o desenvolvimento do projeto de extensão intitulado "*Construções sustentáveis: identificação, difusão e implementação de boas práticas nos canteiros de obras*", ocorrido junto à Universidade Estadual de Maringá – UEM, no período de 2014 a 2017, sob a coordenação do Prof. José Luiz Miotto.

O Capítulo 7 traz agrupamentos das boas práticas apresentadas no capítulo anterior sob diferentes enfoques, ou seja, é uma forma objetiva de identificar as práticas favoráveis que resultem em altos benefícios ambientais, por exemplo, ou menores custos.

Capítulo 6

Ações Profícuas ao Longo do Ciclo de Vida do Edifício

Autores:

José Luiz Miotto
Luci Mercedes De Mori
Beatriz Ramos Martinhão
Bruno Afonso Silva
Eduardo Rodrigues Alves Abrão
Gabriela dos Santos Uller
Guilherme Sanches de Arruda Venci
Guilherme Vilela Sanches
Jéssica de Almeida Xavier
Juliana Maria de Souza
Lucas Elias Nascimento Moitinho
Rafaela Bonan Zara
Randerson Fernando Rossetto

Objetivos de Aprendizagem

- Sintetizar as práticas positivas aplicáveis ao projeto, implantação, especificação dos materiais e equipamentos, construção, uso e manutenção das edificações ecoeficientes, com as respectivas indicações dos objetivos a serem alcançados.
- Informar em que fases do desenvolvimento do empreendimento devem ser adotadas as práticas indicadas, bem como os responsáveis pela sua implantação.
- Estimar as classes de custos e os níveis dos impactos advindos da adoção das práticas recomendadas.

A Humanidade vem, desde os primórdios, aprimorando o modo de produzir os mais variados tipos de bens. Todavia, após a Revolução Industrial houve um grande incremento nesse processo e os avanços tecnológicos alimentaram o sistema produtivo de tal modo, que hoje somos capazes de produzir exorbitantes quantidades de alimentos, energia, artefatos de diversas naturezas, edificações e outros. Lamentavelmente, o aumento da velocidade de produção desses bens esteve associado a expressivos impactos ambientais negativos, resultantes da progressiva extração de matérias-primas não renováveis e dos consequentes despejos dos resíduos na natureza, sob a forma de poluição.

No âmbito da construção civil, ingressamos no século XXI com uma missão desafiadora: a de romper alguns paradigmas pré-estabelecidos e refletirmos acerca das contribuições que podemos e devemos deixar para amenizar nossas marcas (pegadas) no Planeta. Representamos a concretização dos sonhos e aspirações das pessoas por um local para morar, trabalhar, estudar, enfim, para abrigar as ações humanas. Mas somos também os responsáveis pelo consumo da maior quantidade de matérias-primas extraídas, geramos expressivas porções da poluição ambiental na fabricação dos materiais e produção de nossas obras. Deste modo, a indústria da construção civil é provocada e convidada a superar-se nas próximas décadas, pois é extenso o seu domínio de oportunidades.

A elaboração do conteúdo apresentado neste capítulo emergiu da constatação da necessidade de contribuir com a mudança da realidade exposta. É fruto de um projeto de extensão, proposto e executado junto à Universidade Estadual de Maringá, no norte paranaense, com a missão de identificar e difundir as práticas que se alinham com o conceito de edificações ecoeficientes, agrupadas convenientemente nas seguintes etapas: (a) projeto da edificação; (b) especificação dos materiais de construção e equipamentos; (c) execução do empreendimento; (d) uso e manutenção da edificação. É oportuno realçar que a especificação dos materiais e equipamentos é uma das atividades que compõem o projeto, porém, em face de sua importância para o contexto das edificações ecoeficientes, presumiu-se adequado o seu agrupamento em outra etapa (categoria).

Decidimos por apresentar as ações que caracterizam as construções em empreendimentos ecoeficientes sob o formato de quadros, para facilitar a consulta e entendimento das proposições. No total foram elencadas 89 práticas positivas, que foram agrupadas por etapas da produção da edificação, conforme consta na Tabela 6.1. Observa-se que 61% das práticas recomendadas estão associadas ao projeto e especificação dos materiais e equipamentos.

Tabela 6.1 – Número de práticas positivas catalogadas

Etapa do empreendimento	Número de boas práticas	%
Projeto	31	35
Especificação dos materiais e equipamentos	23	26
Construção	22	25
Uso e manutenção	13	14
TOTAL	**89**	**100**

Os quadros que contêm as boas práticas foram produzidos a partir de uma adaptação da ferramenta 5W2H. De acordo com Sebrae (2020), o 5W2H consiste em uma lista de verificação (*checklist*) de atividades específicas, cuja proposta traduz-se em responder cinco questões iniciadas com a letra W: *What* (o que será feito?); *Why* (por que será feito?); *Where* (onde será feito?); *When* (quando?); *Who* (por quem será feito?); e outras duas questões iniciadas com a letra H: *How* (como será feito?); *How much* (quanto vai custar?).

Uma das informações contidas nos quadros, apresentados a seguir, diz respeito à classe de custo (*How much*) intrínseca à prática. Para realizar o julgamento do impacto financeiro relativo a determinada prática, estabeleceu-se como base de comparação uma edificação de múltiplos pavimentos construída em sistema tradicional, ou seja, com estrutura de concreto armado moldada no local, fechamentos verticais em alvenaria de tijolos cerâmicos, revestimentos internos e externos argamassados e pintura à base de látex PVA. Em alguns casos, a confrontação se deu em relação a uma edificação de um único pavimento, como é o caso da prática que recomenda o emprego do bambu nas edificações.

As reduções nos impactos ambientais decorrentes da implantação de cada uma das práticas foram classificadas sob o enfoque ambiental e/ou social. Por meio de julgamento realizado pelos participantes do projeto de extensão, atribuíram-se três níveis de intensidade (baixa, média e alta) para cada impacto previsto.

Ainda é conveniente ressaltar que as imagens, eventualmente utilizadas para ilustrar as boas práticas, não têm qualquer intenção de propor a utilização de marcas, patentes, projetos ou quaisquer outros produtos e serviços que possam ser registrados por seus fabricantes e responsáveis. A inserção das imagens tem caráter meramente ilustrativo e instrutivo.

Salienta-se, por fim, que este trabalho representa apenas o ponto de partida para o incremento constante de muitas outras ações, que tenham como meta a produção de edificações cada vez mais orientadas em prol do conceito de sustentabilidade.

6.1 – Projeto e implantação da edificação

Na sequência encontram-se arroladas as práticas consideradas positivas, no tocante à mitigação dos impactos ambientais e aos benefícios sociais advindos, decorrentes do projeto e implantação do empreendimento. Para posterior referência, as ações contidas nesta seção são iniciadas com a letra P no início da codificação, conforme Quadro 6.1.

Quadro 6.1 – Práticas relacionadas à etapa de Projeto (P)

P 1.	Garantir a acessibilidade
P 2.	Verificar a disponibilidade de transporte público e alternativo no entorno
P 3.	Considerar a hipótese de construir sobre *brownfields*
P 4.	Realizar Estudos de Impactos de Vizinhança (EIV)
P 5.	Verificar a viabilidade de realizar *retrofit* de antigas edificações

P 6. Conceber espaços flexíveis e racionalizados
P 7. Considerar a construção de escritórios nas residências
P 8. Explorar a iluminação e ventilação natural
P 9. Evitar estacionamento em subsolos
P 10. Compatibilizar projetos
P 11. Projetar considerando a coordenação modular
P 12. Elaborar o projeto executivo
P 13. Elaborar o projeto de fôrmas de madeira
P 14. Dar preferência aos elementos estruturais pré-fabricados
P 15. Especificar concreto de alto desempenho em pilares
P 16. Analisar a opção de alvenaria estrutural
P 17. Optar pelas estruturas mistas
P 18. Especificar a madeira lamelada colada (MLC) em estruturas
P 19. Especificar a madeira lamelada colada cruzada (MLCC) em estruturas
P 20. Projetar paredes externas em alvenaria de tijolos assentados em uma vez
P 21. Optar pelos fechamentos internos em *Drywall*
P 22. Implantar arborização para o sombreando de fachadas
P 23. Especificar fachadas ventiladas
P 24. Sombrear fachadas de edificações de múltiplos pavimentos
P 25. Especificar acabamento adequado em locais favoráveis ao surgimento de fungos
P 26. Propor brises apropriados às necessidades
P 27. Priorizar as coberturas verdes
P 28. Destinar áreas à infiltração de águas pluviais
P 29. Implantar sistema de aproveitamento de águas pluviais
P 30. Implantar sistema para reuso de águas cinzas
P 31. Utilizar energia produzida a partir de fontes renováveis

SÍNTESE DAS PRÁTICAS SUSTENTÁVEIS PARA

A PRODUÇÃO, USO E MANUTENÇÃO DE EDIFICAÇÕES

ETAPA DE:

PROJETO

	P 1. **Garantir a acessibilidade**
Objetivo	Aprimorar o acesso e uso da edificação para pessoas com deficiência (PcD).
Por que	Para melhor qualidade de vida dos usuários com algum tipo de deficiência. As deficiências físicas, intelectuais ou sensoriais implicam em limitações para seus portadores. Os profissionais da arquitetura e engenharia civil têm o dever de projetar e construir edificações que sejam acessíveis. No caso das edificações ecoeficientes, essa exigência se torna ainda mais relevante. Em outras palavras, para as edificações ecoeficientes sugere-se ir além do cumprimento das exigências normativas, consideradas mínimas.
Como	Implantação de elementos de acessibilidade em conformidade com as exigências da ABNT NBR 9050:2015 – Acessibilidade a edificações, mobiliário, espaços e equipamentos urbanos, tais como: ▪ Rampas de acesso. Essas devem ser bem espaçadas e projetadas para serem seguras, além de atender às inclinações máximas estabelecidas em norma. É preciso atentar para a aderência das cadeiras de rodas principalmente em condições úmidas; ▪ Estacionamento simplificado. São estacionamentos onde as manobras dos veículos são relativamente simples. As vagas são também maiores para permitir o embarque e desembarque de pessoas e aparelhos. Essas vagas devem ser bem sinalizadas e distintas; ▪ Passarelas em áreas de pavimento diferenciado. Por exemplo, existem pavimentos de estacionamentos à base de pedras britadas sobrepostas. Nestes casos, as passarelas devem permitir a locomoção de cadeirantes sem maiores dificuldades; ▪ Projetar adequadamente cada ambiente, como despensas, banheiros e lavanderias, para que seja possível a implantação de barras de apoio para cadeirantes sem obstruir a passagem das cadeiras de roda; ▪ Elevadores com espaço adequado e teclas de comando ao alcance de cadeirantes, bem como teclados em braile; ▪ Áreas comuns com piso tátil direcional e de alerta para orientação de rotas, lugares e obstáculos para deficientes visuais, dentre outras.
Materiais necessários	Diversos.
Responsabilidades	Construtora, arquiteto (ou engenheiro civil), engenheiro responsável.
Quando	Decisão de tornar a obra acessível deve ocorrer na fase de elaboração do projeto arquitetônico e a instalação dos constituintes na fase de execução.
Classe de custo	Médio
Impacto esperado	Social – Alta intensidade

P 2.	**Verificar a disponibilidade de transporte público e alternativo no entorno**
Objetivo	Permitir que os usuários da edificação tenham fácil acesso ao transporte público e alternativo, diminuindo as emissões de gases de efeito estufa.
Por que	É urgente a necessidade de redução das emissões de gases de efeito estufa, particularmente o CO_2, provenientes da queima de combustíveis fósseis. O transporte individual de passageiros é um grande problema nos centros urbanos.
Como	Um meio de transporte coletivo público é considerado acessível se o ponto de ônibus, a estação de metrô ou de qualquer outra modalidade estiver localizado a menos de 400 metros do edifício. Os diferentes modais de transporte público devem propiciar a mobilidade urbana, permitindo acesso rápido aos serviços oferecidos na cidade: comércio, equipamentos culturais e esportivos, de saúde, e outros. O transporte alternativo vem ganhando espaço nas grandes cidades, com o uso da bicicleta cada vez mais frequente. Em diversas cidades percebe-se a ampliação gradativa das ciclovias. No edifício é recomendável ter espaços para que as bicicletas (ou outros equipamentos) possam ser estacionadas de forma segura e organizada.
Materiais necessários	Os necessários para a confecção de paraciclos.
Responsabilidades	Construtora, arquiteto (ou engenheiro civil) e engenheiro responsável.
Quando	Verificação da infraestrutura disponível no lugar deve ocorrer na fase de escolha e aquisição do terreno.
Classe de custo	Baixo
Impacto esperado	Ambiental – Média intensidade; Social – Média intensidade

P 3.	Considerar a hipótese de construir sobre *brownfields*
Ilustração	 Fonte: Chisloup (CC BY 3.0, https://commons.wikimedia.org/w/index.php?curid=56236999)
Objetivo	Incentivar a ocupação e/ou descontaminação de terrenos pela implantação de uma nova edificação no lugar.
Por que	No passado, o funcionamento de atividades industriais ou comerciais em um determinado local, bem como o depósito de detritos, pode ter contaminado o solo com baixas concentrações de lixo tóxico ou poluição, gerando as chamadas *brownfields*. Adicionalmente, é possível que essas áreas sob contaminação estejam em locais que dispõem de toda infraestrutura necessária a uma nova edificação. Evitar a expansão da malha urbana, ocupando todos os vazios que têm potencial para receber uma nova edificação, é prática de interesse no campo da sustentabilidade. As edificações implantadas sobre *brownfields* impactam positivamente, pois diminuem a movimentação de substâncias poluentes em direção aos lençóis freáticos por meio da infiltração das águas pluviais, além de revitalizar o entorno.
Como	Considerando que o solo do local esteja contaminado por lixo tóxico ou outros resíduos perigosos, em baixas concentrações, a recomendação inicial para a revitalização do local consiste em contratar empresa especializada na descontaminação. Para tanto, os especialistas farão uma investigação minuciosa do tipo de contaminação do local e quais as soluções recomendadas.
Materiais necessários	Aqueles necessários à descontaminação do solo, utilizados e recomendados por empresas especializadas.
Responsabilidades	Construtora, gestor de projetos e arquiteto (ou engenheiro civil).
Quando	Na fase de escolha e aquisição do terreno para a construção.
Classe de custo	Elevado
Impacto esperado	Ambiental – Alta intensidade

P 4. **Realizar Estudos de Impactos de Vizinhança (EIV)**	
Objetivo	Reduzir ou evitar os impactos negativos derivados da implantação do empreendimento ao meio ambiente e ao entorno.
Por que	O Estudo de Impacto de Vizinhança (EIV) foi instituído pelo Estatuto da Cidade (Lei Federal nº 10.257, de 2001), portanto trata-se de instrumento que permite ao poder público realizar o planejamento e a gestão urbana. É obrigatório para se obter licenças de instalação ou autorizações de funcionamento de empreendimentos urbanos. A progressiva expansão urbana, de forma descontrolada, causa problemas ao bem-estar das pessoas que vivem nas cidades, tais como: excesso de ruídos, falta de vagas para estacionamento, congestionamentos, poluição, vibração excessiva, entre outros. A elaboração do EIV permite identificar, avaliar e analisar os principais impactos motivados pela implantação de um determinado empreendimento na cidade. Vale ressaltar que os impactos podem também ser positivos.
Como	O EIV é elaborado por equipes multidisciplinares, contratadas exclusivamente para este fim. No EIV são estabelecidas as medidas compensatórias e mitigadoras relativas aos impactos negativos decorrentes da implantação do empreendimento, com vistas a reduzi-los ou eliminá-los. Eventualmente também são propostas providências que potencializem as repercussões positivas.
Materiais necessários	Anteprojeto da edificação.
Responsabilidades	Construtora e equipe multidisciplinar contratada para elaborar o EIV.
Quando	Antes da finalização do projeto arquitetônico.
Classe de custo	Médio
Impacto esperado	Ambiental – Alta intensidade; Social – Alta intensidade

P 5. Verificar a viabilidade de realizar *retrofit* de antigas edificações	
Objetivo	Evitar a demolição de edificações que apresentam condições de ter sua vida útil prolongada.
Por que	Com o passar do tempo, é aceitável que uma edificação apresente perda de funcionalidade e os diversos componentes construtivos também precisem de atualizações, inclusive por exigências técnicas e normativas. Um elevador mais rápido e silencioso, a recomposição da capacidade de um elemento estrutural, esquadrias (janelas e portas) novas, instalações hidrossanitárias e elétricas refeitas, revestimentos externos e internos mais atuais, são aspirações de quem vive em antigas edificações. A arquitetura de cada época também tem suas características marcantes, e o *retrofit* é uma oportunidade para revitalizar e/ou expandir edificações preexistentes, evitando a demolição, geração de resíduos, consumo excessivo de novos materiais de construção e outros impactos. Outro motivo que justifica a realização do *retrofit* é a falta de terrenos bem localizados nos grandes centros urbanos.
Como	O *retrofit* é uma alternativa que merece ser avaliada, quando a edificação precisa de adequações, de modo que se evite a sua demolição. Esta técnica compreende a revitalização da edificação, preservando seus aspectos originais, de modo que seus subsistemas sejam adaptados às exigências e padrões atuais. Para iniciar o processo de *retrofit* é recomendável um estudo prévio de viabilidade técnica e econômica.
Materiais necessários	Os mesmos necessários à execução de edificações convencionais.
Responsabilidades	Construtora e arquiteto (ou engenheiro civil).
Quando	Antes da aquisição do terreno e elaboração do projeto arquitetônico.
Classe de custo	Alto
Impacto esperado	Ambiental – Média intensidade

P 6. **Conceber espaços flexíveis e racionalizados**	
Objetivo	Facilitar a integração entre os ambientes e conceber espaços que não impliquem em consumo excessivo de recursos naturais.
Por que	A durabilidade do produto é um dos principais pressupostos da edificação ecoeficiente. Para que isso seja realidade, o profissional responsável pelo projeto arquitetônico deve conceber ambientes flexíveis, integrados, que sejam capazes de se adaptar a futuras exigências, inclusive a uma nova configuração familiar, por exemplo. É necessário buscar a racionalização das áreas construídas, de modo que não haja consumo excessivo de materiais, mesmo que o proprietário tenha recursos financeiros para tanto. Todos têm direito aos recursos naturais, inclusive as futuras gerações. A flexibilidade e a viabilidade para ampliação dos espaços também têm grande importância na arquitetura corporativa, pois há grandes probabilidades de novos arranjos organizacionais no futuro.
Como	Conceber o projeto arquitetônico com foco na flexibilidade e integração dos ambientes. Para tanto, o projetista não deve simplesmente considerar o programa de necessidades atual, mas projetar para novos horizontes. A flexibilidade implica em proporcionar facilidade para futuras adaptações. Isso tem reflexos na escolha do sistema estrutural, materiais, tipos de fechamentos e revestimentos, instalações hidrossanitárias e elétricas, etc.
Materiais necessários	Nenhum adicional aos necessários ao processo de projeto.
Responsabilidades	Construtora e arquiteto (ou engenheiro civil).
Quando	Na fase de elaboração do projeto arquitetônico.
Classe de custo	Baixo
Impacto esperado	Ambiental – Alta intensidade

P 7.	**Considerar a construção de escritórios nas residências**
Objetivo	Evitar os deslocamentos diários até o local de trabalho, o que implica em perda de tempo em congestionamentos e a geração de poluição decorrente da queima de combustíveis.
Por que	O avanço da tecnologia de informação e comunicação (TIC) vem permitindo novas configurações das relações entre empresa e empregado, tal como o trabalho realizado remotamente. No campo do empreendedorismo, também é possível estabelecer as chamadas empresas *home based*, na maioria das vezes utilizada por profissionais autônomos. Os locais para o desempenho das funções laborais são denominados *home offices*, que não obrigatoriamente precisam ser a residência do profissional. O stress gerado pelos congestionamentos constantes nas grandes cidades, bem como a queima de combustíveis, podem ser amenizados com a construção de escritórios nas residências. A pandemia de Covid-19, que teve início em dezembro de 2019, reforçou a necessidade de preparar as edificações para o trabalho remoto.
Como	Prever em projeto e destinar espaços nas residências que permitam a realização do trabalho à distância. O projeto e a construção devem considerar os pontos de instalações elétricas, iluminação e de acesso à rede mundial de computadores.
Materiais necessários	Os mesmos materiais de construção utilizados no restante da edificação.
Responsabilidades	Arquiteto e engenheiro responsável pelo empreendimento.
Quando	Decisão deve ocorrer na fase de elaboração do projeto arquitetônico e sua concretização na fase de execução do imóvel.
Classe de custo	Alto
Impacto esperado	Ambiental – Média intensidade; Social – Alta intensidade

P 8. **Explorar a iluminação e ventilação natural**	
Objetivo	Reduzir o consumo de energia elétrica na edificação a partir do aproveitamento dos recursos naturais.
Por que	A energia elétrica permite o funcionamento de eletrodomésticos, equipamentos e iluminação artificial, que trazem conforto aos usuários da edificação. No entanto, esse recurso tornou-se bastante oneroso atualmente, além dos impactos negativos decorrentes de sua produção. A iluminação e ventilação natural trazem conforto e bem-estar, sendo favoráveis à saúde dos ocupantes do edifício. Portanto, as práticas que exploram esses recursos naturais estão em sintonia com a sustentabilidade.
Como	Atentar-se para que a implantação da edificação no terreno seja a mais favorável possível, de modo que a iluminação e ventilação natural sejam maximizadas em benefício do conforto dos usuários. Posicionar as aberturas (portas e janelas) principais na face voltada à direção dos ventos predominantes, facilitando a ocorrência de ventilação cruzada. Outras técnicas de ventilação – por exemplo, o efeito chaminé – devem ser exploradas no projeto. Por outro lado, a iluminação natural proporciona a redução ou substituição da iluminação artificial. Cada projeto deve ser avaliado cuidadosamente, pois grandes aberturas permitem a entrada excessiva de radiação solar e com isso há o aumento da temperatura do ambiente. No mercado existem diversos *softwares* que dão suporte ao projetista arquitetônico na tarefa de estudar as soluções que melhor exploram a iluminação e ventilação natural. Dentre eles podemos destacar o *EnergyPlus*, que é um programa de simulação de energia de todo o edifício, recomendado para uso na fase dos estudos preliminares da edificação. Esse programa tem reconhecimento internacional, sendo especificado para as obrigatórias avaliações de eficiência energética estabelecidas na ferramenta LEED de certificação ambiental.
Materiais necessários	Nenhum adicional aos necessários ao processo de projeto.
Responsabilidades	Construtora e arquiteto (ou engenheiro civil).
Quando	Na fase de elaboração do projeto arquitetônico.
Classe de custo	Baixo
Impacto esperado	Ambiental – Alta intensidade; Social – Média intensidade

	P 9. **Evitar estacionamento em subsolos**
Objetivo	Evitar grandes cortes de solo e melhorar a qualidade do ambiente de estacionamento, inclusive com a presença da iluminação e ventilação natural.
Por que	Existe um grande custo para executar obras abaixo do nível natural do terreno, sendo que frequentemente tais projetos são facilmente solucionáveis elaborando-os acima do nível natural do terreno (no térreo ou em pavimentos superiores). Outra grande preocupação é a ventilação e iluminação desses espaços confinados no subsolo, além da complicação para a remoção das águas pluviais que, porventura, acessarem esses pisos em pavimentos enterrados. Os custos das estruturas de contenção aumentam significativamente com o acréscimo de pavimentos enterrados, além do surgimento de um problema de difícil solução: a impermeabilização das paredes de contenção. As escavações podem interferir na altura do lençol freático e no equilíbrio do solo do entorno da edificação, podendo gerar danos às construções vizinhas.
Como	Elaborar projetos que contemplem estacionamentos acima do nível natural do terreno. Atentar para o número máximo de pavimentos possíveis na localidade do empreendimento.
Materiais necessários	Não há, pois é uma decisão tomada na fase de projetos.
Responsabilidades	Construtora, arquiteto (ou engenheiro civil) e gestor de projetos.
Quando	Decisão de não fazer estacionamento em subsolos deve ocorrer na fase de elaboração do projeto arquitetônico e sua concretização na fase de execução do empreendimento.
Classe de custo	Baixo
Impacto esperado	Ambiental – Alta intensidade

P 10. **Compatibilizar projetos**	
Objetivo	Desenvolver todos os projetos sob a coordenação de um único profissional, utilizando a mesma plataforma, evitando as improvisações durante a execução e otimizando o empreendimento.
Por que	Devido à complexidade dos empreendimentos de engenharia civil existem diversos projetos (como arquitetônico, hidrossanitário, estrutural, elétrico, etc.) que são comumente desenvolvidos paralelamente e por diferentes profissionais. Caso não exista a compatibilização entre esses projetos, há uma grande chance de haver interferências negativas entre eles.
Como	Elaborar o Projeto Integrado, em que as decisões projetuais, desde a fase de concepção até a finalização do projeto executivo, são tomadas conjuntamente por projetistas, construtor, cliente e usuários. Deve-se contratar ou designar um profissional que esteja incumbido de ser o gestor de projetos do empreendimento. Este será o responsável pela compatibilização de todas as disciplinas. É necessário que todos os envolvidos na elaboração dos projetos reúnam-se periodicamente durante o processo para analisar, discutir e compatibilizar suas dimensões e alcançar uma solução de projeto em comum. É possível e recomendável utilizar a plataforma BIM, prevendo o desempenho dos projetos antes de serem executados.
Materiais necessários	Rede de comunicação e *softwares* utilizados pelos profissionais.
Responsabilidades	Construtora e gestor de projetos.
Quando	Decisão deve ser tomada na fase de elaboração do projeto arquitetônico.
Classe de custo	Baixo
Impacto esperado	Ambiental – Média intensidade

P 11. **Projetar considerando a coordenação modular**	
Objetivo	Evitar perdas de recursos pela ausência de coordenação modular.
Por que	A ABNT NBR 15873:2010 – Coordenação modular para edificações – define a coordenação modular como a "técnica que permite relacionar as medidas de projeto com as medidas modulares por meio de um retículo espacial de referência". Em arquitetura, a coordenação modular é entendida como uma abordagem ou método de projeto, em que os elementos construtivos são dimensionados a partir de uma unidade de medida comum (módulo). Portanto, consiste em associar as dimensões dos espaços com as dos componentes, compatibilizando-as entre si. Para a concretização da coordenação modular requer-se a adaptação dos materiais e componentes da edificação em um único sistema modular, ou seja, a padronização. Ressalta-se que o mercado da construção civil é incipiente em termos de padronização. A falta de padronização de materiais e componentes e o uso de técnicas construtivas inapropriadas repercutem em perdas de recursos e tempo na produção da edificação.
Como	Projetar as edificações seguindo um módulo, conforme previsto na ABNT NBR 15873:2010. Ao mesmo tempo, melhorar o nível de projeto e detalhamento das edificações, evitando-se soluções improvisadas na etapa de execução. Optar por técnicas e sistemas construtivos que sejam mais apropriados à coordenação modular. Além disso, modificar os métodos de fabricação artesanal – que caracterizam boa parte das edificações brasileiras – para a produção industrializada.
Materiais necessários	Nenhum
Responsabilidades	Construtora e arquiteto (ou engenheiro civil).
Quando	Decisão pelo uso do módulo deve ocorrer na fase de elaboração do projeto arquitetônico.
Classe de custo	Baixo
Impacto esperado	Ambiental – Alta intensidade

P 12. **Elaborar o projeto executivo**	
Objetivo	Detalhar todo o processo de execução e, desse modo, evitar soluções improvisadas que sejam tomadas nos canteiros de obras.
Por que	Devido à complexidade dos empreendimentos de engenharia civil é imprescindível o planejamento dos detalhes de cada etapa de execução. Os projetos básicos – também chamados de projetos de prefeitura – não oferecem informações suficientes para o planejamento adequado de todas as etapas construtivas. A insuficiência de informações ocasiona erros, retrabalhos, improvisos, desgastes de recursos humanos, atrasos e outras perdas.
Como	Deve haver um profissional incumbido de elaborar o projeto executivo, normalmente o arquiteto é o responsável. O projeto executivo deve detalhar cada processo e microprocesso da execução do empreendimento com plantas (em escala ampliada), cortes, memoriais descritivos, roteiros, etc. É possível e recomendável utilizar a plataforma BIM, prevendo o desempenho dos projetos antes de serem executados.
Materiais necessários	Não há. Envolvimento apenas de profissionais.
Responsabilidades	Construtora, gestor de projetos e arquiteto (ou engenheiro civil).
Quando	Decisão é tomada na fase de contratação do projeto arquitetônico.
Classe de custo	Baixo
Impacto esperado	Ambiental – Alta intensidade

	P 13. **Elaborar o projeto de fôrmas de madeira**
Objetivo	Definir com precisão as fôrmas e seu processo de produção, montagem e desmontagem, reduzindo perdas e eliminando soluções improvisadas na obra.
Por que	Para reduzir custos, diminuir perdas e melhorar o desempenho das estruturas de concreto armado. O planejamento inadequado do sistema de fôrmas pode acarretar diversos problemas à construção como dificuldade de transporte no canteiro de obras, perdas excessivas de madeiras, desaprumo da edificação, mau acabamento do concreto, entre outros. Não confundir o projeto de fôrmas com a planta do projeto de estruturas de concreto armado designada "fôrmas do pavimento".
Como	O projeto de fôrmas de madeira deve mostrar, de maneira clara, os procedimentos necessários para se obter o resultado final desejado. São apresentados desenhos de pilares, vigas e lajes, nos quais são detalhados os quantitativos das peças, cotas de todos os componentes, recortes nos painéis, rebaixos e desenhos esquemáticos, em planta e elevações. A planta de paginação permite a localização das peças que compõem os painéis da laje, sendo que cada peça recebe uma numeração usada no plano de corte das chapas. Também são definidos os espaçamentos ideais para as longarinas e para as escoras. O processo de montagem e desmontagem das fôrmas é igualmente detalhado neste projeto.
Materiais necessários	Não há. Envolve apenas a contração de profissional.
Responsabilidades	Construtora, projetista de fôrmas de madeira.
Quando	Elaboração do projeto de fôrmas deve ocorrer na fase que antecede o início da produção da estrutura da edificação.
Classe de custo	Baixo
Impacto esperado	Ambiental – Baixa intensidade

P 14.	**Dar preferência aos elementos estruturais pré-fabricados**
Objetivo	Diminuir as perdas por processamento, além de melhorar a qualidade das peças que compõem a estrutura de concreto armado.
Por que	Elementos executados *in loco* têm, geralmente, menor controle de qualidade que elementos pré-fabricados. Assim, os pré-fabricados permitem maior rigor dimensional; maior agilidade na execução da estrutura, por ter o tempo de cura paralelo a outras atividades; facilitam o planejamento das atividades; maior nível de reutilização de fôrmas, portanto, evitando desperdícios. Podem, ainda, ser produzidos em ambientes industriais, melhorando a organização dos canteiros de obras.
Como	Executar ou contratar a execução de elementos estruturais pré-fabricados.
Materiais necessários	Além dos materiais necessários à produção do concreto armado, são necessários equipamentos para o transporte vertical das peças, tais como gruas e guindastes. Se as peças forem produzidas no canteiro de obras, há a necessidade de prever espaço físico para este fim.
Responsabilidades	Construtora e engenheiro responsável.
Quando	Decisão pela utilização dos pré-fabricados deve ocorrer na fase de elaboração dos projetos arquitetônico e estrutural, porém a instalação das peças ocorre na fase de execução da estrutura da edificação.
Classe de custo	Médio
Impacto esperado	Ambiental – Alta intensidade

P 15. **Especificar concreto de alto desempenho em pilares**	
Objetivo	Diminuir as dimensões dos pilares e, consequentemente, diminuir o consumo de cimento Portland empregado na confecção desses elementos.
Por que	O uso de concreto convencional em pilares demanda maior quantidade de concreto quando comparado ao uso de concreto de alto desempenho (CAD). Apesar do discreto aumento no consumo de aço, estudos demonstram que há economia no consumo de cimento Portland, no caso de pilares de edificações de múltiplos pavimentos sujeitos predominantemente a esforços de compressão.
Como	O concreto de alto desempenho apresenta resistência característica (fck) acima de 50 MPa, podendo chegar a 100 MPa. A elaboração do traço deve ser feita de acordo com o projeto, determinando-se com precisão as quantidades de materiais envolvidos.
Materiais necessários	Cimento Portland, areia, pedra britada, sílica ativa, aditivos e água.
Responsabilidades	Construtora, engenheiro responsável, empresa de controle tecnológico do concreto.
Quando	Decisão deve ser tomada na fase de elaboração do projeto estrutural.
Classe de custo	Médio
Impacto esperado	Ambiental – Média intensidade

P 16. **Analisar a opção de alvenaria estrutural**	
Objetivo	Reduzir o consumo e desperdício de materiais.
Por que	Como não ocorre recorte de blocos, desperdiça-se pouco material. Na construção convencional as paredes são erguidas e depois rasgadas para embutir as tubulações. Na alvenaria estrutural os eletrodutos são passados dentro dos blocos ao mesmo tempo em que a parede é erguida. Além disso, reduz-se o volume de fôrmas de madeira utilizadas para moldar vigas e pilares, que neste caso não existem. As construções são mais leves, economizando-se nas fundações. Tudo isso permite redução no custo de até 30% em torres de até 4 pavimentos e 15% em torres de 20 pavimentos, quando comparado ao sistema tradicional.
Como	A alvenaria estrutural utiliza a modulação para formar um jogo de peças de encaixe, dispondo os blocos em fiadas alternadas. Com isso, evita-se o uso de peças moldadas na obra ou a quebra dos blocos, elevando a produtividade da mão de obra. O projeto deve ser muito bem planejado e compatibilizado com todas as instalações, contendo o máximo de informações referentes a detalhes arquitetônicos, estruturais, de instalações elétricas e hidrossanitárias, pois a execução dos sistemas é feita de forma simultânea.
Materiais necessários	Blocos com qualidade estrutural.
Responsabilidades	Construtora, arquiteto (ou engenheiro civil) e engenheiro responsável.
Quando	Decisão pela utilização da alvenaria estrutural obrigatoriamente se dá na fase de elaboração do projeto arquitetônico.
Classe de custo	Baixo
Impacto esperado	Ambiental – Alta intensidade

<table>
<tr><th colspan="2">P 17. **Optar pelas estruturas mistas**</th></tr>
<tr><td>Ilustração</td><td>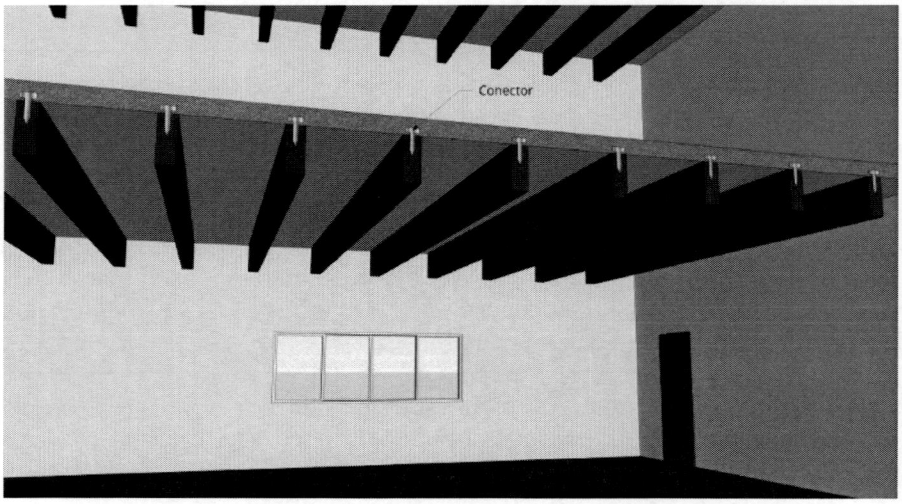

Ilustração: Vinicius Gabriel Parolin de Souza</td></tr>
<tr><td>Objetivo</td><td>Dimensionar as estruturas aproveitando ao máximo as propriedades mecânicas dos materiais. Nos elementos estruturais de concreto armado, sujeitos à flexão, diminuir o desperdício de concreto que esteja submetido a tensões normais de tração.</td></tr>
<tr><td>Por que</td><td>Nas estruturas de concreto armado, todo concreto submetido à tração pode ser considerado como desperdício de material, já que uma de suas vantagens é a boa resistência à compressão. Por outro lado, a madeira resiste muito bem à tração e à compressão, sendo indicada para situações de existência conjunta dessas solicitações. A combinação desses dois materiais permite a redução no consumo de cimento Portland.

A solução estrutural que emprega o aço e o concreto também é interessante sob o ponto de vista da sustentabilidade.</td></tr>
<tr><td>Como</td><td>Utilizar a madeira (ou aço) em combinação com o concreto armado. Normalmente esta solução é utilizada em pisos de edificações, apoiando-se as lajes de concreto em vigas de madeira (ou aço). Para que o sistema misto funcione adequadamente faz-se necessária a presença de conectores, os quais impedem a separação entre os materiais e servem para transferir esforços de cisalhamento na interface.</td></tr>
<tr><td>Materiais necessários</td><td>Madeira (ou aço), concreto armado, conectores (parafusos, pregos, ganchos, etc.).</td></tr>
<tr><td>Responsabilidades</td><td>Construtora e engenheiro responsável pelo projeto estrutural.</td></tr>
<tr><td>Quando</td><td>Decisão deve ser tomada na fase de elaboração do projeto estrutural.</td></tr>
<tr><td>Classe de custo</td><td>Médio</td></tr>
<tr><td>Impacto esperado</td><td>Ambiental – Média intensidade</td></tr>
</table>

P 18.	**Especificar a madeira lamelada colada (MLC) em estruturas**
Ilustração	 Fonte: Thelastminute (Duncan Rawlinson) (CC BY 2.0, https://commons.wikimedia.org/wiki/File:Richmond_Olympic_Oval_intern_View.jpg#/media/File:Richmond_Olympic_Oval_intern_View.jpg)
Objetivo	Substituir a madeira serrada (maciça) pela madeira lamelada colada (MLC) em aplicações estruturais.
Por que	No processo de produção de MLC é possível a obtenção de peças com grandes comprimentos, além de formas e dimensões da seção transversal que não são possíveis na madeira serrada. Por se tratar de um produto industrializado, a MLC apresenta melhores características mecânicas e menores quantidades de empenamentos, encurvamentos, torcimento e fissuras, por causa do controle da variação de umidade. Apresenta grande flexibilidade para curvaturas, resistência ao fogo e a outros agentes químicos. Permite fácil montagem nos canteiros de obras. Por se tratar de um material natural, biodegradável e renovável, a madeira confere benefícios importantes no tocante à redução nas emissões de CO_2.
Como	A MLC pode ser utilizada em vigas (retas e curvas), pilares, pórticos e arcos, apresentando um diferencial arquitetônico. No entanto, há poucas fábricas de MLC no território brasileiro, além de estarem mal distribuídas. O custo do transporte e as dimensões das peças podem inviabilizar a solução para alguns tipos de projetos.
Materiais necessários	Madeira lamelada colada.
Responsabilidades	Construtora, arquiteto (ou engenheiro civil) e engenheiro responsável pelo projeto estrutural.
Quando	Decisão pela sua utilização se dá na fase de elaboração do projeto arquitetônico, uma vez que o material contribui fortemente com a estética da construção.
Classe de Custo	Alto
Impacto esperado	Ambiental – Média intensidade

P 19.	Especificar a madeira lamelada colada cruzada (MLCC) em estruturas
Ilustração	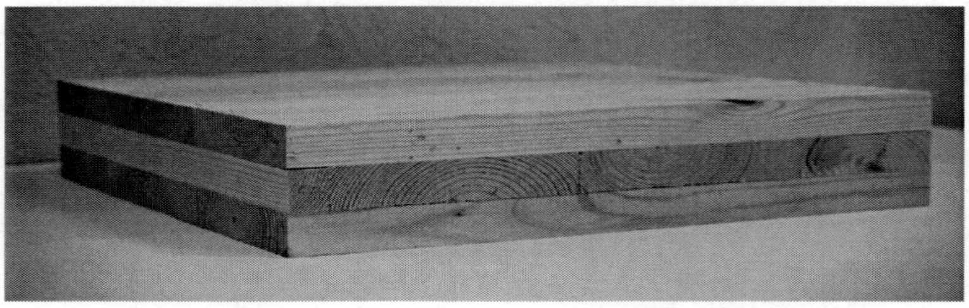 Fonte: Райн Александр Дмитриевич (CC BY-SA 4.0, https://commons.wikimedia.org/w/index.php?curid=65449630)
Objetivo	Substituir lajes de concreto armado nos pisos e alvenarias nos fechamentos verticais das edificações, com expressiva redução nos impactos ambientais.
Por que	A madeira lamelada colada cruzada (*cross laminated timber*) é um produto constituído pela colagem de camadas de lamelas de madeira, normalmente dispostas ortogonalmente. O número de camadas geralmente é ímpar e o produto tem o formato de painel. Assim, quando colocado na horizontal desempenha o papel de laje e quando posicionado na vertical tem a função de parede estrutural. Este produto traz oportunidades de aplicação da madeira em edificações de múltiplos pavimentos, com facilidade de montagem e eliminação dos resíduos durante a construção. Por se tratar de um material natural, biodegradável e renovável, a madeira confere benefícios importantes no tocante à redução nas emissões de CO_2.
Como	Os painéis estão aptos a serem utilizados como lajes ou paredes de fechamento, pois são produzidos com dimensões que podem chegar a 20 m de comprimento e 3 m de largura. Um engenheiro deve ser consultado e contratado para a correta especificação do material, além da elaboração do projeto estrutural. A produção desses painéis no Brasil encontra-se em fase incipiente. Assim, o custo do transporte e as dimensões das peças podem inviabilizar a solução para alguns tipos de projetos.
Materiais necessários	Madeira lamelada colada cruzada.
Responsabilidades	Construtora, arquiteto e engenheiro responsável pelo projeto estrutural.
Quando	Decisão pela sua utilização se dá na fase de elaboração do projeto arquitetônico.
Classe de Custo	Alto
Impacto esperado	Ambiental – Alta intensidade

P 20. **Projetar paredes externas em alvenaria de tijolos assentados em uma vez**	
Objetivo	Aumentar a espessura das paredes externas, propiciando melhor conforto térmico e acústico, com o consequente menor uso de aparelhos de ar-condicionado.
Por que	Para economia de energia elétrica, proporcionando conforto térmico. A maior espessura das paredes igualmente favorece o bem-estar dos usuários, pois impacta positivamente no isolamento acústico dos ambientes.
Como	Assentar os tijolos em uma vez (tijolos deitados) nas paredes do perímetro da edificação. Esta recomendação é particularmente importante para as paredes expostas à incidência de raios solares, com especial atenção àquelas situadas na fachada oeste. Assim consegue-se aumentar a espessura dessas paredes, o que propicia melhor conforto térmico ao ambiente interno, reduzindo o consumo de energia elétrica pelo uso de aparelhos de ar-condicionado.
Materiais necessários	Os necessários para execução da alvenaria convencional: tijolos cerâmicos, cimento Portland, cal e areia.
Responsabilidades	Construtora, arquiteto (ou engenheiro civil) e engenheiro responsável.
Quando	Decisão deve ser tomada na fase de elaboração do projeto arquitetônico e a execução da alvenaria ocorre logo após a conclusão da estrutura.
Classe de custo	Médio
Impacto esperado	Ambiental – Alta intensidade; Social – Média intensidade

P 21. **Optar pelos fechamentos internos em *Drywall***	
Objetivo	Utilizar o *Drywall* como alternativa à alvenaria convencional, com intuito de aumentar a industrialização do canteiro de obras e diminuir as perdas de materiais na fase de instalação dos sistemas hidráulicos, elétricos e de GLP.
Por que	Além de ser um sistema durável, não utiliza água e nem cimento Portland em sua produção. Tem custo viável e é ecoeficiente em parte de seus constituintes; permite a fácil execução de outros sistemas da edificação (hidráulico, elétrico e de GLP), evitando desperdícios e retrabalhos.
Como	A execução de paredes em *Drywall* deve ser realizada por equipes especializadas. Deve-se atentar para as áreas molhadas, que, neste caso, recebem placas de gesso acartonado especialmente preparadas para esse fim. Se houver necessidade, materiais de isolamento termoacústico podem ser inseridos entre as chapas de gesso acartonado. Deve-se cuidar com o descarte das sobras de placas de gesso acartonado, pois se trata de um material de difícil reciclagem.
Materiais necessários	Estrutura interna (metálica ou em madeira), placas de gesso acartonado, parafusos e demais acessórios.
Responsabilidades	Construtora, arquiteto (ou engenheiro civil), engenheiro responsável.
Quando	Decisão pela utilização de *Drywall* se dá na fase de elaboração do projeto arquitetônico e sua instalação ocorre na fase posterior à regularização das lajes de piso.
Classe de custo	Médio
Impacto esperado	Ambiental – Baixa intensidade

P 22. **Implantar arborização para o sombreando de fachadas**	
Objetivo	Propiciar melhor conforto térmico e consequente redução no tempo de uso de dispositivos de ar-condicionado.
Por que	Devido à posição aparente do Sol ao longo do dia, as fachadas oeste, via de regra, são as que recebem uma grande quantidade de calor. A implementação de jardins, com presença de árvores, cria anteparos para a luz solar, atenuando os efeitos sobre a edificação. Esta solução é eficaz para edificações com poucos pavimentos, ou ainda para as áreas construídas localizadas no pavimento térreo de edificações verticais.
Como	Implementação de jardins com árvores localizadas a oeste das edificações. Recomendam-se as árvores de espécies cujas folhas caem durante o inverno e que tenham boa quantidade de folhas nas estações mais quentes.
Materiais necessários	Mudas de árvores.
Responsabilidades	Construtora, arquiteto (ou engenheiro civil) e engenheiro responsável.
Quando	Decisão pela instalação dos jardins ocorre na fase de elaboração do projeto arquitetônico e a implantação do jardim na fase final de execução do empreendimento.
Classe de custo	Baixo
Impacto esperado	Ambiental – Média intensidade; Social – Média intensidade

P 23. **Especificar fachadas ventiladas**	
Ilustração	 Fonte: Frankpulido (Public Domain, https://commons.wikimedia.org/wiki/File:Fachada_ventilada_parque_de_bomberos_de_tortosa_(espa%C3%B1a).jpg#/media/File:Fachada_ventilada_parque_de_bomberos_de_tortosa_(españa).jpg)
Objetivo	Melhorar o desempenho térmico e durabilidade da construção, permitindo a economia no consumo de energia elétrica para o condicionamento do ar interno.
Por que	A solução de implantação de arborização para o sombreamento de fachadas torna-se inviável em edificações de múltiplos pavimentos. Por esse motivo, as fachadas ventiladas representam uma solução tecnicamente viável para a economia de energia. Por outro lado, esta solução também é muito favorável para aumentar a durabilidade dos edifícios, servindo como barreira protetora das paredes em relação à incidência de chuvas e raios solares. No caso de edifícios construídos a partir dos painéis de madeira lamelada colada cruzada, a adoção de fachadas ventiladas é obrigatória para a proteção da madeira.
Como	As fachadas do edifício são revestidas, deixando-se um espaço entre o revestimento externo e o fechamento interno, servindo para melhorar a ventilação e isolamento. O espaço entre as placas do invólucro (as juntas) não recebe vedação completa nas aberturas inferiores e superiores, possibilitando a criação de uma lâmina de ar na cavidade entre o edifício e o isolamento. Essa lâmina de ar é responsável pelo desencadeamento do efeito chaminé, onde o ar mais quente sobe e, pela diferença de pressão, suga o ar mais fresco, não permitindo que o ar quente aqueça a parede da edificação.
Materiais necessários	Painel de fechamentos (placas cimentícias, placas de concreto com revestimento cerâmico, placas de argamassa armada, etc.), subestrutura metálica e impermeabilizante (cimento polimérico à base de resina acrílica).

Responsabilidades	Construtora, arquiteto (ou engenheiro civil) e equipe de engenharia responsável pelo sistema.
Quando	Decisão pelo emprego do sistema ocorre na fase de elaboração do projeto arquitetônico e sua instalação na fase de acabamentos externos.
Classe de custo	Alto
Impacto esperado	Ambiental – Média intensidade; Social – Média intensidade

P 24.	Sombrear fachadas de edificações de múltiplos pavimentos
Objetivo	Ser uma alternativa para o sombreamento de fachadas de edifícios de múltiplos pavimentos, com custos inferiores aos das fachadas ventiladas, promovendo a economia de energia elétrica.
Por que	As paredes expostas à incidência de raios solares se aquecem e o calor é transmitido para os ambientes internos, gerando desconforto aos usuários das edificações, bem como o aumento no consumo de energia elétrica com o uso de aparelhos de ventilação ou ar-condicionado. Os jardins verticais – que fazem parte da infraestrutura verde – trazem como vantagens a redução das ilhas de calor, do escoamento superficial e da poluição, além de contribuir para a melhoria da qualidade de vida urbana.
Como	São denominados jardins verticais os meios para o crescimento da vegetação em uma superfície delimitada verticalmente. Nas referências bibliográficas que abordam o tema não há restrição dimensional para que a massa vegetativa disposta verticalmente seja considerada um jardim vertical. Os jardins verticais podem ser cultivados com a vegetação fixada diretamente nas paredes ou mantida na posição por meio de uma estrutura de sustentação. O plantio com fixação direta nas paredes tem menor custo, mas as raízes tendem a danificar as paredes, além de serem frequentes os problemas com umidade e, assim, requer impermeabilização. Todos os casos de jardins verticais exigem manutenção frequente. Por outro lado, com a criação de sacadas apropriadas, pode-se criar o sombreamento necessário à fachada dos pavimentos inferiores, além de permitir maior ventilação dos ambientes internos. Pode ser interessante a existência de espaço para pequenos jardins verticais nos guarda-corpos, intensificando os resultados positivos. Ainda é possível acrescentar a solução denominada *fachada microclimática*, que é composta por tela de material têxtil ou compósito fixado em estrutura metálica. A ideia é criar o sombreamento ideal para as fachadas que têm maior incidência de raios solares, servindo como um filtro para a luz solar.
Materiais necessários	Estrutura de fixação (metálica ou em madeira), vasos e plantas, conforme a tipologia de jardim vertical adotada.
Responsabilidades	Construtora, arquiteto (ou engenheiro civil) e empresa especializada em paisagismo.
Quando	Decisão pela utilização se dá na fase de elaboração do projeto arquitetônico e sua instalação ocorre na fase final de execução da edificação.
Classe de custo	Médio
Impacto esperado	Ambiental – Baixa intensidade; Social – Média intensidade

P 25.	**Especificar acabamento adequado em locais favoráveis ao surgimento de fungos**
Objetivo	Zelar pela saúde dos usuários da edificação, dando qualidade às paredes com baixa exposição à luz solar.
Por que	Na existência de paredes com baixa incidência da luz solar, como fachadas leste-sul ou em penumbra, a possibilidade de retenção de umidade é alta, tornando-se ambientes favoráveis ao desenvolvimento de fungos.
Como	Evitar a especificação de acabamentos em paredes que favoreçam a retenção de umidade. Nesse caso, deve-se evitar, por exemplo, pinturas em relevo ou texturizadas. O mais adequado são pinturas lisas e impermeáveis, se possível com substâncias antimofo em sua composição.
Materiais necessários	Tintas contendo fungicidas.
Responsabilidades	Construtora, arquiteto (ou engenheiro civil), engenheiro responsável e pintores.
Quando	Decisão pelo tipo de acabamento ocorre na fase de concepção do projeto arquitetônico e a execução do tipo adequado de acabamento ocorre na etapa de execução do revestimento e pintura externa do empreendimento.
Classe de custo	Baixo, dependendo da solução adotada.
Impacto esperado	Ambiental – Baixa intensidade; Social – Média intensidade

	P 26. **Propor brises apropriados às necessidades**
Objetivo	Proteger os ambientes internos e/ou fachadas das edificações do sol excessivo, controlando assim a temperatura no interior da construção e evitando o ofuscamento causado pela iluminação natural abundante.
Por que	Para economia de energia elétrica (ar-condicionado) e promover maior conforto térmico e luminoso. Os brises são dispositivos fortemente indicados pela Arquitetura Bioclimática. Porém, precisam ser especificados depois de um minucioso estudo da incidência solar nas fachadas, em diferentes épocas do ano. Instalar brises inapropriados (especialmente brises fixos) pode escurecer demasiadamente os ambientes, obrigando a utilização de iluminação artificial durante o dia.
Como	O tipo mais comum de brise é composto por lâminas verticais ou horizontais, que podem ser fixas ou móveis. Para posicioná-las é preciso analisar a posição solar em diferentes estações. Para as fachadas leste e oeste, que recebem o sol da manhã e da tarde no Hemisfério Sul, respectivamente, recomenda-se os brises com aletas verticais. Já para a fachada norte que recebe sol o dia inteiro, numa posição mais a pino, aconselha-se o uso de brises horizontais. A fachada sul não necessita de brise, pois a incidência de sol é muito menor.
Materiais necessários	Materiais vazados ou em lâminas podendo ser madeira, concreto, PVC, metais, cerâmica e vidro.
Responsabilidades	Construtora, arquiteto (ou engenheiro civil) e engenheiro responsável.
Quando	Decisão pela instalação de brises deve ocorrer na fase de elaboração do projeto arquitetônico e a sua instalação na fase de execução final do empreendimento.
Classe de custo	Médio, dependendo da solução adotada.
Impacto esperado	Ambiental – Média intensidade; Social – Média intensidade

P 27. **Priorizar as coberturas verdes**	
Objetivo	Melhorar o isolamento térmico e acústico do edifício e auxiliar na condução das águas pluviais, atrasando o escoamento para o sistema de drenagem.
Por que	Para economia de energia elétrica, melhorar o microclima da região (redução de ilhas de calor), aumentar a vida útil do sistema de escoamento de águas pluviais e contribuir com o reequilíbrio ambiental, trazendo benefícios à saúde pública e à biodiversidade.
Como	Sobre a laje impermeabilizada estende-se uma manta geotêxtil para impedir que partículas de areia e solo ou raízes passem para a tubulação de águas pluviais. Em seguida, faz-se uma camada de argila expandida, um substrato leve que mantêm arejado o fundo da cobertura, impedindo o apodrecimento das raízes e facilitando o escoamento da água. Estende-se, então, outra camada de manta geotêxtil para que o solo não se misture à argila, seguida de uma camada de substrato de no mínimo 10 cm, que receberá as plantas (grama ou outro tipo de vegetação). Por fim, instalam-se rufos de fibra ou metálicos para evitar infiltrações.
Materiais necessários	Manta geotêxtil, dutos de irrigação e drenagem, solo, adubo, grama e plantas ornamentais.
Responsabilidades	Construtora, arquiteto (ou engenheiro civil), engenheiro responsável.
Quando	Decisão pela implantação do telhado verde ocorre na fase de elaboração do projeto arquitetônico e sua implantação na fase final de execução.
Classe de custo	Médio
Impacto esperado	Ambiental – Alta intensidade; Social – Média intensidade

P 28. **Destinar áreas à infiltração de águas pluviais**	
Objetivo	Diminuir o volume de águas pluviais que chega ao sistema de drenagem urbana e alimentar os lençóis freáticos.
Por que	O avanço da urbanização e o adensamento indiscriminado das construções eliminam a vegetação natural e impermeabilizam cada vez mais o solo urbano, alterando o ciclo hidrológico natural. As construções e pavimentações se multiplicam com muita velocidade nas cidades. Nesse cenário, enchentes e inundações se repetem progressivamente. Além disso, uma das consequências do aquecimento global é a intensificação de fenômenos naturais, ou seja, chuvas intensas têm sido registradas em intervalos cada vez mais curtos nos últimos anos, provocando grandes danos ao sistema de drenagem urbana. A redução da infiltração de águas pluviais no solo tem influência direta no nível do lençol freático por falta de alimentação, especialmente em extensas áreas urbanas. Por outro lado, as legislações municipais impõem limites mínimos para áreas permeáveis nos terrenos. No caso de Maringá – PR, por exemplo, a Lei Complementar n. 331/99 (Lei de Uso e Ocupação do Solo), em seu art. 26, estabelece que deve ser mantida uma área permeável mínima de 10% da área do lote, em qualquer zona da cidade. Há algumas particularidades adicionais exigíveis para atendimento desse requisito. Ressalta-se ainda que em algumas ferramentas para a certificação ambiental da edificação, exige-se um percentual mínimo acima das exigências estabelecidas na legislação municipal para as áreas permeáveis.

Como	É importante observar o que prevê a legislação municipal. No caso de Maringá, a área permeável direta do lote deverá estar obrigatoriamente no nível do pavimento térreo e sua superfície deve ser calculada como segue: ▪ No mínimo 1/3 da área permeável exigida deverá estar contida no recuo frontal do lote; ▪ Qualquer área permeável deverá conter um círculo com diâmetro mínimo de 2 metros; ▪ Em área permeável com revestimento em concregrama, sua superfície será considerada em 50% para efeito de cálculo da área permeável mínima; ▪ A área de estacionamento de qualquer tipo de veículo (autos, motos, bicicletas), com revestimento em concregrama, não será considerada como área permeável. Percebe-se, portanto, que a alternativa de emprego dos revestimentos de pisos em forma de estrutura de concreto vazado, com grama nos vãos, deve ser especificada com critérios. Há ainda a possibilidade de utilização dos concretos porosos para esse mesmo fim. A ABNT NBR 16416:2015 (Pavimentos permeáveis de concreto – Requisitos e procedimentos) estabelece os requisitos mínimos para o projeto, especificação, execução e manutenção de pavimentos permeáveis de concreto, construídos com revestimentos de peças de concreto intertravadas, placas de concreto ou pavimento de concreto moldado no local. Com a elevação da edificação em pilotis e a distribuição de áreas permeáveis no entorno, é possível preservar e integrar espaços verdes naturais ou cultivados, melhorando a qualidade de vida.
Materiais necessários	Placas de concregrama, paver em concreto poroso ou simplesmente grama.
Responsabilidades	Construtora, arquiteto (ou engenheiro civil) e engenheiro responsável.
Quando	Previsão das áreas permeáveis deve ser observada na fase de elaboração do projeto arquitetônico e sua implantação na fase final de execução.
Classe de custo	Baixo
Impacto esperado	Ambiental – Média intensidade

P 29. Implantar sistema de aproveitamento de águas pluviais	
Objetivo	Economizar água potável da rede de abastecimento público por meio do uso de águas pluviais, para fins específicos.
Por que	Primeiramente, há atividades cotidianas na ocupação da edificação que carecem do uso de água, mas não precisam de água potável. E, tendo em vista a crescente ameaça de escassez de água em muitas localidades, torna-se cada vez mais apropriada a diversificação das fontes de água utilizadas. Esses dois fatores, quando em conjunto, incentivam o uso de águas não potáveis para fins adequados, como limpeza da edificação, uso em descargas de vasos sanitários, limpeza de veículos, atividades rotineiras de jardinagem, entre outros.
Como	Implementação de calhas, tubulações, filtros e recipientes para o armazenamento das águas pluviais precipitadas sobre coberturas, paredes e pátios. No início das tubulações, logo após as calhas, devem ser instalados filtros mecânicos (ex.: malha metálica) para evitar a condução de sólidos com a água, tais como folhas, sacos plásticos, madeiras e outros detritos. Deve também existir, antes do recipiente de armazenamento das águas, um dispositivo que permite o descarte das primeiras águas que incidem nos locais de captação, pois essas carregam consigo maiores quantidades de impurezas, tais como poeira, fezes de animais, entre outras, inviabilizando o seu uso imediato. O recipiente final deve atender ao volume de água coletado e deve ser posicionado de forma a melhor ser utilizado, necessitando ou não de bomba hidráulica. Caso haja uma precipitação que venha a exceder a capacidade do reservatório, deve ser estudada a melhor forma de destinação dessa água. Sugere-se que seja transmitida ao solo de forma gradual e esparsa para manutenção física do solo e lençóis freáticos (Exemplo: caixa de acumulação). Caso o excedente seja de grande amplitude, pode-se conduzi-lo para a rede de drenagem pública.
Materiais necessários	Calhas, tubulações, recipientes de armazenamento de água, filtros mecânicos (malhas). Eventualmente bomba hidráulica.
Responsabilidades	Construtora, engenheiro responsável pelo projeto hidrossanitário e engenheiro responsável.
Quando	Decisão pela utilização das águas pluviais deve ocorrer na fase de elaboração do projeto hidráulico e a instalação do sistema e equipamentos ocorre na fase de execução do sistema hidrossanitário.
Classe de custo	Médio
Impacto esperado	Ambiental – Alta intensidade

P 30. **Implantar sistema para reuso de águas cinzas**	
Objetivo	Economizar água potável da rede de abastecimento público por meio do reuso de águas cinzas, para fins adequados.
Por que	Primeiramente, há atividades cotidianas na ocupação da edificação que não carecem do uso de água potável. E, tendo em vista a crescente ameaça de escassez de água doce em muitas localidades, torna-se cada vez mais apropriada a diversificação das fontes de água utilizadas. Esses dois fatores, quando em conjunto, incentivam o uso de águas já utilizadas (águas cinzas) para descargas sanitárias, lavagem de pisos, rega de plantas e outros. Águas cinzas são aquelas procedentes da utilização do chuveiro, do lavatório e da máquina de lavar roupas, ou seja, não contém gorduras e nem matéria fecal ou urina (neste caso chamam-se águas negras). É relevante ressaltar que as águas de reuso podem ficar com aparência e cheiro diferentes, dependendo de sua procedência e de quais produtos químicos foram misturados a elas.
Como	Para a implantação de sistema de reuso de águas cinzas, o profissional contratado para a elaboração do projeto hidrossanitário deve estar ciente da necessidade de coleta dessas águas em um recipiente (cisterna), e de separação com as águas negras ou que contêm gorduras. No local de acumulação das águas cinzas deve ser instalado um sistema constituído por filtros e eventualmente cloração, os quais devem tornar a água adequada à reutilização na edificação. No mercado há fornecedores que desenvolveram equipamentos para atender aos diversos tipos de consumidores e suas respectivas demandas. O recipiente que recebe a água filtrada e tratada deve atender ao volume de água coletado e deve ser posicionado de forma a melhor ser utilizado. Eventualmente podem ser necessárias bombas hidráulicas. É importante sinalizar os pontos de consumo de água de reuso, indicando que aquela água não é potável. Outra providência para evitar acidentes, sobretudo com as crianças, é a retirada do volante das torneiras que permitem o escoamento dessas águas.
Materiais necessários	Tubulações, recipientes de armazenamento de água, filtros mecânicos (malhas) e bomba hidráulica.
Responsabilidades	Construtora, engenheiro civil responsável pelo projeto hidrossanitário, engenheiro responsável.
Quando	Decisão pelo reuso das águas cinzas deve ser tomada na fase de elaboração do projeto hidrossanitário e a sua concretização se dará na fase de execução do sistema hidrossanitário do empreendimento.
Classe de custo	Médio
Impacto esperado	Ambiental – Média intensidade

<table>
<tr><th colspan="2">P 31. **Utilizar energia produzida a partir de fontes renováveis**</th></tr>
<tr><td>Objetivo</td><td>Incentivar o consumo de energia elétrica procedente de fontes de energia limpa.</td></tr>
<tr><td>Por que</td><td>Em 2015, a Assembleia Geral das Nações Unidas estabeleceu um conjunto de 17 metas globais conhecidas como Objetivos de Desenvolvimento Sustentável (ODS). A meta 07 é focada na Energia limpa e acessível, a partir da qual se pretende garantir acesso à energia barata, confiável, sustentável e renovável para todos.

Neste contexto, a geração distribuída de energia elétrica – que se dá no próprio local de consumo – a partir de painéis fotovoltaicos, alinha-se claramente com as propostas do desenvolvimento sustentável. A energia solar é proveniente da luz e do calor do Sol, sendo utilizada para aquecimento de água e produção de energia fotovoltaica. Por meio do uso de materiais semicondutores, como o silício cristalino, a energia luminosa é convertida em energia elétrica. É a fonte de energia limpa cujo uso mais cresce no mundo.</td></tr>
<tr><td>Como</td><td>Para se utilizar a energia fotovoltaica nas edificações, as células fotovoltaicas são montadas dentro de um painel solar, visando proteção e durabilidade. Esses painéis, por sua vez, são conectados a outros para compor o sistema solar fotovoltaico, o qual é constituído por:

▪ Painéis solares;
▪ Sistema de fixação das placas solares;
▪ Inversor solar;
▪ Cabeamentos e conectores.

O inversor solar é um componente importante do sistema e sua função basicamente é inverter, de corrente contínua para corrente alternada, a energia elétrica gerada pelos painéis solares.

Para o funcionamento do sistema solar fotovoltaico também se faz necessária a substituição do medidor de energia para os modelos bi-direcionais. Esse medidor registra o excesso de energia que é produzida na edificação e injetada na rede da distribuidora. No período noturno, quando não se tem a luz solar, o medidor então registra a energia elétrica consumida a partir da rede da distribuidora. Portanto, a energia que vai para a rede converte-se em créditos que serão utilizados pelo consumidor no período noturno. Cada distribuidora tem suas regras e exigências para conectar o sistema solar fotovoltaico na rede elétrica.

É importante ressaltar que a energia solar é uma alternativa eficiente para o aquecimento de água. Esse sistema é composto por painéis solares (por onde a água circula para ser aquecida) e um reservatório (boiler) de armazenamento de água quente. A opção pelo sistema solar de aquecimento de água tem custos inferiores ao do sistema fotovoltaico, mas mesmo assim é eficaz para a redução das contas de energia elétrica.</td></tr>
</table>

Materiais necessários	No caso de geração de energia elétrica: painéis solares, inversor, sistema de fixação dos painéis solares, cabeamentos, conectores e eletrodutos. No caso de geração de água quente: painéis solares, reservatório de acumulação e tubulações.
Responsabilidades	Construtora; engenheiro responsável pelo projeto de instalações elétricas; empresa instaladora de painéis solares; engenheiro responsável.
Quando	A decisão pela geração de energia elétrica no empreendimento acontece na fase de elaboração dos projetos. No modelo contemporâneo de elaboração de projeto integrado, todos os projetistas participam das decisões projetuais. Desse modo, o projetista arquitetônico deverá prever a geometria e orientação adequada dos telhados para a fixação dos painéis solares. A instalação ocorre na fase de execução das instalações.
Classe de custo	Alto
Impacto esperado	Ambiental – Alta intensidade

6.2 – Especificação dos materiais e equipamentos

Na sequência encontram-se elencadas as práticas consideradas positivas no que tange aos impactos ambientais e/ou sociais decorrentes da especificação dos materiais de construção e equipamentos para o empreendimento. Para posterior referência, as práticas contidas nesta seção são iniciadas com a letra E no início da codificação, conforme Quadro 6.2.

Quadro 6.2 – Práticas relacionadas à etapa de Especificação dos Materiais e Equipamentos (E)

E 1.	Priorizar materiais que incorporam baixo nível de energia
E 2.	Privilegiar os materiais produzidos e comercializados na região
E 3.	Utilizar cimento Portland do tipo CP-III ou CP-IV
E 4.	Especificar o adobe
E 5.	Especificar os blocos de solo-cimento
E 6.	Reutilizar rochas ornamentais
E 7.	Especificar e adquirir madeiras certificadas
E 8.	Utilizar madeira de demolição
E 9.	Privilegiar o uso do bambu
E 10.	Especificar materiais reaproveitados e reciclados
E 11.	Instalar medidores individuais de água, energia elétrica e GLP
E 12.	Especificar bacias sanitárias com consumo otimizado para caixa acoplada
E 13.	Especificar válvulas de descarga de fluxo duplo
E 14.	Indicar o uso de torneiras com dispositivos arejadores
E 15.	Especificar lâmpadas LED
E 16.	Instalar dispositivo sensor de presença em áreas comuns
E 17.	Instalar *dimmers* para o controle da iluminação artificial
E 18.	Impermeabilizar sem produtos tóxicos
E 19.	Especificar tintas sem Compostos Orgânicos Voláteis (COV)
E 20.	Evitar o PVC (Policloreto de Polivinila)
E 21.	Não especificar ou manipular cautelosamente o amianto
E 22.	Não utilizar equipamentos e produtos contendo clorofluorcarbonetos (CFC)
E 23.	Especificar elevadores inteligentes

SÍNTESE DAS PRÁTICAS SUSTENTÁVEIS PARA A PRODUÇÃO,

USO E MANUTENÇÃO DE EDIFICAÇÕES

ETAPA DE:

ESPECIFICAÇÃO DOS MATERIAIS E EQUIPAMENTOS

E 1. **Priorizar materiais que incorporam baixo nível de energia**	
Objetivo	Diminuir os impactos ambientais associados aos materiais e componentes construtivos, por meio da especificação de produtos com baixos índices de energia incorporada.
Por que	O projeto da edificação ecoeficiente tem como alvo a redução da quantidade de energia incorporada, a qual consiste em uma forma de se avaliar o impacto ambiental associado aos materiais de construção, consistindo em um critério para sua especificação. É possível determinar ou estimar a energia incorporada em um componente construtivo ou até mesmo em todo o edifício. No cálculo da quantidade de energia que cada material incorpora são considerados: a energia necessária para produção do material; as emissões de CO_2 decorrentes; os impactos ambientais advindos da extração das matérias-primas; o transporte; e outros. O aço, o alumínio e o vidro estão no topo da lista dos materiais que mais incorporam energia, enquanto que a madeira, o bambu, a rocha produzida na região da construção e o barro ocupam o outro extremo da lista.
Como	O projetista deve avaliar a durabilidade do material que será especificado, já que a energia incorporada se torna menos impactante em longos prazos. Priorizar os materiais produzidos nas proximidades do local de execução do empreendimento, pois diminui a queima de combustível para o transporte, além de incentivar a indústria e o comércio da região. Pesquisar os bancos de dados que informam a energia incorporada por quilo de produto.
Materiais necessários	Nenhum.
Responsabilidades	Construtora e arquiteto (ou engenheiro civil).
Quando	Decisão se dá na fase de especificação dos materiais de construção.
Classe de custo	Baixo
Impacto esperado	Ambiental – Alta intensidade

E 2.	**Privilegiar os materiais produzidos e comercializados na região**
Objetivo	Diminuir os impactos ambientais associados ao transporte rodoviário dos materiais de construção.
Por que	No Brasil, aproximadamente 60% da movimentação de mercadorias e deslocamentos de passageiros ocorrem por meio do transporte rodoviário, segundo dados publicados pela Confederação Nacional do Transporte (CNT). O país possui a quarta maior rede de estradas do mundo. Segundo reportagem publicada no jornal Estadão, em 15 de abril de 2019, o transporte (prioritariamente o rodoviário de cargas e o individual de passageiros) é o principal emissor de CO_2 do setor de energia brasileiro, representando 48% do total. A informação procede do relatório do Sistema de Estimativas de Emissões de Gases de Efeito Estufa (SEEG), que dispõe de dados no período de 1990 até 2017. Além disso, a especificação de materiais de construção e/ou equipamentos produzidos nas proximidades da obra incentiva e fortalece o comércio e a indústria local, impactando na geração de empregos e renda.
Como	O projetista deve priorizar a especificação de materiais e equipamentos produzidos nas proximidades do local da construção. Além disso, sugere-se consultar os bancos de dados relativos à avaliação do ciclo de vida (ACV) do produto, certificando-se de indicar aqueles que resultam em menores impactos ambientais.
Materiais necessários	Nenhum.
Responsabilidades	Construtora e arquiteto (ou engenheiro civil).
Quando	Decisão se dá na fase de especificação dos materiais de construção.
Classe de custo	Baixo
Impacto esperado	Ambiental – Alta intensidade; Social – Média intensidade

E 3. **Utilizar cimento Portland do tipo CP-III ou CP-IV**	
Objetivo	Diminuir os impactos ambientais resultantes da produção do clínquer, por meio da incorporação de escórias de altos-fornos e materiais pozolânicos.
Por que	O clínquer é a matéria-prima básica para a produção do cimento Portland. Obtém-se o clínquer em fornos rotativos, à temperatura de 1.450 °C, geralmente por meio da queima de combustíveis não renováveis. Com isso, há uma enorme quantidade de energia incorporada e estima-se que sejam emitidos entre 800 a 1.000 kg de CO_2 para cada tonelada de clínquer produzido. Para mitigar os impactos ambientais decorrentes da produção do clínquer, a indústria incorpora resíduos ao cimento Portland. Entre os resíduos utilizados para esse fim encontram-se as escórias de altos-fornos e os materiais pozolânicos. A escória de alto-forno é um tipo de resíduo que, se descartado de forma indevida, causa grandes danos ao meio ambiente. Por sua vez, os materiais pozolânicos conferem uma maior durabilidade ao concreto, alinhando-se com as exigências da sustentabilidade.
Como	A escória de alto-forno é um subproduto da produção do ferro gusa, na proporção de 200 a 300 kg de escória por tonelada de ferro gusa. É constituída majoritariamente por silicatos e alumino-silicatos de cálcio. Na produção do cimento Portland do tipo III, incorpora-se uma quantidade de escória compreendida na faixa entre 35 e 70% da massa de cimento. Por outro lado, as pozolanas são cinzas obtidas em usinas termelétricas, na queima de resíduos vegetais ou de extração do carvão mineral. Na produção do cimento Portland do tipo IV são incorporados materiais pozolânicos, cujos teores estão compreendidos entre 15 e 50% da massa de cimento Portland. Apesar dos evidentes benefícios decorrentes da utilização dos cimentos Portland do tipo CP-III e CP-IV, é conveniente ressaltar que o profissional responsável pela especificação dos materiais deve constatar a disponibilidade desses materiais na região onde será realizada a construção. Caso contrário, o transporte em caminhões por longas distâncias pode reduzir ou até mesmo eliminar os ganhos ambientais decorrentes da substituição de materiais.
Materiais necessários	Cimento de alto-forno (CP-III) ou cimento pozolânico (CP-IV).
Responsabilidades	Construtora, engenheiro responsável e empresa concreteira.
Quando	Decisão deve ser tomada na fase de elaboração do projeto estrutural e de especificação dos materiais.
Classe de custo	Baixa
Impacto esperado	Ambiental – Alta intensidade

E 4. **Especificar o adobe**	
Ilustração	 Fonte: Emesik (CC BY-SA 3.0, https://commons.wikimedia.org/w/index.php?curid=6038953)
Objetivo	Quando for adequado ao clima do local e houver disponibilidade na região, substituir o tijolo cerâmico convencional pelo adobe.
Por que	O adobe é um bloco de argila, normalmente moldado à mão, que passa por secagem ao sol, dispensando a queima. O material foi utilizado na construção do minarete ilustrado acima, em uma vila do Irã. Com isso, sua fabricação se mostra mais sustentável que a do tijolo cerâmico convencional, além de o solo a ser utilizado poder ser retirado do próprio local da obra. Não há qualquer tipo de comprometimento da segurança da edificação com a utilização do adobe, desde que o mesmo não seja utilizado em alvenaria estrutural. Por fim, a produção artesanal do adobe gera trabalho e renda para comunidades carentes. Por esse motivo, a especificação do material fortalece a economia local.
Como	O adobe é feito a partir de solo – livre de matéria orgânica e geralmente retirado de uma profundidade de 40 cm. Ao solo adiciona-se a água para formar uma massa que, após o emassamento, será colocada na fôrma. A partir daí só é necessário o tempo de secagem ao sol, não necessitando haver queima dos blocos.
Materiais necessários	Solo, palha, água, fôrmas e betoneira.

Responsabilidades	Construtora e engenheiro responsável.
Quando	Decisão pelo emprego destes tijolos se dá na fase de especificação dos materiais de construção e, o seu emprego, durante a fase de execução.
Classe de custo	Baixo
Impacto esperado	Ambiental – Média intensidade; Social – Média intensidade

E 5. **Especificar os blocos de solo-cimento**	
Objetivo	Quando houver disponibilidade na região ou viabilidade técnica e econômica para a sua produção no local da obra, indicar os blocos de solo-cimento em substituição aos tijolos cerâmicos.
Por que	Trata-se de material cuja produção resulta em baixo impacto ambiental, por ser constituído basicamente de solo (areia e argila), que é abundante na natureza e também pode ser obtido no próprio local da obra. Possui boa resistência e perfeita impermeabilidade, resistindo bem ao desgaste do tempo e à umidade. Custa menos que os tijolos cerâmicos. Apresenta melhores condições de conforto e não oferece condições de proliferação de insetos nocivos à saúde pública. Dispensa a aplicação de chapisco, emboço e reboco.
Como	Inicialmente o solo deve ser peneirado e depois espalhado em uma superfície lisa, para em seguida adicionar o cimento Portland. Mistura-se até que a coloração esteja uniforme. Adiciona-se água em pequenas quantidades de maneira uniforme, evitando acúmulo em determinados pontos. Para verificar a umidade da massa, utiliza-se na prática procedimentos simples que se baseiam na coesão da massa fresca. Depois de preparação da massa, os blocos são moldados em prensas manuais ou mecânicas e vão para a secagem. No assentamento desses tijolos pode-se empregar cola PVA, argamassa de assentamento convencional ou uma mistura de cola, água e o próprio solo.
Materiais necessários	Solo, água, cimento Portland, betoneira e prensa.
Responsabilidades	Construtora e engenheiro responsável.
Quando	Decisão deve ser tomada na fase de projeto (modular) e especificação dos materiais de construção.
Classe de custo	Baixa (Economia de até 30% no custo total da obra)
Impacto esperado	Ambiental – Média intensidade

E 6. **Reutilizar rochas ornamentais**	
Objetivo	Evitar a utilização de rochas virgens, diminuindo assim os processos de extração que geram grande impacto ao meio ambiente.
Por que	São materiais muito duráveis, de elevada vida útil e que necessitam de poucos reparos, portanto, deve-se ter muito empenho para reutilizá-los. Na hipótese de fragmentação das peças maiores, ainda podem ser utilizados como brita para o concreto e na produção de granilha.
Como	Nas demolições ou reformas de edificações, tomar muito cuidado para extrair as rochas que foram assentadas em revestimentos, bancadas e outros fins, de modo que sejam reutilizadas em outras construções. Devido à durabilidade destes materiais, normalmente é suficiente um polimento para que as peças fiquem totalmente aptas para o reuso. Os resíduos de rochas podem ser aproveitados como brita no concreto. Também há alternativas para o revestimento de pisos da edificação. Neste último, as rochas trituradas podem ser disponibilizadas como opção na produção de granilite, que é composto de cimento Portland, pó de mármore e pequenas rochas, tornando-se uma alternativa mais barata e que substitui mármores e granitos.
Materiais necessários	Rochas ornamentais.
Responsabilidades	Construtora, arquiteto (ou engenheiro civil) e engenheiro responsável.
Quando	Na etapa de demolição de antigas construções, ter cuidado para aproveitar ao máximo as pedras assentadas. Na fase de execução dos revestimentos de pisos são empregadas as sobras de outras construções ou etapas do processo construtivo.
Classe de custo	Baixa
Impacto esperado	Ambiental – Média intensidade

E 7. **Especificar e adquirir madeiras certificadas**	
Objetivo	Especificar e somente adquirir madeira certificada para as estruturas, fôrmas e demais usos nas obras de engenharia civil.
Por que	O *Forest Stewardship Council* (FSC) – Conselho de Manejo Sustentável – é uma organização não-governamental, reconhecida internacionalmente, criada para contribuir com a promoção do manejo florestal cuidadoso e não-predatório. O Programa Brasileiro de Certificação Florestal (CERTFLOR) também atua nesta mesma área. A madeira certificada pode ser obtida em áreas de reflorestamento ou em florestas nativas. A escolha pela madeira certificada significa a garantia de que o produto adquirido é produzido de forma responsável do ponto de vista ambiental, ou seja, que a madeira procede de áreas de reflorestamento ou de áreas de manejo florestal. Observar a distância entre o local de produção da madeira e o canteiro de obras, pois longas distâncias aumentam a energia incorporada no produto.
Como	Para receber o selo de certificação é necessário que a empresa responsável pelo plantio e extração da madeira atenda a uma série de requisitos exigidos pelo órgão responsável. É importante saber que o Documento de Origem Florestal (DOF) é apenas um documento que acompanha o material, durante o transporte, mas que não tem valor de certificação da forma de manejo da madeira.
Materiais necessários	Madeira certificada.
Responsabilidades	Construtora, arquiteto (ou engenheiro civil) e engenheiro responsável.
Quando	Decisão pela utilização de madeiras certificadas se dá na fase de especificação dos materiais de construção que serão utilizados no empreendimento.
Classe de custo	Médio
Impacto esperado	Ambiente – Alta intensidade

E 8. **Utilizar madeira de demolição**	
Objetivo	Reutilizar madeiras advindas da demolição de antigas construções.
Por que	Muitas edificações antigas foram construídas a partir do emprego de madeiras hoje consideradas nobres. Quando essas edificações necessitam ser demolidas, é possível e desejável fazer a reutilização da madeira. Dessa forma, evita-se o descarte de madeiras nobres que ainda oferecem boas condições de uso. Por outro lado, reduz-se a quantidade de árvores que serão cortadas para atender à demanda de madeira em novas construções.
Como	A madeira de demolição pode servir para a construção de estruturas, confecção de móveis e também como matéria-prima para diversos elementos decorativos e de acabamentos no interior das edificações.
Materiais necessários	Madeira de demolição.
Responsabilidades	Construtora, arquiteto (ou engenheiro civil) e engenheiro responsável.
Quando	Em caso de demolição de edificações antigas de madeira, eventualmente existentes no local onde será construída a nova edificação.
Classe de custo	Baixo
Impacto esperado	Ambiental – Média intensidade

E 9. **Privilegiar o uso do bambu**	
Objetivo	Utilizar um material altamente renovável (pode ser cultivado em solos ruins), que pode substituir a madeira em diferentes usos.
Por que	É uma importante alternativa construtiva, pois tem crescimento rápido (leva cerca de três anos para crescer) e de baixo custo. É o maior consumidor de gás carbônico do reino vegetal e possui um consumo energético reduzido. É um material leve, que tem uma excelente resistência à tração. Além disso, pode ser utilizado como ornamento.
Como	Como possui elevada resistência à tração e é mais leve que a madeira, é recomendável para vencer grandes vãos, desde que observadas as limitações intrínsecas à constituição natural do material. Encontram-se facilmente aplicações para o bambu, tais como: pilar, viga, caibro, ripa, telha, dreno, piso e revestimento. Se tratado corretamente, tem a mesma durabilidade que as madeiras de lei. Além disso, seu uso pode ser estendido a escadas, janelas, paredes, servindo de isolante acústico e até mesmo substituindo tijolos. No Brasil, há alguma dificuldade em se encontrar mão de obra especializada na utilização do bambu como material de construção, possivelmente pela falta de tradição nesta especialidade.
Materiais necessários	Bambu e outros, dependendo da fase da obra em que será utilizado.
Responsabilidades	Construtora, arquiteto (ou engenheiro civil) e engenheiro responsável.
Quando	Decisão pela sua utilização se dá na fase de elaboração do projeto arquitetônico e nas especificações dos materiais de construção.
Classe de custo	Baixo
Impacto esperado	Ambiental – Alta intensidade

E 10. **Especificar materiais reaproveitados e reciclados**	
Objetivo	Utilizar sobras de materiais ou materiais procedentes de demolição (reutilização) e reciclagem.
Por que	A escassez de alguns materiais de construção – sobretudo aqueles de origem não-renovável – é realidade em muitos locais. As reservas de minério destinado à extração do cobre já estão em níveis críticos e não é fácil obter um material renovável que possa substituí-lo com as mesmas propriedades. Adicionalmente, a produção de madeiras de lei está concentrada em regiões muito distantes dos principais centros consumidores, tornando inadequada a sua especificação em canteiros de obras situados a milhares quilômetros de distância.
Como	Uma das opções, portanto, é a reutilização dos materiais ou as suas sobras. O eco-mosaico, por exemplo, é um painel constituído de materiais reciclados de diversas origens, constituindo-se em opção viável para esta necessidade. Dessa forma, reutilizam-se, na própria obra, resíduos de materiais gerados na fase de construção. É feito um reprocessamento do material descartado como resíduo proveniente da fase construtiva. Dessa forma, produzem-se painéis que podem ser usados com função decorativa revestindo paredes.
Materiais necessários	Resíduos de madeira; resíduos de construção civil.
Responsabilidades	Construtora, arquiteto (ou engenheiro civil) e engenheiro responsável.
Quando	As sobras de materiais são coletadas durante a fase de execução e os painéis são empregados na fase de acabamento do empreendimento.
Classe de custo	Baixo
Impacto esperado	Ambiental – Média intensidade

E 11. **Instalar medidores individuais de água, energia elétrica e GLP**	
Objetivo	Permitir a aferição do consumo de água, energia elétrica e GLP de forma particular para cada unidade consumidora (ex: apartamentos).
Por que	A aferição individual de cada insumo incentiva a redução do consumo, uma vez que, tanto o excesso quanto a economia, produzem resultados financeiros diretos para o consumidor. A Lei n. 13.312, de 12 de julho de 2016, torna obrigatória a medição individualizada do consumo hídrico em novas edificações condominiais. De acordo com o Art. 3º, essa exigência passará a vigorar decorridos cinco anos de publicação oficial da lei, portanto, entrará em vigora partir de julho de 2021.
Como	Devem ser instalados medidores individuais para cada unidade consumidora. Estes devem ser identificados de acordo com o seu usuário para fácil aferição do órgão competente. Verificar especificações com as concessionárias locais.
Materiais necessários	Medidores de água (hidrômetros), medidores de energia elétrica e medidores de vazão de gás.
Responsabilidades	Construtora; engenheiros projetistas de instalações hidráulicas, elétricas e de GLP; e engenheiro responsável.
Quando	Decisão pela medição individualizada acontece na fase de elaboração dos projetos complementares de distribuição de água, energia elétrica e GLP. A instalação ocorre na fase de execução das instalações.
Classe de custo	Médio
Impacto esperado	Ambiental – Alta intensidade

E 12.	Especificar bacias sanitárias com consumo otimizado para caixa acoplada
Objetivo	Diminuir o consumo de água por meio da utilização de bacias sanitárias que exigem menor volume de água para a descarga.
Por que	Estudos divulgados pelo Instituto de Pesquisas Tecnológicas (IPT), em parceria com a Companhia de Saneamento Básico do Estado de São Paulo (SABESP), mostram que a bacia sanitária é a responsável pelo maior consumo de água em uma residência (cerca de 30% do total). As antigas válvulas de descarga instaladas nas paredes consumiam em torno de 18 litros em cada descarga, além de exigirem tubulações com maior diâmetro e provocarem danos no sistema devido ao golpe de aríete. As bacias sanitárias passaram por um processo de padronização para que a limpeza seja efetivada com o consumo de 6 litros por fluxo.
Como	Especificar e instalar bacias sanitárias com sistema de descarga padronizado para um menor consumo por fluxo.
Materiais necessários	Bacias sanitárias que atendem às normas em termos de consumo eficiente de água e caixa acoplada.
Responsabilidades	Construtora, arquiteto (ou engenheiro civil) e engenheiro responsável.
Quando	Decisão pela adoção do sistema se dá na fase de elaboração do projeto hidrossanitário e a instalação dos equipamentos na fase de colocação das louças sanitárias do empreendimento.
Classe de custo	Médio
Impacto esperado	Ambiental – Alta intensidade

E 13. **Especificar válvulas de descarga de fluxo duplo**	
Ilustração	
Objetivo	Utilizar a válvula de descarga de fluxo duplo, em substituição à válvula convencional, para economia de água nas descargas.
Por que	Os mecanismos duplos – também conhecidos como válvulas de descarga de fluxo duplo (*dual flush*) – são sistemas que oferecem ao usuário a possibilidade de dar uma descarga parcial de 3 litros (ideal para limpar a bacia sanitária com resíduos líquidos) ou uma descarga total de 6 litros (ideal para resíduos sólidos). Portanto, a válvula de fluxo duplo é mais econômica do que a válvula convencional, pois permite o controle da quantidade de água utilizada na limpeza.
Como	As válvulas de descarga de fluxo duplo devem ser instaladas em caixas acopladas às bacias sanitárias. Eventualmente podem ser instaladas nas paredes, com funcionamento semelhante ao das válvulas de descarga convencionais, com limitação do fluxo. Nas edificações de uso coletivo é indispensável a fixação de adesivos que expliquem o funcionamento da válvula, de modo que se obtenha êxito na limpeza com apenas um acionamento.
Materiais necessários	Válvula de descarga de fluxo duplo.
Responsabilidades	Construtora, arquiteto (ou engenheiro civil), engenheiro responsável.
Quando	Decisão pelo emprego desta válvula se dá na especificação dos materiais de construção, em conjunto com as definições do projeto hidrossanitário.
Classe de custo	Baixo
Impacto esperado	Ambiental – Alta intensidade

E 14. **Indicar o uso de torneiras com dispositivos arejadores**	
Ilustração	
Objetivo	Diminuir o consumo de água pela utilização de dispositivos arejadores.
Por que	De acordo com a ABNT NBR 10281:2015 (Torneiras – Requisitos e métodos de ensaio), os arejadores são dispositivos reguladores de fluxo montados na extremidade das torneiras, destinados a promover o direcionamento do fluxo e incorporar ar à água. A incorporação de ar ao jato de água causa, ao usuário, a impressão de uma maior vazão, portanto reduz o consumo de água potável sem comprometer a eficiência dos equipamentos hidráulicos.
Como	Instalar – e não retirar na etapa de uso – os dispositivos arejadores nas extremidades das torneiras. Boa parte das torneiras de lavatório e pia de cozinha já vem com estes dispositivos instalados. Em outros países são encontrados dispositivos adesivados com estampas diversas (inclusive de times de futebol), além de incorporarem lâmpadas LED para colorir o jato de água, como meios de incentivar o seu uso. Em torneiras de tanque, de máquina de lavar roupas, de uso geral e de jardim não se instalam estes dispositivos.
Materiais necessários	Dispositivos arejadores de água que tradicionalmente acompanham as torneiras.
Responsabilidades	Construtora e engenheiro responsável.
Quando	Decisão da instalação ocorre na fase de elaboração do projeto hidráulico e a instalação dos equipamentos na fase de execução do sistema hidráulico.
Classe de custo	Baixo
Impacto esperado	Ambiental – Média intensidade

E 15. **Especificar lâmpadas LED**	
Objetivo	Diminuir o consumo de energia elétrica devido à maior eficiência das lâmpadas LED.
Por que	Para economia de energia elétrica, pois consomem aproximadamente 30% menos energia que as lâmpadas fluorescentes. Além disso, há uma pequena geração de calor no processo, o que ajuda na economia energética. A manutenção também é outro atrativo, já que as lâmpadas LED têm uma vida útil média de 30.000 horas, que dependendo do uso vai durar entre 3 a 10 anos. Como elas possuem um *drive* interno, dificilmente queimam. As lâmpadas LED não possuem componentes tóxicos na sua composição. Praticamente todos os seus componentes são recicláveis.
Como	Substituir as lâmpadas incandescentes ou fluorescentes pelas lâmpadas LED. As lâmpadas LED são muito mais eficientes, pois produzem a mesma quantidade de luz utilizando menor quantidade de energia.
Materiais necessários	Lâmpadas LED.
Responsabilidades	Construtora, engenheiro eletricista e engenheiro responsável.
Quando	Decisão pela adoção de lâmpadas LED ocorre na fase de elaboração do projeto elétrico e a instalação das lâmpadas na fase final de execução do sistema elétrico.
Classe de custo	Médio
Impacto esperado	Ambiental – Média intensidade

E 16.	Instalar dispositivo sensor de presença em áreas comuns
Objetivo	Diminuir o consumo de energia elétrica, pela utilização de iluminação artificial apenas quando necessária ao ambiente.
Por que	Para economia de energia elétrica, particularmente nas áreas de uso comum de edificações condominiais. Embora haja o rateio mensal das despesas referentes ao consumo de energia elétrica das áreas comuns, quem mora em condomínios reiteradamente se depara com moradores que não se preocupam com a economia de energia elétrica dessas áreas.
Como	Projetar e instalar os interruptores de luz com sensor de presença em áreas de uso comum. Esta recomendação traz benefícios durante a fase de uso e ocupação da edificação e também pode ser considerada durante a execução do empreendimento (escadas enclausuradas sem iluminação natural).
Materiais necessários	Interruptores de luz com sensor de presença.
Responsabilidades	Construtora, projetista de instalações elétricas e engenheiro responsável.
Quando	1. Decisão pela instalação se dá na fase de elaboração do projeto elétrico e a instalação dos equipamentos na fase de execução do sistema elétrico do empreendimento. 2. Instalação provisória na fase de execução do empreendimento, para atender especificamente as áreas que ficam escuras mesmo durante o dia, como é o caso de escadas enclausuradas, subsolos e outros.
Classe de custo	Baixo
Impacto esperado	Ambiental – Baixa intensidade

E 17. **Instalar *dimmers* para o controle da iluminação artificial**	
Objetivo	Diminuir o consumo de energia elétrica por meio do aproveitamento da luz natural.
Por que	O *dimmer* – também chamado de variador de luminosidade – é um aparelho que permite regular a intensidade da iluminação. Atividades diferentes que são realizadas em um mesmo ambiente exigem diferentes níveis de intensidade luminosa. Além disso, durante o dia muitos ambientes recebem iluminação natural, dispensando a iluminação artificial em sua capacidade máxima. Por suas características, o *dimmer* é um aparelho relevante no auxílio à economia de energia elétrica.
Como	Instalação de sensores de luz em ambientes favoráveis à utilização de luz natural, associados aos dispositivos de controle de intensidade da luz artificial, pré-programados para o equilíbrio luminoso. Alternativamente podem ser instalados dispositivos de controle de intensidade da luz artificial programados com o tempo. Para se conseguir êxito no controle da luminosidade, além da instalação do *dimmer* a lâmpada deve permitir a regulagem da intensidade do brilho (geralmente as lâmpadas LED).
Materiais necessários	*Dimmers* pré-programáveis e sensores de luz.
Responsabilidades	Construtora, engenheiro eletricista e engenheiro responsável.
Quando	Decisão pela instalação deve ocorrer na fase de elaboração do projeto elétrico e os equipamentos são instalados na fase de execução do sistema elétrico.
Classe de custo	Baixo
Impacto esperado	Ambiental – Média intensidade

E 18. **Impermeabilizar sem produtos tóxicos**	
Objetivo	Evitar o uso de recursos não renováveis e impedir o uso de produtos tóxicos nas impermeabilizações e proteções de superfícies.
Por que	As impermeabilizações são indispensáveis para a durabilidade das edificações, mas até o momento não se tem uma lista dos produtos impermeabilizantes que sejam menos agressivos ao meio ambiente ou à saúde humana. A fabricação de impermeabilizantes isentos de solventes e com baixo teor de compostos orgânicos voláteis reduz os danos causados ao ambiente. Alguns produtos já podem ser encontrados no mercado, sendo à base d'água e de poliuretano vegetal.
Como	Proceder a substituição dos produtos ou processos de impermeabilização convencionais por aqueles que comprovadamente não sejam prejudiciais à saúde humana e ao meio ambiente. Dentre estes, encontram-se os silicones – que não derivam do petróleo e apresentam composição mineral – e os produtos de origem vegetal.
Materiais necessários	Impermeabilizantes que não sejam derivados do petróleo.
Responsabilidades	Construtora, engenheiro responsável e empresas especializadas em impermeabilização.
Quando	Decisão pela utilização de produtos impermeabilizantes menos agressivos se dá na fase de especificação dos materiais de construção, sendo posteriormente aplicados nas fases de impermeabilização das fundações, estruturas, vedações e de acabamentos.
Classe de custo	Baixo
Impacto esperado	Ambiental – Média intensidade; Social – Média intensidade

E 19. **Especificar tintas sem Compostos Orgânicos Voláteis (COV)**	
Objetivo	Evitar a aplicação de tintas que têm compostos orgânicos voláteis (COV) e metais pesados em sua composição, reduzindo os impactos ao meio ambiente e os danos à saúde dos usuários.
Por que	Resíduos são produzidos desde a fabricação das tintas até o descarte das suas embalagens. Esses resíduos geralmente se enquadram na Classe I (perigosos), pois são inflamáveis, patogênicos, tóxicos, corrosivos e reativos. Os COV encontrados nas tintas e solventes podem provocar problemas de saúde a curto ou longo prazos.
Como	Atualmente estão disponíveis no mercado as tintas ecológicas, que são produzidas sem nenhuma substância derivada do petróleo. Existem também as chamadas tintas minerais naturais, sendo à base d'água e não impermeabilizando as paredes, mantendo o controle da umidade nas construções. Possuem alta durabilidade, são de fácil lavagem, não desbotam e a repintura é feita a cada 6 ou 10 anos.
Materiais necessários	Tintas que usam a água como solvente.
Responsabilidades	Construtora, arquiteto (ou engenheiro civil) e engenheiro responsável.
Quando	Decisão pelo uso das tintas ecológicas deve ser dar na fase de especificação dos materiais de construção.
Classe de custo	Baixo
Impacto esperado	Ambiental – Média intensidade; Social – Média intensidade

E 20. **Evitar o PVC (Policloreto de Polivinila)**	
Objetivo	Evitar o uso do PVC, por se tratar de um material produzido a partir do petróleo e que causa diversos danos à saúde humana.
Por que	É o plástico que mais oferece riscos ambientais e à saúde humana, tanto durante sua fabricação, quanto na fase de uso e disposição final. O PVC é organoclorado, ou seja, se encontra na classe de produtos sintéticos das dioxinas. Por sua vez, as dioxinas são os compostos sintéticos cancerígenos mais potentes, tanto para humanos quanto para animais. Além disso, os subprodutos gerados pelo PVC são altamente persistentes, bioacumulativos e tóxicos.
Como	Pode-se fazer a substituição ampla e gradual do PVC por outros materiais. Nas tubulações e conexões das instalações de água fria e água quente é possível utilizar o ferro galvanizado, cobre, Polipropileno Copolímero Random Tipo 3 (PPR) e o sistema em polietileno reticulado (PEX). Materiais cerâmicos, argamassas e madeiras são opções para substituir o PVC nos revestimentos e em esquadrias. Já as fiações podem ser em borracha de etileno polipropileno (para baixa voltagem) e em fibra de polietileno com mica (para alta voltagem).
Materiais necessários	Ferro galvanizado, cobre, materiais cerâmicos, argamassa, madeira, borrachas, entre outros.
Responsabilidades	Construtora, arquiteto (ou engenheiro civil) e engenheiro responsável.
Quando	Decisão pela não utilização do PVC na obra se dá na fase de especificação dos materiais que comporão o empreendimento.
Classe de custo	Médio
Impacto esperado	Ambiental – Média intensidade; Social – Média intensidade

E 21. **Não especificar ou manipular cautelosamente o amianto**	
Objetivo	Impedir a instalação de novos componentes construtivos que contêm amianto, distanciando-se dos possíveis riscos à saúde humana.
Por que	O amianto é um mineral encontrado na natureza, de baixo custo, que foi intensamente utilizado na produção de telhas e caixas d'água. Porém, as organizações de saúde indicam o risco de que seja cancerígeno. Em novembro de 2017, os ministros do Supremo Tribunal Federal decidiram pela proibição da extração, produção, comercialização e uso do amianto no Brasil. Essa proibição já havia sido estabelecida em dezenas de outros países.
Como	Substituir os componentes das edificações que contêm amianto – principalmente telhas e reservatórios – por produtos equivalentes e isentos deste mineral. Para telhas existem as opções: cerâmicas, de argamassa de cimento, metálicas, entre outras. Os reservatórios de polietileno são opções para a substituição das caixas d'água em cimento-amianto. Como ainda se tem muito deste material nas edificações existentes, é relevante ressaltar que a manipulação e descarte precisam ser cautelosos. Sempre utilizar equipamentos de proteção individual (EPI), especialmente os respiradores, na serragem e manipulação das peças. O descarte geralmente se dá junto aos resíduos perigosos.
Materiais Necessários	Todos aqueles que podem substituir o amianto, tais como: metais, cerâmica, fibra de vidro e outros.
Responsabilidades	Construtora, arquiteto (ou engenheiro civil) e engenheiro responsável.
Quando	Decisão pela não utilização do amianto (ou sua eventual substituição) se dá na fase de especificação dos materiais de construção.
Classe de custo	Baixo
Impacto esperado	Ambiental – Média intensidade; Social – Alta intensidade

E 22. **Não utilizar equipamentos e produtos contendo clorofluorcarbonetos (CFC)**	
Objetivo	Garantir que os equipamentos e produtos utilizados no empreendimento não possuam clorofluorcarbonetos (CFC).
Por que	Quando liberado na atmosfera, o CFC se acumula na estratosfera. Sob ação dos raios ultravioletas provenientes do Sol, o gás se decompõe liberando o radical livre cloro (Cl), que em contato com o ozônio se transforma em oxigênio gasoso (O_2) e monóxido de cloro (ClO). Devido a essa reação, a camada natural de proteção (camada de ozônio) à radiação ultravioleta da Terra está sendo cada vez mais danificada.
Como	Evitar materiais que sejam produzidos a partir da utilização do CFC, como é o caso de alguns polímeros na forma de espuma, e não utilizar equipamentos que operam com o uso do CFC.
Materiais necessários	Nenhum, pois esta prática trata da recomendação de não utilizar o CFC.
Responsabilidades	Construtora e engenheiro responsável.
Quando	Em todas as fases da obra, inclusive na fase de uso e manutenção.
Classe de custo	Baixo
Impacto esperado	Ambiental – Alta intensidade

E 23. **Especificar elevadores inteligentes**	
Objetivo	Diminuir o consumo de energia elétrica dos elevadores por meio do emprego de tecnologias mais eficientes.
Por que	Os elevadores são equipamentos indispensáveis para as edificações verticais, mas o consumo de energia elétrica resultante do uso destes equipamentos é responsável por uma parcela significativa das taxas condominiais.
Como	Várias alternativas podem ser implantadas nestes equipamentos, com vistas à redução do consumo de energia elétrica, tais como: ▪ Sistema regenerativo: Filtra a energia produzida pelo elevador em movimentação e devolve à rede do próprio condomínio, resultando em 35% de economia, segundo o fabricante. ▪ Máquinas *Gearless*: operam sem engrenagem e dispensam o uso de óleo lubrificante, reduzindo o risco de vazamentos e o problema com o descarte de óleo. Além do consumo de energia 30% menor, a *Gearless* garante viagens mais confortáveis devido à baixa incidência de ruído e de vibração. ▪ Sistema de circulação vertical com grupos distintos de elevadores para atender aos subsolos e andares tipo, o que reduz o trajeto dos elevadores do andar tipo e otimiza as paradas. ▪ Sistema de antecipação de chamada e destino: amplia a capacidade de tráfego de um conjunto de elevadores com economia de eletricidade da ordem de 30%. Nesse caso, ao digitar o andar desejado em uma central, a pessoa será direcionada ao elevador que fará o percurso de maneira mais rápida até o destino desejado.
Materiais necessários	Equipamentos fornecidos pelo fabricante de elevador.
Responsabilidades	Construtora e engenheiro responsável.
Quando	Decisão pela aquisição de equipamento inteligente ocorre na fase especificação dos elevadores.
Classe de custo	Alto
Impacto esperado	Ambiental – Média intensidade

6.3 – Construção do empreendimento

Na sequência apresentam-se as práticas consideradas positivas no que diz respeito aos impactos ambientais e/ou sociais decorrentes da construção do empreendimento. Para posterior referência, as práticas contidas nesta seção são iniciadas com a letra C no início da codificação, conforme Quadro 6.3.

Quadro 6.3 – Práticas relativas à etapa de Construção (C)

C 1.	Planejar a execução do empreendimento
C 2.	Capacitar profissionais
C 3.	Conscientizar ambientalmente os colaboradores
C 4.	Preservar a saúde dos colaboradores
C 5.	Optar por instalações modulares para os canteiros de obras
C 6.	Utilizar contêineres para instalações dos canteiros de obras
C 7.	Aproveitamento de águas pluviais nos canteiros de obras
C 8.	Utilizar sensores de presença em áreas com iluminação artificial
C 9.	Aproveitamento da iluminação natural nos canteiros de obras
C 10.	Optar por escoras reutilizáveis
C 11.	Separar os resíduos de acordo com a sua classe
C 12.	Reduzir as sobras de materiais com planos de corte
C 13.	Separar e organizar as sobras de madeiras
C 14.	Destinar corretamente as sobras de madeira tratada
C 15.	Armazenar peças de aço em ambiente adequado
C 16.	Armazenar apropriadamente os materiais a granel
C 17.	Reduzir a poeira gerada em obra
C 18.	Utilizar equipamentos que emitem menores quantidades de ruídos
C 19.	Adquirir equipamentos com certificação de boa eficiência energética
C 20.	Lavar os pneus dos veículos que saem do canteiro de obras
C 21.	Utilizar manta geotêxtil na cura úmida do concreto
C 22.	Instalar filtro para coleta de resíduos de lavagem de rolos e pincéis

SÍNTESE DAS PRÁTICAS SUSTENTÁVEIS PARA A PRODUÇÃO, USO E MANUTENÇÃO DE EDIFICAÇÕES

ETAPA DE:

CONSTRUÇÃO

C 1. **Planejar a execução do empreendimento**	
Objetivo	Executar e controlar o processo a partir de planejamento (orçamento, cronogramas, PERT/CPM, linha de balanço e outros) elaborado por profissionais capacitados.
Por que	Para ser bem sucedida, a execução de qualquer empreendimento deve ser precedida pela realização de um planejamento completo e pormenorizado. Sem planejamento, diversas atividades serão executadas na base do improviso e isso não traz bons resultados para nenhum empreendimento. Consequências negativas associadas à improvisação: compras emergenciais; falta de materiais; acúmulo de materiais ou equipamentos no canteiro de obras; desperdícios de tempo, mão de obra e de materiais; realização de tarefas que não agregam valor ao empreendimento; descumprimento do prazo de entrega da obra, entre outras.
Como	Concluir e compatibilizar todos os projetos antes de iniciar a execução do empreendimento. Apesar de incontestável, essa recomendação é descumprida reiteradamente no dia a dia. Qualquer alteração que se deseje implantar em um projeto pode ser economicamente inviável se a obra já foi iniciada. Contratar profissionais capacitados a realizar um bom planejamento do empreendimento, incluindo a elaboração do orçamento discriminado e operacional, do cronograma físico-financeiro e de demais instrumentos que facilitem a execução e o controle das obras.
Materiais necessários	Projeto arquitetônico e projetos complementares devidamente concluídos e compatibilizados.
Responsabilidades	Construtora e profissional responsável pelo planejamento.
Quando	Entre a finalização dos projetos e início das obras.
Classe de custo	Baixo
Impacto esperado	Ambiental – Alta intensidade

C 2. **Capacitar profissionais**	
Objetivo	Ter uma equipe apta a desenvolver projetos ecoeficientes.
Por que	Um empreendimento ecoeficiente só pode ser bem sucedido se, além do interesse dos idealizadores, também os colaboradores tiverem competência técnica e consciência dos benefícios proporcionados pelas boas práticas implantadas no empreendimento, as quais influem nas dimensões ambiental, social e econômica.
Como	Manter os colaboradores da empresa sempre atualizados em relação às melhores práticas relacionadas aos empreendimentos ecoeficientes. Incentivar que os colaboradores participem de atividades de aprendizagem contínua, como palestras, mini-cursos, *workshops*, etc.
Materiais necessários	Panfletos, cartilhas, manuais e outros destinados à educação ambiental dos colaboradores.
Responsabilidades	Departamento de Recursos Humanos da construtora.
Quando	Permanente.
Classe de custo	Baixo
Impacto esperado	Ambiental – Média intensidade; Social – Alta intensidade

C 3. **Conscientizar ambientalmente os colaboradores**	
Objetivo	Conscientizar a equipe de colaboradores quanto à importância de cada indivíduo na preservação do meio ambiente.
Por que	O êxito de um empreendimento ecoeficiente se dá com a participação consciente de diversos grupos de pessoas. Por isso, é essencial que os colaboradores que atuam na fase de construção do empreendimento sejam devidamente motivados e instruídos a realizarem ações favoráveis ao meio ambiente.
Como	Manter os colaboradores da empresa engajados em programas que, além dos benefícios ambientais, também possam resultar em melhorias no seu bem-estar e na sua qualidade de vida. A ideia é incentivar os colaboradores a replicarem em seus lares, junto às suas famílias, o aprendizado proporcionado no canteiro de obras. A empresa deve criar condições e incentivar que os colaboradores se envolvam em atividades de aprendizado contínuo, tais como a participação em palestras, mini-cursos, treinamentos, etc. Programas voltados à redução da quantidade de resíduos gerados no setor administrativo dos canteiros de obras podem ser desenvolvidos e colocados em prática pelas empresas. Um exemplo, para diminuir o consumo de copos plásticos descartáveis no canteiro de obras, consiste na elaboração de um programa de distribuição de copos ou canecas reutilizáveis a cada colaborador, confeccionados em material resistente, com a inclusão de resíduos recicláveis e não-tóxicos. Paralelamente pode ser realizado um programa de conscientização dos colaboradores quanto aos benefícios de participação no programa. 

Materiais necessários	Diversos, dependendo do projeto estabelecido, tal como a distribuição de canecas plásticas reutilizáveis.
Responsabilidades	Departamento de Recursos Humanos da construtora.
Quando	Permanente.
Classe de custo	Baixo
Impacto esperado	Ambiental – Baixa intensidade; Social – Alta intensidade

<table>
<tr><th colspan="2">C 4. Preservar a saúde dos colaboradores</th></tr>
<tr><td>Objetivo</td><td>Ter uma equipe saudável e apta a desenvolver as atividades do cotidiano com qualidade e produtividade, contribuindo para o bem-estar dos colaboradores.</td></tr>
<tr><td>Por que</td><td>A ausência de hábitos saudáveis faz com que o colaborador tenha prejuízos em sua qualidade de vida e comprometimento de seu ritmo de trabalho.</td></tr>
<tr><td>Como</td><td>Incentivar que os colaboradores participem de programas voltados à melhoria da qualidade de vida, realizados no próprio canteiro de obras.

Exemplos de programas que podem ser desenvolvidos:

• Antitabagismo;
• Contra o alcoolismo;
• Combate à hipertensão;
• Conhecer o diabetes e outras doenças;
• Riscos da automedicação;
• Higiene corporal;
• Higiene bucal e outros.

Para colocar em prática esses programas, a empresa construtora pode firmar parcerias com universidades ou outras instituições da área de saúde, de modo que os profissionais especializados realizem palestras, coleta de material para análises clínicas, etc.</td></tr>
<tr><td>Materiais necessários</td><td>Nenhum.</td></tr>
<tr><td>Responsabilidades</td><td>Departamento de Recursos Humanos da construtora.</td></tr>
<tr><td>Quando</td><td>Permanente</td></tr>
<tr><td>Classe de custo</td><td>Baixo</td></tr>
<tr><td>Impacto esperado</td><td>Social – Alta intensidade</td></tr>
</table>

C 5. **Optar por instalações modulares para os canteiros de obras**	
Objetivo	Evitar perdas de recursos pela reutilização de unidades modulares nas instalações provisórias dos canteiros de obras.
Por que	Durante a fase de execução de obras existem diversas instalações que suportam o processo de produção. São os banheiros, refeitórios, escritórios, etc., os quais devem atender às exigências da Norma Regulamentadora – NR18. Para consolidar essas instalações são necessários recursos humanos e materiais. Com o uso de instalações em módulos se reduzem as perdas de materiais, diminuem-se os desperdícios de mão de obra, além de acelerar a montagem das instalações provisórias. Essas unidades modulares geralmente têm melhor qualidade que os ambientes precariamente executados na própria obra.
Como	No canteiro de obras, utilizar-se de ambientes em módulos pré-fabricados para as atividades cotidianas da produção. Alguns ambientes possíveis de prévia modulação são: banheiros, escritórios, almoxarifados, refeitórios, enfermarias, etc. Após a conclusão da obra, esses módulos devem ser reutilizados em novas obras.
Materiais necessários	Estrutura metálica, placas cimentícias (ou de madeira) para fechamentos laterais, telhas metálicas e placas de concreto para pisos.
Responsabilidades	Construtora e engenheiro responsável.
Quando	Fase de implantação do canteiro de obras.
Classe de custo	Baixo, considerando-se o número de vezes de reutilização.
Impacto esperado	Ambiental – Média intensidade

C 6.	Utilizar contêineres para instalações dos canteiros de obras
Objetivo	Dar destinação adequada a contêineres que atingiram o final da vida útil, reutilizando-os como parte das instalações provisórias do canteiro de obras, reduzindo os custos e impactos associados à construção dessas instalações.
Por que	Esta solução vem sendo muito utilizada devido à possibilidade de se utilizar um único compartimento inúmeras vezes, em diferentes locais. Também se observa um ganho de tempo significativo se comparado com as técnicas tradicionais de montagem e desmontagem de escritórios e locais de armazenamento, isso porque o mesmo escritório pode ser deslocado mesmo dentro do canteiro sem a necessidade de desinstalar todos os equipamentos e nem desmontar a estrutura antiga utilizada.
Como	O contêiner pode ser alugado ou comprado, de acordo com a finalidade de utilização. Quando se opta por comprá-lo, é importante pensar na sua forma de deslocamento, e ter um planejamento de canteiro de obras para cada fase da obra, incluindo-se nesse planejamento o processo de translado do contêiner. Atualmente se utilizam caminhões guindaste para o transporte do compartimento. Os contêineres são regularmente utilizados como escritórios, almoxarifados e banheiros, mas sua aplicação pode estender-se para outras instalações do canteiro de obras.
Materiais necessários	Contêineres usados e placas cimentícias (ou de madeira) para os fechamentos verticais dos ambientes.
Responsabilidades	Construtora e engenheiro responsável.
Quando	Fase de execução das instalações provisórias do canteiro de obras.
Classe de custo	Médio, considerando-se o número de vezes de reutilização.
Impacto esperado	Ambiental – Média intensidade

C 7. **Aproveitamento de águas pluviais nos canteiros de obras**	
Objetivo	Redução no consumo de água potável dos canteiros de obras a partir do aproveitamento das águas pluviais.
Por que	Na fase de construção da edificação, o consumo de água potável é muito elevado e onera o empreendimento, além do impacto ambiental decorrente do consumo de um recurso cada vez mais escasso. No entanto, a eficiência do sistema de aproveitamento de águas pluviais nos canteiros de obras depende dos índices pluviométricos do local.
Como	O sistema de aproveitamento das águas pluviais deve ser projetado para atender à demanda, de modo que os reservatórios, filtros, bombas e demais componentes possam ser reaproveitados em outros empreendimentos. Normalmente as águas pluviais são utilizadas para descargas, limpeza das instalações provisórias do canteiro, preparação de concretos e argamassas, irrigação de plantas existentes no local, lavagens de pneus, lavagem de betoneiras e outros fins. Para esses usos, a água coletada passa apenas por filtragem e cloração.
Responsabilidades	Construtora e engenheiro responsável.
Materiais necessários	Calhas, condutores, filtros, caixa para armazenamento de águas pluviais e bomba de cloração, além do sistema hidráulico para transporte desta água até os pontos de consumo no canteiro de obras.
Quando	Fase de execução das instalações provisórias do canteiro de obras.
Classe de custo	Médio
Impacto esperado	Ambiental – Média intensidade

C 8.	**Utilizar sensores de presença em áreas com iluminação artificial**
Objetivo	Reduzir o consumo de energia elétrica durante a construção dos edifícios de múltiplos pavimentos.
Por que	De acordo com o Atlas da Eficiência Energética – Brasil 2019, publicado pela Empresa de Pesquisa Energética (www.epe.gov.br), as edificações residenciais, comerciais e públicas consomem 51% da eletricidade gerada no Brasil. Uma parte importante desse percentual ocorre na fase de construção dos empreendimentos. Marques *et al.* (2017) realizaram estudo de caso com o objetivo de verificar o consumo de água e energia elétrica em seis canteiros de obras localizados em Passo Fundo – RS. Nesse estudo foi observado que o consumo de energia elétrica pode alcançar 10 kWh/m^2. Após o fechamento vertical das escadas enclausuradas das edificações de múltiplos pavimentos, há a necessidade de manter luzes constantemente acesas para a circulação por esses ambientes, mesmo durante o dia.
Como	Fazer a instalação dos sensores de presença em locais com pouca iluminação, como as escadas enclausuradas e outros ambientes que necessitem de iluminação artificial.
Materiais necessários	Sensores de presença e instalações elétricas para sua ligação.
Responsabilidades	Construtora e engenheiro responsável.
Quando	Após o fechamento vertical das escadas enclausuradas e durante a execução de ambientes com pouca iluminação (subsolos, por exemplo).
Classe de custo	Baixo
Impacto esperado	Ambiental – Baixa intensidade

C 9. **Aproveitamento da iluminação natural nos canteiros de obras**	
Objetivo	Reduzir o consumo de energia elétrica nos canteiros de obras.
Por que	Uma parcela significativa do consumo de energia elétrica do segmento de edificações ocorre na fase de produção dos empreendimentos e grande parte da energia elétrica produzida, na atualidade, está associada a intensos impactos ambientais. Os canteiros de obras possuem construções provisórias que abrigam diversas funções, tais como: escritórios, banheiros, vestiários, refeitórios, almoxarifados, etc. Essas construções nem sempre podem estar situadas em locais com acesso a uma boa iluminação natural. Portanto, os responsáveis pelo projeto e execução dessas construções temporárias devem buscar recursos que atenuem o consumo de energia elétrica nesses ambientes.
Como	Uma alternativa para diminuir o consumo de energia elétrica nas construções provisórias do canteiro de obras é a instalação de dispositivos chamados de "lâmpadas de garrafas PET", que funciona como uma lente que reflete a luz solar. Faz-se um furo (geralmente com serra tico-tico) na telha, com diâmetro suficiente para a passagem da garrafa PET (transparente), a qual é preenchida com água misturada com quatro colheres de água sanitária. Em seguida, realiza-se a vedação superior com massa plástica ou silicone.
Responsabilidades	Construtora e engenheiro responsável.
Materiais necessários	Garrafa PET transparente, água sanitária, água, massa plástica e serra tico-tico.
Quando	Fase de execução das instalações provisórias do canteiro de obras.
Classe de custo	Baixo
Impacto esperado	Ambiental – Baixa intensidade

C 10. **Optar por escoras reutilizáveis**	
Objetivo	Reduzir o corte de árvores (geralmente eucalipto) destinadas ao escoramento de fôrmas para concreto armado, fazendo sua substituição por escoras metálicas.
Por que	As escoras metálicas podem ser utilizadas por muitas vezes e dispõem de regulagem de altura. Além disso, sob o ponto de vista técnico, as escoras metálicas se mostram mais eficientes do que as escoras de madeira, pois suportam cargas superiores. As eventuais emendas feitas nas extremidades das escoras de madeira, realizadas para ser atingido o comprimento necessário, podem colocar em risco a segurança dos cimbramentos. Não obstante, cabe ressaltar que o aço é um material associado a elevados impactos ambientais, que têm início na extração das matérias-primas e continuam na fase de produção com o gigantesco consumo de energia e a liberação de grandes quantidades de CO_2. O seu uso deve, portanto, ser o mais prolongado possível.
Como	As escoras metálicas são produzidas industrialmente, e são adquiridas ou locadas de acordo com a necessidade da obra.
Materiais necessários	Escoras metálicas.
Responsabilidades	Construtora e engenheiro responsável.
Quando	Decisão pela utilização das escoras metálicas se dá no início da fase de execução da estrutura da edificação.
Classe de custo	Médio
Impacto esperado	Ambiental – Média intensidade

C 11. **Separar os resíduos de acordo com a sua classe**	
Objetivo	Proporcionar correto encaminhamento dos resíduos de construção civil e a possibilidade de seu reaproveitamento ou reciclagem.
Por que	Os resíduos da construção civil (RCC) são gerados durante a execução de novas construções, reformas ou demolições. A Resolução nº 307/2002 do Conselho Nacional do Meio Ambiente (CONAMA) classificada os resíduos em: ▪ Classe A – aqueles que podem ser triturados e aproveitados na própria obra, tais como: tijolos, telhas, concreto, etc.; ▪ Classe B – compreendem os papéis, papelão, plásticos e madeira; ▪ Classe C – são os resíduos para os quais não foram desenvolvidas tecnologias ou aplicações economicamente viáveis que permitam a sua reciclagem ou recuperação; ▪ Classe D – são considerados perigosos, tais como as embalagens de solventes, vernizes, tintas e outros. A quantidade de resíduos gerados na construção civil é muito grande. Estudos demonstram que, há pouco tempo, os RCC correspondiam a aproximadamente 50% de todos os resíduos sólidos gerados nas cidades. Sendo assim, os RCC devem receber tratamento correto para que possam ser reutilizados e reciclados (internamente ou externamente). Caso isso não seja possível, que sejam dispostos de forma ambientalmente adequada. As responsabilidades dos geradores e dos transportadores dos RCC também estão definidas nessa mesma Resolução do CONAMA.
Como	Esta mesma Resolução do CONAMA estabelece diretrizes, critérios e procedimentos para a gestão dos resíduos da construção civil. A prioridade deve ser a não geração dos RCC e, secundariamente, a redução, a reutilização, a reciclagem e a destinação final. Os resíduos gerados no processo construtivo são coletados em recipientes (sacos plásticos, bombonas ou outros aparatos) adequadamente dispostos nos canteiros de obras, etapa em que se realiza a sua triagem. Os recipientes devem estar próximos aos locais onde são produzidos os resíduos. Em seguida, os RCC são transportados e confinados em locais devidamente preparados para esse fim, e por ali permanecem até a etapa de transporte para fora do canteiro de obras. O confinamento se dá a partir das classes definidas na Resolução do CONAMA. O local para confinamento dos resíduos de Classe D deve ser impermeável. Quando essas condições não forem possíveis, desenvolver procedimento e método para o transporte adequado dos resíduos até o local de destino final.

Materiais necessários	Caçambas ou baias devidamente preparadas para o recebimento adequado dos resíduos, separados por classes.
Responsabilidades	Construtora, engenheiro responsável, mestre de obra e demais funcionários do canteiro.
Quando	Todo período de execução da edificação.
Classe de custo	Médio
Impacto esperado	Ambiental – Alta intensidade

<table>
<tr><th colspan="2">C 12. Reduzir as sobras de materiais com planos de corte</th></tr>
<tr><td>Objetivo</td><td>Reduzir o desperdício de materiais pela implantação de planejamento de corte, bem como o reaproveitamento das sobras para outras funções.</td></tr>
<tr><td>Por que</td><td>No cenário brasileiro das construções pode-se observar um elevado desperdício de materiais, sendo que na maioria dos casos o desperdício se dá pela falta de planejamento de utilização e fabricação das peças compostas por estes materiais, o que acarreta num consumo excessivo, geração de resíduos e aumento do custo da edificação.

A falta de detalhamento dos projetos (arquitetônico, estrutural e demais projetos complementares) é outro agravante à geração de resíduos nas obras, pois motiva a tomada de decisões improvisadas, as quais nem sempre resultam nas melhores soluções construtivas.</td></tr>
<tr><td>Como</td><td>No cotidiano dos canteiros de obras, diversas são as situações que podem ilustrar a importância desta prática. Para não nos estendermos excessivamente, seguem alguns exemplos.

Deve-se elaborar um projeto de corte das peças de madeira, para que sejam reduzidas as perdas de material no processo de fabricação dos painéis de fôrmas para concreto armado. Estudos indicam a expressiva redução nas sobras de chapas de madeira compensada quando se realiza o plano de corte. Além disso, cabe verificar se é possível reutilizar as sobras dentro de outros processos, mesmo que sejam necessárias algumas modificações nas peças.

Para as barras de aço que são cortadas e dobradas em obra, deve-se ter um cuidado ainda maior, pois o aço é um material caro e altamente impactante em termos ambientais. Como na maioria das vezes são comercializadas barras com 12 metros de comprimento, deve-se fazer um estudo das peças para as quais aquelas barras serão destinadas, de modo a reduzir a perda do material. Quando não for possível eliminar o desperdício, é importante dar um destino adequado às sobras ou se possível dar uma nova função para as mesmas, o que acarreta em economia e menores quantidades de resíduos.

Com o expressivo aumento nas dimensões das peças cerâmicas, particularmente de porcelanato, houve também elevação no nível de perdas desse material. A forma de assentamento (juntas alinhadas ou em diagonal) traz repercussões importantes nas sobras do material. Portanto, cabe ao projetista realizar o projeto de paginação e indicar a forma ideal de assentamento para cada ambiente.

Progressos importantes também são verificados na redução de resíduos, na medida em que se especificam rodapés de madeira ou rodapés cerâmicos produzidos industrialmente pelo mesmo fabricante do piso cerâmico. Com isso, evitam-se as perdas decorrentes dos recortes das placas cerâmicas para produzir os rodapés.</td></tr>
<tr><td>Materiais necessários</td><td>Nenhum, pois envolve apenas o planejamento do corte dos materiais.</td></tr>
</table>

Responsabilidades	Construtora, arquiteto (ou engenheiro civil) e engenheiro responsável.
Quando	Todo período de execução da edificação.
Classe de custo	Baixo
Impacto esperado	Ambiental – Média intensidade

C 13. **Separar e organizar as sobras de madeiras**	
Objetivo	Evitar o consumo desnecessário de madeiras na produção de fôrmas e o descarte imediato da madeira utilizada neste processo.
Por que	A madeira é utilizada em grandes quantidades nas construções provisórias do canteiro de obras, bem como na fase de execução da infra e da superestrutura da edificação, sob a forma de: madeira serrada, madeira roliça e chapas de compensado (resinado ou plastificado). Para cumprir sua função como fôrmas para o concreto armado (em blocos de fundação, pilares, vigas, lajes e outros), as chapas e as peças de madeira são recortadas, às vezes em pequenas dimensões. Quando realizada a desforma, são acumuladas grandes quantidades de peças de madeira, que ocupam parte importante do canteiro de obras e, devido à presença de pregos, há o risco de ocorrência de acidentes. Se não houver organização das peças de madeira utilizadas, não haverá incentivo à reutilização. Com isso, durante a produção de novas fôrmas, os carpinteiros podem sentir-se motivados a recortar novas chapas ou peças de madeira para agilizar o seu trabalho.
Como	Para ser reaproveitada diversas vezes, a madeira utilizada na produção de fôrmas deve ser removida com cuidado, passar por limpeza (retirar pregos e restos de concreto que ficaram aderidos) e separada por tipos de peças.
Materiais necessários	Esta prática exige apenas mão de obra para realizar a limpeza e organização das peças de madeira.
Responsabilidades	Construtora, engenheiro responsável, mestre de obras, carpinteiros e seus auxiliares.
Quando	Fase de produção de fôrmas para fundações e superestrutura.
Classe de custo	Baixo
Impacto esperado	Ambiental – Média intensidade

C 14. **Destinar corretamente as sobras de madeira tratada**	
Objetivo	Dar destinação adequada aos resíduos de madeira tratada que foram gerados em canteiros de obras.
Por que	Com o tratamento químico adequado, a madeira terá a sua durabilidade muito ampliada, sobretudo contra a ação dos agentes biológicos (bactérias, insetos, moluscos e crustáceos). Todavia, os resíduos são altamente tóxicos, dado à natureza dos produtos químicos empregados no tratamento. Os preservantes hidrossolúveis frequentemente utilizados para o tratamento da madeira são constituídos de sais metálicos, em cuja composição encontram-se várias substâncias perigosas, tais como: arsênio, cromo, cobre, boro, zinco e flúor.
Como	As madeiras tratadas não devem ser armazenadas em conjunto com aquelas sem tratamento químico, para evitar contaminação. Recomenda-se que as peças a serem quimicamente tratadas já estejam com suas dimensões finais, evitando-se os recortes e sobras em canteiros de obras. O ideal é que as peças sejam utilizadas exaustivamente na obra, sendo redimensionadas para uso diversificado. Esgotadas as possibilidades de reuso, as sobras de madeira tratada devem ser enviadas a aterros industriais ou passar por processo de incineração com controle dos gases emitidos no processo.
Materiais necessários	Madeira tratada nas dimensões necessárias, sem a necessidade de recortes na obra.
Responsabilidades	Construtora e engenheiro responsável.
Quando	Todas as fases da obra.
Classe de custo	Médio
Impacto esperado	Ambiental – Média intensidade

C 15. **Armazenar peças de aço em ambiente adequado**	
Objetivo	Evitar o processo corrosivo do material, desencadeando perdas e gastos desnecessários.
Por que	O armazenamento inadequado de peças em aço nos canteiros de obras causa problemas e perdas, além do custo associado à limpeza, movimentação e/ou reciclagem do material. Necessita-se de grandes espaços nos canteiros de obras para o armazenamento adequado dos vergalhões. Em terrenos localizados em áreas urbanas adensadas, é bem difícil se ter um canteiro de obras espaçoso. Por isso, esta prática exige planejamento e controle cuidadosos, evitando a realização de constantes movimentações que não agregam valor ao produto.
Como	Pode-se trabalhar com um depósito de ferragens, visando evitar ao máximo o contato do material com a água da chuva e a umidade proveniente do solo no canteiro de obras. Uma opção interessante, que nos dias atuais vem sendo explorada constantemente pelas construtoras, consiste em adquirir o aço cortado e dobrado, de modo que as armaduras sejam apenas montadas nos canteiros de obras. Com as peças devidamente etiquetadas e separadas, bem como o estabelecimento de um cronograma de entregas, é possível obter uma redução no espaço requerido para o armazenamento do material.
Materiais necessários	Estrados de madeira ou plataformas para deposição do material, local coberto e protegido das intempéries.
Responsabilidades	Construtora, engenheiro responsável e almoxarife.
Quando	Todo período de execução da infra e superestrutura da edificação.
Classe de custo	Médio
Impacto esperado	Ambiental – Média intensidade

C 16. **Armazenar apropriadamente os materiais a granel**	
Objetivo	Reduzir a perda de qualidade, bem como o transporte pelo vento e/ou pelas águas pluviais, dos materiais entregues a granel (pedras britadas e areias).
Por que	Se indevidamente armazenados e transportados, os materiais a granel podem sofrer perdas superiores àquelas consideradas no orçamento da edificação (usual considerar-se 10% de perdas, neste caso). A sua qualidade também fica comprometida, facilitando o posterior surgimento de patologias ou ainda comprometendo a segurança, no caso de emprego de areias e britas contaminadas com matéria orgânica na fabricação do concreto, por exemplo. O armazenamento adequado destes materiais é condizente com a boa organização dos canteiros de obras. Quando estes materiais vão para as galerias de águas pluviais, contribuem para o assoreamento dos córregos e rios, bem como favorecem o entupimento dos condutos.
Como	Os materiais a granel devem ser dispostos em superfícies planas, preferencialmente sobre contrapisos de concreto, e separados por contenções laterais (baias). O local para depósito no canteiro de obras precisa ser muito bem avaliado, pois deve facilitar a descarga e manuseio. Lembrar-se de que estes materiais são consumidos em grandes quantidades na execução das edificações. Deve-se evitar a proximidade entre os locais para depósito de materiais de granulometria fina e aqueles de maior diâmetro das partículas. Caso isso se verifique, cuidar para que as baias sejam suficientemente altas e profundas de modo que os materiais não se misturem, pois a areia com mistura indevida de agregado graúdo dificulta a produção de argamassas, por exemplo.
Materiais necessários	Depende do tipo de baia que será construída. Opcionalmente podem ser construídas contenções laterais em bloco de concreto, com contrapiso em concreto magro.
Responsabilidades	Construtora, engenheiro responsável e mestre de obras.
Quando	Fase de implantação do canteiro de obras.
Classe de custo	Baixo
Impacto esperado	Ambiental – Alta intensidade

C 17. **Reduzir a poeira gerada em obra**	
Objetivo	Reduzir a quantidade de poeira gerada nos processos construtivos.
Por que	Além de sujar os arredores do canteiro de obras, trazendo problemas para a vizinhança, o excesso de poeira também está associado à elevação dos custos da obra, pois será necessária a realização da limpeza dos arredores (incluindo a lavagem das ruas). Adicionalmente, o poder público pode impor multas e penalidades à construtora, comprometendo sua imagem. A poeira excessiva também coloca em risco a saúde dos colaboradores da empresa, pois sérios problemas respiratórios têm origem na inalação de poeira do local, sobretudo quando associada à baixa umidade relativa do ar.
Como	Durante a fase de execução das fundações pode-se utilizar a granilha e/ou os resíduos de obra para cobrir os locais não pavimentados, evitando assim a poeira gerada nesta etapa. É importante fazer a aspersão de água nesta cobertura do solo de tempos em tempos para evitar a poeira. Pode-se fazer uso de águas pluviais armazenadas no canteiro de obras.
Materiais necessários	Granilha, água e resíduos de obras (britas, cascalhos, material cerâmico triturado, etc.).
Responsabilidades	Construtora e engenheiro responsável.
Quando	Durante todo o período de execução da edificação e, sobretudo, naquele em que o solo está exposto.
Classe de custo	Médio
Impacto esperado	Ambiental – Média intensidade; Social – Alta intensidade

C 18. **Utilizar equipamentos que emitem menores quantidades de ruídos**	
Objetivo	Reduzir os níveis de ruídos causados pelas atividades realizadas em canteiro de obras, a fim de evitar os danos à saúde dos colaboradores, vizinhos e de terceiros que passam no entorno da obra.
Por que	O conforto ambiental é um dos fatores mais impactantes na qualidade de vida das pessoas. Logo é importante fazer com que a obra seja o mais silenciosa possível, o que é favorável aos colaboradores por estar em um ambiente de trabalho com menor desconforto e reduz o impacto gerado pela obra na vizinhança. A Norma Regulamentadora NR 15 – Atividades e Operações Insalubres – especifica como Ruído Contínuo ou Intermitente, para os fins de aplicação de Limites de Tolerância, o ruído que não seja ruído de impacto. Para oito horas de jornada de trabalho, o limite máximo de exposição a ruído é de 85 dB(A). O limite de tolerância para ruídos de impacto é de 130 dB (linear).
Como	Estabelecer, no Manual de práticas de aquisição e gestão da construtora, que todos os equipamentos que emitem ruídos sejam acompanhados de certificado de atendimento às normas de higiene e segurança no trabalho. É indispensável o uso de equipamentos de proteção individual nos locais cujo nível de ruído excede o estabelecido nas normas. Outras providências podem ser tomadas para reduzir o ruído na fonte: ▪ Substituir o concreto convencional pelo autoadensável, que não precisa de adensamento (dispensa o uso de vibradores); ▪ Instalar serras elétricas de bancada e betoneiras em ambientes fechados do canteiro de obras (nos subsolos, por exemplo).
Materiais necessários	Todos aqueles que reduzam a geração de ruídos no canteiro de obras.
Responsabilidades	Construtora, engenheiro responsável e mestre de obras.
Quando	Todo o período de execução da obra.
Classe de custo	Baixo
Impacto esperado	Ambiental – Baixa intensidade; Social – Alta intensidade

C 19. **Adquirir equipamentos com certificação de boa eficiência energética**	
Objetivo	Garantir que os equipamentos utilizados na fase de execução, e também durante a fase de uso da edificação, sejam energeticamente eficientes.
Por que	Existe uma grande preocupação com o consumo de recursos (insumos) para a execução e manutenção da condição ecoeficiente da edificação.
Como	O Selo Procel de Economia de Energia, abreviadamente conhecido como Selo Procel, foi instituído em 1993 e criado pelo Programa Nacional de Conservação de Energia Elétrica – Procel, o qual é executado pela Eletrobras. Constitui-se em uma ferramenta que informa ao consumidor, dentre os equipamentos e eletrodomésticos disponíveis no mercado, os que possuem melhores níveis de eficiência energética na sua categoria. Adquirir e utilizar equipamentos, na execução da obra e na fase de uso da edificação, que possuam Selo Procel com a melhor eficiência de consumo de energia possível. Além do mais, os equipamentos devem ser eficientes quanto ao consumo de água e não consumir gases ou líquidos que promovam qualquer tipo de dano ambiental.
Materiais necessários	Equipamentos de utilização na execução da obra ou necessários para a utilização da edificação (exemplo: eletrodomésticos).
Responsabilidades	Construtora, responsável por aquisições e engenheiro responsável.
Quando	Fase de aquisição ou locação dos equipamentos.
Classe de custo	Baixa em comparação aos equipamentos similares que não possuem certificação de eficiência energética.
Impacto esperado	Ambiental – Média intensidade

C 20. **Lavar os pneus dos veículos que saem do canteiro de obras**	
Objetivo	Retirar o solo incrustado nos pneus dos veículos, de modo que ele não seja transportado para o asfalto das ruas adjacentes ao canteiro de obras.
Por que	Com a ocorrência de chuvas e pela ação do escoamento superficial das águas pluviais, o solo presente no asfalto e nas calçadas é transportado para os bueiros e posteriormente para as galerias de águas pluviais. Isso colabora com o assoreamento de córregos e rios. Por outro lado, o solo que foi espalhado pelas ruas vizinhas ao canteiro de obras transforma-se em poeira durante os períodos de estiagem, gerando transtornos e problemas de saúde aos vizinhos do local.
Materiais necessários	Local de lavagem, mangueira e água.
Como	Para o processo de lavagem dos pneus é necessária a construção de um local específico, que facilita a lavagem e a sedimentação dos resíduos removidos. Usualmente constrói-se uma piscina rasa no local de saída de veículos, com aproximadamente 20 ou 30 cm de profundidade, com bordas inclinadas, permitindo assim reter o solo no local. É interessante prever um local para facilitar a retirada desses resíduos, tendo em mente que periodicamente o reservatório ficará cheio de lama. Para manter a eficiência do processo deve-se estabelecer uma cota para a retirada do solo de acordo com o processo estabelecido. É aconselhável a utilização de água não-potável (águas pluviais ou águas cinzas que passaram por tratamento) para a lavagem dos pneus, reduzindo o custo e consumo de água potável na obra.
Responsabilidades	Construtora, engenheiro responsável e mestre de obras.
Quando	Principalmente na fase de cortes e aterros do terreno e na execução das fundações da edificação.
Classe de custo	Baixo
Impacto esperado	Ambiental – Média intensidade; Social – Média intensidade

C 21. **Utilizar manta geotêxtil na cura úmida do concreto**	
Objetivo	Controlar a evaporação de água durante a cura do concreto e, consequentemente, reduzir a quantidade de água utilizada no processo.
Por que	A manta geotêxtil permite a redução da frequência de umedecimento da superfície do concreto, e ainda assim impede a evaporação da água adicionada na preparação do concreto, de modo que a hidratação do cimento Portland não seja comprometida. A manta pode ser reutilizada até quatro vezes durante o processo construtivo.
Como	Depois de realizada a concretagem, deve-se aguardar o tempo necessário para o fim da pega do cimento Portland e a partir de então é que são iniciados os cuidados com a cura do concreto. Após o fim da pega, a manta é instalada e saturada com água. Repetir o processo de molhagem de acordo com as especificações da manta. No fim do processo de cura, deve-se retirar a manta com cuidado para reutilizá-la o maior número de vezes possível.
Materiais necessários	Manta geotêxtil (entrar em contato com o fornecedor para que este faça a indicação do produto mais adequado).
Responsabilidades	Construtora, engenheiro responsável e mestre de obras.
Quando	Durante todo o processo de execução de peças em concreto armado.
Classe de custo	Médio
Impacto esperado	Ambiental – Média intensidade

C 22. Instalar filtro para coleta de resíduos de lavagem de rolos e pincéis	
Imagem	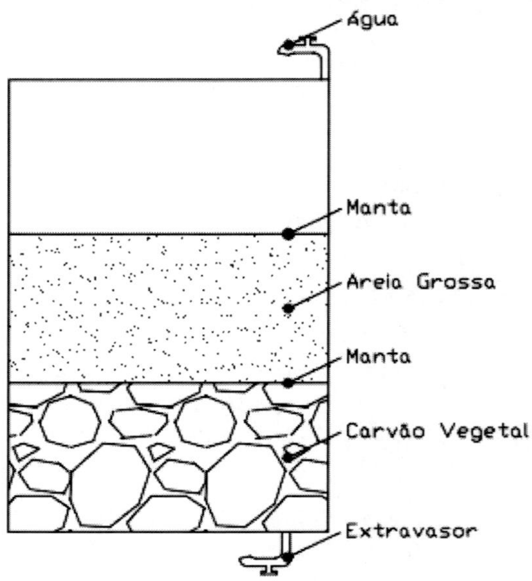 Fonte: Previato (2012)
Objetivo	Reter a tinta (Resíduo Classe D) presente no líquido de lavagem de pincéis e rolos de pintura para dar um destino ambientalmente adequado.
Por que	A não separação da tinta acarreta no descarte de resíduos perigosos no solo ou em outros locais impróprios, contaminando o meio ambiente.
Como	Produzir um filtro para reter as tintas resultantes da lavagem de pincéis e rolos de pintura. Este filtro é construído tendo como base um tambor usado (capacidade de 200 litros). Possui uma camada de carvão vegetal, em seguida uma manta de drenagem geotêxtil, depois uma camada de areia grossa e por fim outra manta de drenagem geotêxtil e, na parte inferior uma torneira, que serve como extravasor dos líquidos filtrados. Devem existir dois filtros desse tipo no canteiro de obras: um para ser usado na filtragem de tintas diluídas em água e outro para as que são diluídas em solventes. Para as tintas à base de água, os pincéis são limpos com água, e esta sai praticamente limpa no final do processo de filtragem. Já para as tintas à óleo e esmaltes, os pincéis são limpos com thinner, e este ao sair no final do processo é reaproveitado para uma nova limpeza. A manta de drenagem geotêxtil superior retém as borras de tintas e esta, juntamente com o thinner que não possui mais condições de ser reaproveitado, devem ser separados e encaminhados para uma empresa que faça a coleta e o destino ambientalmente adequado deste tipo de material.
Materiais necessários	Tambor reutilizado, carvão vegetal, areia grossa, manta de drenagem geotêxtil e torneira.

Responsabilidades	Construtora, engenheiro responsável, mestre de obras, pintores e seus auxiliares.
Quando	Fase de pintura do empreendimento.
Classe de custo	Baixo
Impacto esperado	Ambiental – Média intensidade

6.4 – Uso e manutenção da edificação

Por fim, na sequência apresentam-se as práticas consideradas positivas no que diz respeito aos impactos ambientais e/ou sociais promovidos durante a fase de uso e manutenção do edifício. Para posterior referência, as práticas contidas nesta seção são iniciadas com a letra U no início da codificação, conforme Quadro 6.4.

Quadro 6.4 – Práticas relativas à etapa de Uso e Manutenção (U)

U 1.	Elaborar e entregar o Manual do Proprietário
U 2.	Racionalizar o consumo de água e energia
U 3.	Incentivar a substituição de eletrodomésticos antigos
U 4.	Divulgar resultados positivos gerados pela economia de água e energia
U 5.	Conscientizar o usuário para o bom uso da edificação
U 6.	Preservar a qualidade do ar em ambientes internos
U 7.	Evitar produtos tóxicos e poluentes na limpeza e conservação
U 8.	Facilitar a comunicação com os clientes no período de garantia do imóvel
U 9.	Realizar as manutenções preventivas
U 10.	Realizar ações focadas na educação ambiental do usuário
U 11.	Incentivar a segregação dos resíduos sólidos
U 12.	Praticar a compostagem dos resíduos orgânicos
U 13.	Reutilizar e reciclar componentes da edificação ao final da vida útil

SÍNTESE DAS PRÁTICAS SUSTENTÁVEIS PARA A PRODUÇÃO,

USO E MANUTENÇÃO DE EDIFICAÇÕES

ETAPA DE:

USO e MANUTENÇÃO

U 1. **Elaborar e entregar o Manual do Proprietário**	
Objetivo	Oferecer ao usuário da edificação todas as informações necessárias para o bom uso e conservação da edificação.
Por que	O Manual de Uso, Operação e Manutenção de edificações – também conhecido como Manual do Proprietário – é um documento entregue ao cliente na ocasião de disponibilização do imóvel para o uso. Nele estão contidas informações importantes relativas ao empreendimento, tais como as especificidades da infraestrutura, áreas, técnicas colocadas em prática na execução, breve memorial descritivo dos materiais e equipamentos, garantias previstas, condições que podem gerar a perda de garantia, recomendações para as manutenções, dentre outras. No caso de edificações de múltiplos pavimentos, além do Manual do Proprietário, a construtora ou incorporadora responsável pelo empreendimento deve elaborar e entregar o Manual das Áreas Comuns – também conhecido como Manual do Síndico – que tem formatação semelhante à do Manual do Proprietário. De acordo com o Código de Defesa do Consumidor (Lei nº 8.078, de 1990), a entrega do Manual do Proprietário é obrigatória, cabendo aos construtores e incorporadores a responsabilidade pela sua elaboração.
Como	O Manual do Proprietário é elaborado de acordo com as diretrizes propostas pela ABNT NBR 14037:2014. O documento é produzido a partir dos projetos e especificações técnicas do empreendimento, levando-se em conta: sistema construtivo empregado, sistema estrutural, tipos de vedações, impermeabilizações, forros, revestimentos, pinturas, instalações elétricas, instalações hidrossanitárias e de prevenção de incêndios, equipamentos e demais informações constantes no memorial descritivo e na legislação vigente. O Manual do Proprietário deve ter linguagem clara e objetiva, privilegiando o uso de imagens e ilustrações, de modo que o usuário seja incentivado a ler e estudar o conteúdo do documento. No manual devem estar nitidamente expostos o Termo de Garantia, as responsabilidades do construtor e do usuário, além das condições para o uso seguro e apropriado do imóvel. Embora a entrega do Manual do Proprietário seja tradicionalmente feita na forma impressa, a tecnologia atual permite o uso de vídeos ou outras mídias para trazer as informações requeridas.
Materiais necessários	Projetos e memoriais do empreendimento.
Responsabilidades	Construtora e projetistas responsáveis pelo empreendimento.
Quando	Elaboração do manual se dá durante as fases de projeto e execução. Entrega do manual se dá quando o proprietário recebe o imóvel.
Classe de custo	Baixo
Impacto esperado	Ambiental – Alta intensidade

U 2. **Racionalizar o consumo de água e de energia**	
Objetivo	Reduzir o consumo de água potável e energia elétrica na edificação.
Por que	A escassez de água doce é cada vez mais frequente nas regiões em que se concentra a maior parte da população brasileira, agravada pela má distribuição do regime de chuvas. Mesmo que o edifício disponha de reservatório para acumulação de águas pluviais e demais dispositivos economizadores de água implantados nas instalações, os usuários precisam ocupar-se em diminuir a quantidade de água utilizada diariamente. Por outro lado, no contexto brasileiro, a geração de energia elétrica está associada ao nível de água dos reservatórios e estes têm sido influenciados negativamente por longos períodos de estiagens. Para atender à demanda, são acionadas usinas termelétricas, que produzem energia mais cara e com acentuados impactos ambientais negativos. A porcentagem de geração de energia limpa, no Brasil, ainda é pouco representativa.
Como	No caso de condomínios (residenciais ou comerciais), a administração deve elaborar campanhas de esclarecimentos e incentivar a redução no consumo de água, mediante instruções para: reduzir o tempo de banhos, manter a torneira fechada durante outras atividades de higiene pessoal, reaproveitar as águas de lavagens de roupas, acumular roupas para melhor aproveitamento da capacidade do equipamento, otimizar as lavagens de pisos, dentre outras. No caso de edificações unifamiliares, as campanhas de incentivo e esclarecimento quanto à redução do consumo de água devem ser elaboradas pelos responsáveis pelo abastecimento de água potável da municipalidade. Os usuários da edificação devem ser instruídos quanto ao uso correto das instalações e equipamentos implantados para gerar economia no consumo de água. Ademais, essas campanhas devem focar a mudança de hábitos relativos ao consumo de energia elétrica, tais como: desligar as lâmpadas de ambientes que não estão em uso, não utilizar torneiras elétricas no verão, mudar a chave seletora do chuveiro de acordo com a estação, dar preferência aos ventiladores, etc.
Materiais necessários	Não há.
Responsabilidades	Administração dos condomínios e responsáveis pelo abastecimento de água e energia elétrica da cidade.
Quando	Durante toda a fase de uso do edifício.
Classe de custo	Baixo
Impacto esperado	Ambiental – Média intensidade

U 3. **Incentivar a substituição de eletrodomésticos antigos**	
Objetivo	Reduzir o consumo de água e energia elétrica, evitando desperdícios.
Por que	Água e energia elétrica são dois insumos indispensáveis para proporcionar conforto e bem-estar aos usuários das edificações. No entanto, as despesas geradas pelo seu consumo são significativas e não há nenhuma indicação de que as tarifas decorrentes do consumo desses insumos possam diminuir futuramente. Além disso, a produção de energia elétrica e o tratamento de água estão associados a diversos impactos negativos ao meio ambiente.
Como	No mercado existem equipamentos produzidos e testados com a finalidade de economizar água e energia. Também é possível a instalação de kits que facilitam o reaproveitamento de águas cinzas. O mercado disponibiliza máquinas de lavar roupas, por exemplo, que aproveitam as águas dos ciclos de enxágue para futuras lavagens e controlam automaticamente a quantidade de água do processo. Além disso, no Brasil já está implantado o Selo Procel de Economia de Energia, que informa ao consumidor a eficiência energética do eletrodoméstico, aferida em laboratórios de pesquisa. Portanto, deve-se elaborar e realizar programas de incentivo à substituição de equipamentos antigos por equipamentos mais eficientes em consumo de água e de energia.
Materiais necessários	Eletrodomésticos.
Responsabilidades	Usuários da edificação e poder público.
Quando	Durante toda a fase de uso do edifício.
Classe de custo	Médio
Impacto esperado	Ambiental – Média intensidade

U 4. **Divulgar resultados positivos gerados pela economia de água e energia**	
Objetivo	Monitorar e divulgar as economias resultantes da aplicação das práticas ecoeficientes nas edificações.
Por que	Apesar de os meios de comunicação abordarem o tema com muita frequência, não é difícil encontrar pessoas que não estão dispostas a mudar seus hábitos de consumo. No entanto, surpreendem-se com o valor das faturas de água, energia e gás no final do mês. Para os que residem em condomínios, a situação pode agravar-se dependendo da forma de rateio do consumo, quando não se dispõem de medidores individuais. O desconhecimento do nível de consumo de água, energia e gás, além da eventual dificuldade de acesso a essas informações, geralmente resulta em desperdícios desses insumos. Por outro lado, a divulgação dos resultados positivos serve de estímulo para continuar economizando.
Como	Há empresas que desenvolveram aplicativos para *smartphones*, a partir dos quais os clientes obtêm, em tempo real, informações relativas ao nível de consumo de água, energia e gás de suas residências ou apartamentos. Além disso, os clientes podem observar, a qualquer tempo, o valor de suas respectivas faturas mensais, tendo a oportunidade de decidir se está na hora de economizar. Esses sistemas de gestão estão disponíveis também para as áreas comuns de condomínios. Por meio da tecnologia de informação é possível saber, por exemplo, a quantidade de água potável que está sendo economizada pelo uso das águas pluviais armazenadas.
Materiais necessários	Computadores, *smartphones* e aplicativos para o sistema de gestão de consumo.
Responsabilidades	Administração dos condomínios e proprietários das unidades individuais.
Quando	Durante toda a fase de uso do edifício.
Classe de custo	Médio
Impacto esperado	Ambiental – Média intensidade

<table>
<tr><th colspan="2">U 5. Conscientizar o usuário para o bom uso da edificação</th></tr>
<tr><td>Objetivo</td><td>Aumentar o tempo de vida útil da edificação e reduzir as manutenções corretivas.</td></tr>
<tr><td>Por que</td><td>O desempenho da edificação, bem como a sua vida útil, está diretamente associado aos cuidados empreendidos pelo usuário durante a fase de uso. As diversas instalações do edifício, tais como: hidrossanitária, de águas pluviais, elétrica, de prevenção de incêndios, dentre outras, podem ter sua vida útil comprometida e diminuída sensivelmente pela falta de manutenção ou mau uso. Para desentupir uma tubulação, por exemplo, eventualmente será necessária a demolição de parte da edificação, gerando transtornos aos usuários e vizinhos, resíduos de demolição e consumo de novos materiais para os devidos reparos.

Desse modo, é essencial educar o usuário para eliminar hábitos cotidianos que possam degradar os componentes da edificação e ainda provocar grandes danos ao meio ambiente. Pesquisas indicam, por exemplo, que um litro de óleo despejado na pia pode poluir mais de 25 mil litros de água.</td></tr>
<tr><td>Como</td><td>O Manual do proprietário é um dos instrumentos eficientes para a conscientização dos usuários quanto ao bom uso da edificação. Nele devem estar claramente expostas as consequências advindas de maus hábitos, tais como:

▪ Descartar óleo de frituras na pia de cozinha, tanque ou vaso sanitário;

▪ Descartar objetos ou materiais impróprios no vaso sanitário, tais como: hastes flexíveis, preservativos, fio dental, absorventes, pontas de cigarros, remédios, produtos tóxicos, etc.

▪ Depositar pilhas, baterias e lâmpadas fluorescentes no lixo comum;

▪ Deixar água acumulada em vasos de plantas e lajes impermeabilizadas;

▪ Deixar de remover folhas e demais resíduos que podem obstruir calhas e o sistema de escoamento de águas pluviais;

▪ Deixar de utilizar tapetes nas entradas das edificações que contenham pisos laminados de madeira, pois estes contribuem para reter as partículas que danificam os pisos por atrito;

▪ Ligar diversos equipamentos elétricos numa mesma tomada;

▪ Deixar de realizar a separação dos resíduos recicláveis;

▪ Postergar ou não realizar as manutenções preventivas.

Ao mesmo tempo, campanhas educativas devem ser empreendidas nas escolas, condomínios e empresas em geral de modo que se discutam os riscos e consequências dos maus hábitos dos usuários das edificações.</td></tr>
</table>

Materiais necessários	Panfletos para campanhas educacionais.
Responsabilidades	Construtor e incorporador (na fase de entrega da edificação para o uso); síndico (no caso de condomínios) e poder público.
Quando	Durante toda a fase de uso do edifício.
Classe de custo	Baixo
Impacto esperado	Ambiental – Média intensidade; Social – Média intensidade

U 6. **Preservar a qualidade do ar em ambientes internos**	
Objetivo	Manter os recursos oferecidos pela edificação ecoeficiente de maneira passiva (natural).
Por que	A qualidade do ar dos ambientes internos afeta: a produtividade – no caso de edificações comerciais e industriais; o aprendizado – no caso de edificações escolares; e a saúde, o conforto e o bem-estar dos ocupantes nas edificações em geral. No caso de edificações para fins hospitalares, essa é uma condição essencial para a recuperação dos pacientes. Alguns sintomas que podem estar relacionados com a qualidade do ar interno: dor de cabeça; fadiga; falta de ar; tosse; espirros; tonturas; náuseas e irritações nos olhos, nariz, garganta e pele. Esses sintomas podem se manifestar nas pessoas em diferentes intensidades, dependendo de seus respectivos graus de vulnerabilidade. A ausência de manutenções preventivas e as mudanças nas especificações de materiais e equipamentos podem criar condições que comprometem a qualidade do ar interno. É importante ressaltar que nem sempre a qualidade do ar interno é melhor que a do ar externo, pois as fontes de poluição interna liberam gases ou partículas cuja proporção pode superar a do ar externo.
Como	A ventilação inadequada aumenta os níveis de poluentes internos, além de causar desconfortos relacionados à temperatura elevada (no caso de regiões tropicais) e umidade inadequada. Por isso, conferir sempre se não há obstruções nas entradas de ar da edificação (janelas, portas, lanternins e demais tipos de aberturas), não permitindo que sejam alteradas as condições iniciais do projeto. Permitir também a entrada de raios solares nos ambientes, principalmente pela manhã. Os sistemas e aparelhos de ar-condicionado devem ser periodicamente inspecionados e higienizados, de tal modo que sejam eliminados as poeiras e organismos que podem se instalar no sistema, causando sérios riscos à saúde dos ocupantes da edificação. Os sistemas de calefação e aquecedores – que produzem calor a partir da queima de combustíveis – devem também ser periodicamente inspecionados e regulados, de modo que não emitam gases nocivos à saúde humana no interior das edificações. É aconselhável a instalação de detectores de CO_2 nos ambientes internos. Os móveis, pisos e demais componentes dos ambientes internos devem passar por limpeza constante, de modo que sejam eliminados poeiras e pêlos de animais de estimação, de preferência fazendo-se uso de aspiradores de pó. Preferir o uso de produtos que não causem alergias aos ocupantes e não sejam agressivos ao meio ambiente e aos componentes da edificação. Não fumar e não permitir que fumem nos ambientes internos, pois a fumaça ambiental de cigarros contém compostos químicos tóxicos ou cancerígenos, e sua inalação pode causar sérios danos à saúde.
Materiais necessários	Produtos de limpeza e higienização, além dos memoriais de especificação de materiais e equipamentos do empreendimento.

Responsabilidades	Usuários da edificação, em áreas privativas; e síndico, no caso das áreas de uso comum de condomínios.
Quando	Durante toda a fase de uso do edifício.
Classe de custo	Baixo
Impacto esperado	Ambiental – Média intensidade; Social – Alta intensidade

U 7. **Evitar produtos tóxicos e poluentes na limpeza e conservação**	
Objetivo	Preservar a saúde dos usuários e evitar a poluição por meio da utilização de alguns produtos de limpeza e conservação da edificação.
Por que	Apesar de a limpeza dos ambientes proporcionar bem-estar, alguns produtos de limpeza industrializados contêm substâncias tóxicas que podem colocar em risco a saúde dos usuários da edificação e impactar negativamente o meio ambiente. Dentre os produtos disponibilizados no mercado encontram-se: desinfetantes, água sanitária (alvejantes), desengordurantes, lava louças, limpadores de superfícies, removedores de manchas, lava roupas, desodorizadores de ambiente, etc. Através do tato e do olfato, o contato com esses produtos põe em risco a saúde de pessoas e animais domésticos. Os alvejantes incluem-se entre os produtos mais utilizados e também os mais tóxicos. Se misturados com outras substâncias podem desencadear a liberação de gases poluentes e tóxicos. A soda cáustica (hidróxido de sódio) é outra substância perigosa presente em produtos de limpeza, sendo às vezes utilizada como desengordurante e para obter êxito na desobstrução de tubulações de esgotos. Porém, pode causar sérias complicações quando em contato com os olhos, a pele ou o sistema respiratório. O formaldeído (formol) e o fenol podem estar presentes em desodorizadores de ambientes, polidores de móveis, removedores de mofo, dentre outros. Constituem-se em produtos altamente tóxicos, carcinogênicos, que podem causar queimaduras em contato com a pele, convulsões e outras sérias complicações.
Como	Procurar substituir os produtos de limpeza industrializados por produtos naturais, ou pelo menos que não contenham substâncias tóxicas ou poluentes. Para tanto, recomenda-se a leitura dos rótulos das embalagens desses produtos e buscar a identificação das consequências decorrentes do contato com esses componentes. Sempre utilizar luvas durante a aplicação e não reutilizar as embalagens desses produtos para outros fins. Substituir alvejantes industrializados por naturais, tal como o bicarbonato de sódio. O vinagre de álcool, combinado com bicarbonato de sódio e/ou suco de limão, são substitutos para a amônia e utilizados como desengordurantes naturais. Óleos essenciais podem ser substitutos para os desodorizadores de ambientes.
Materiais necessários	Produtos naturais de limpeza ou que não contenham adições tóxicas.
Responsabilidades	Usuários da edificação.
Quando	Durante toda a vida útil.
Classe de custo	Baixo
Impacto esperado	Ambiental – Média intensidade

U 8. **Facilitar a comunicação com os clientes no período de garantia do imóvel**	
Objetivo	Disponibilizar canais para atendimento ao consumidor, tornando profícuas as relações e vínculos entre clientes e construtora.
Por que	O período que vai desde a disponibilização do imóvel aos proprietários (entrega das chaves) até a sua efetiva utilização (e enquanto vigorar o prazo de garantia) – denominado de pós-obras – é frequentemente conturbado, pois diversas não conformidades das construções podem passar a ser notadas pelos usuários, gerando insatisfações e reclamações. No entanto, a necessária assistência técnica nesse período é prevista no Código de Defesa do Consumidor e no Código Civil Brasileiro (artigo 618), constituindo-se em garantia do cliente quanto à ocorrência de falhas em processos e componentes do imóvel adquirido. Percebe-se que muitas ações são ajuizadas anualmente, em geral motivadas pela insatisfação dos clientes e falta de diálogo com o construtor (ou incorporador), comprometendo a imagem da empresa no mercado. A ausência de assistência técnica nesse período permite que o proprietário tome providências para resolver seus problemas, as quais nem sempre estão alinhadas com os princípios da sustentabilidade.
Como	Constituir e capacitar equipes com a finalidade de prestar o atendimento e assistência ao cliente, de forma rápida e eficiente. Os avanços do setor de tecnologia de informação permitem que sejam criados canais de comunicação com o cliente, facilitando o seu dia a dia, e simplificando os sistemas de gestão de atendimento ao cliente.
Materiais necessários	Não há.
Responsabilidades	Construtores e incorporadores.
Quando	Durante a fase de garantia do imóvel.
Classe de custo	Baixo
Impacto esperado	Ambiental – Baixa intensidade; Social – Média intensidade

<table>
<tr><th colspan="2">U 9. Realizar as manutenções preventivas</th></tr>
<tr><td>Objetivo</td><td>Manter as funcionalidades e aumentar o tempo de vida útil da edificação.</td></tr>
<tr><td>Por que</td><td>De acordo com a ABNT NBR 5674:2012 – Manutenção de edificações – Requisitos para o sistema de gestão de manutenção, a manutenção predial compreende o conjunto de atividades que serão colocadas em prática para conservar ou recuperar a capacidade funcional da edificação, bem como de suas partes constituintes, de atender às necessidades e segurança de seus usuários.

Existem diversos tipos e níveis de manutenção predial, com destaque para a manutenção preventiva e corretiva. A manutenção preventiva é realizada antes da necessidade explícita de reparos, conforme um plano de manutenção estabelecido pelo fabricante do produto. Geralmente esse plano é apresentado no Manual do Proprietário.

As manutenções preventivas ampliam a estimativa de vida útil da edificação, evitando a demolição precoce por descumprimento de requisitos funcionais. Com isso evitam-se a geração de resíduos de demolição e o consumo de novas matérias-primas para a construção de um novo empreendimento.</td></tr>
<tr><td>Como</td><td>Pini (2011) ressalta que uma ferramenta útil para a verificação das condições de uso, conservação e correta manutenção das edificações é a inspeção predial, realizada por profissional habilitado e competente em vistorias periódicas e pré-determinadas no plano de manutenção.

No caso de áreas privativas, compete ao proprietário do imóvel a responsabilidade de contratação de profissionais habilitados para a realização dos serviços de manutenção preventiva. Nas áreas de uso comum, em condomínios, cabe ao síndico essa responsabilidade.

Para a definição da periodicidade de manutenção em cada sistema, podem ser consultadas as recomendações do Guia nacional para a elaboração do manual de uso, operação e manutenção das edificações, publicado pela Câmara Brasileira da Indústria da Construção (CBIC), em 2014.

Nas manutenções preventivas são realizadas atividades como:
▪ Limpar e lubrificar periodicamente fechaduras, dobradiças e trincos;
▪ Substituir roldanas das esquadrias e boxes com partes móveis;
▪ Reaplicar imunizantes em madeiras;
▪ Remover e reaplicar componentes do sistema de impermeabilização e juntas de vedação;
▪ Remover e reaplicar rejuntamentos de azulejos e pisos cerâmicos com algum comprometimento;
▪ Substituir recargas de equipamentos (ex: extintores);
▪ Outros.</td></tr>
</table>

Materiais necessários	Plano de manutenção preventiva e diversos materiais de construção, dependendo do sistema construtivo sob intervenção.
Responsabilidades	Proprietários da edificação (áreas privativas) e síndico (áreas comuns).
Quando	Durante toda a fase de uso do edifício.
Classe de custo	Médio
Impacto esperado	Ambiental – Alta intensidade

U 10. **Realizar ações focadas na educação ambiental do usuário**	
Objetivo	Oferecer aos usuários da edificação o conhecimento necessário para que possam compreender e assimilar o conceito de sustentabilidade.
Por que	A sustentabilidade deve ser praticada no dia a dia, mesmo que a pessoa esteja sozinha entre quatro paredes. Isso é muito mais eficaz do que ocupar-se em realizar ações que sejam percebidas pelas outras pessoas. Para que esse exercício ocorra de forma eficaz, é necessário que o usuário da edificação tenha consciência dos reflexos de seus hábitos, particularmente daqueles relacionados com o consumo de produtos. Também é ideal que os moradores conheçam as práticas – alinhadas com o conceito de sustentabilidade – que foram incorporadas nas diversas etapas de produção da edificação. Com a consciência da relevância dessas ações, o usuário tende a mantê-las ou até mesmo propor novas ideias.
Como	Uma boa alternativa para instruir os usuários da edificação consiste na realização de palestras, *workshops* e debates, que podem ser colocados em prática no próprio condomínio ou nas associações de bairros (para inclusão das edificações unifamiliares). Periodicamente os moradores receberiam informações e estímulos para que não só utilizem as tecnologias empregadas na construção, mas também que idealizem propostas de melhorias. Nesses encontros os moradores podem trocar experiências, enriquecendo o aprendizado. Parcerias podem ser estabelecidas com as universidades da região, de modo que os temas das palestras sejam abordados por profissionais experientes ou por alunos devidamente supervisionados por professores.
Materiais necessários	Cartilhas e panfletos para educação ambiental.
Responsabilidades	Síndico ou associação de moradores, em parceria com a construtora ou incorporadora.
Quando	Durante toda a vida útil.
Classe de custo	Baixo
Impacto esperado	Ambiental – Baixa intensidade; Social – Média intensidade

U 11. **Incentivar a segregação dos resíduos sólidos**	
Objetivo	Realizar a segregação ambientalmente adequada dos resíduos sólidos gerados nas edificações.
Por que	A Política Nacional de Resíduos Sólidos – PNRS – prevê a prevenção e redução na geração de resíduos, trazendo um conjunto de instrumentos para propiciar o aumento da reciclagem e da reutilização dos resíduos sólidos e a destinação ambientalmente adequada dos rejeitos. Além disso, institui a responsabilidade compartilhada dos geradores de resíduos, incluindo: fabricantes, importadores, distribuidores, comerciantes, o cidadão e titulares de serviços de manejo dos resíduos sólidos urbanos na Logística Reversa dos resíduos e embalagens pré-consumo e pós-consumo. A segregação dos resíduos facilita a reciclagem e a reutilização, evitando que os materiais com potencial energético se acumulem sem eficiência no meio ambiente. Além disso, retira dos aterros sanitários uma série de materiais que levariam muito tempo para se decompor, como é o caso de alguns plásticos (450 anos), latas de alumínio (200 anos) ou vidro (um milhão de anos). Com o reaproveitamento e reciclagem dos resíduos economizam-se recursos naturais que seriam utilizados na fabricação de novos produtos, além de contribuir para a geração de empregos e renda com a coleta e comercialização dos materiais recicláveis.
Como	O acondicionamento consiste na colocação dos resíduos sólidos no interior de recipientes apropriados, revestidos, que garantam sua estanqueidade, em regulares condições de higiene, visando a sua posterior estocagem ou coleta. A PNRS, bem como as leis e normas referentes aos resíduos sólidos, estabelece que o acondicionamento deve atender às características e classificações dos resíduos. Contentores de plástico normalmente são utilizados para acondicionar resíduos orgânicos e comuns. Esses recipientes devem ser instalados em áreas comuns de condomínios e demais edificações de acesso público, localizados em pontos de fácil aproximação e visualização, facilitando a segregação dos resíduos gerados. É importante ressaltar que os recipientes devem ter capacidade nominal para atender à demanda média de geração de resíduos, considerando o período entre duas coletas sucessivas. As lâmpadas fluorescentes queimadas, baterias e pilhas não podem ser segregadas com os demais materiais, pois contêm compostos tóxicos, sendo necessário um descarte diferenciado. As lojas de materiais elétricos e supermercados que comercializam esses produtos fazem o encaminhamento para empresas especializadas, que darão destinação adequada a esses resíduos. Óleo de cozinha já utilizado pode ser acondicionado em garrafas PET e destinado a empresas especializadas ou pontos de coleta localizados em supermercados. Esse óleo serve como matéria-prima, por exemplo, para a produção de sabão e biodiesel.
Materiais necessários	Contentores de plástico.
Responsabilidades	Construtora ou incorporadora, síndicos e gestores de manutenção.

Quando	Instalação durante a fase de construção; manutenção e reposições durante toda a vida útil do empreendimento.
Classe de custo	Baixo
Impacto esperado	Ambiental – Média intensidade; Social – Média intensidade

U 12. **Praticar a compostagem dos resíduos orgânicos**	
Objetivo	Diminuir a quantidade de resíduos orgânicos destinados aos aterros sanitários.
Por que	É uma prática simples e que proporciona bons resultados. A compostagem pode evitar a emissão de gás metano na atmosfera, um dos agentes responsáveis pelo efeito estufa e as consequentes mudanças climáticas. Além disso, reduz a quantidade de resíduos que são destinados aos aterros sanitários, prolongando a sua vida útil. Outro benefício decorrente do processo é a transformação do material orgânico em adubo de alta qualidade, que pode ser utilizado no cultivo de plantas (hortas e jardins) na própria residência.
Como	Na prática, a compostagem consiste na degradação da matéria orgânica por micro-organismos, podendo ser utilizados folhas, cascas de verduras, frutas, ovos e serragem. Restos de comida de origem animal devem ser evitados, pois podem atrair pragas e gerar mau cheiro, além de alimentos cozidos, os quais demoram a ser decompostos. Algumas dicas de como executar a compostagem doméstica: ▪ O sistema não ocupa muito espaço, sendo realizado em composteiras (caixas) plásticas. Uma boa opção é mantê-las na despensa ou lavanderia, quando o imóvel não dispuser de local externo capaz de recebê-las adequadamente. ▪ Fazer furos no fundo do recipiente para a saída do líquido (não tóxico) eliminado pelo material em decomposição. ▪ Espalhar os resíduos orgânicos, cortados em pedaços, por cima de uma camada de terra seca ou serragem. ▪ Acrescentar esterco (encontrado em floriculturas ou mercados) em pequenas quantidades sobre a superfície de terra seca ou serragem. ▪ Repetir todo o processo anterior para fazer uma nova camada de composto. ▪ Depois cobrir com borra de café (o resíduo de café serve para evitar mau cheiro e espantar animais, como as formigas). ▪ Colocar um recipiente no fundo da composteira para recolher o líquido lixiviado. ▪ O líquido produzido pode voltar à composteira ou ser diluído em água e borrifado nas plantas como um ótimo adubo, na proporção de 1:9 (lixiviado:água).
Materiais necessários	Caixas para compostagem.
Responsabilidades	Usuários da edificação.
Quando	Durante toda a vida útil da edificação.

Classe de custo	Baixo
Impacto esperado	Ambiental – Média intensidade; Social – Baixa intensidade

U 13.	**Reutilizar e reciclar componentes da edificação ao final da vida útil**
Objetivo	Diminuir a quantidade de resíduos de demolição e a extração de matérias-primas para a produção de novas edificações.
Por que	Alcançado o fim da vida útil, é usual a demolição da edificação, gerando grandes quantidades de resíduos sólidos. De acordo com as exigências da Política Nacional de Resíduos Sólidos, há uma hierarquia que precisa ser observada em relação a esses resíduos, ou seja, deve-se verificar a possibilidade de reutilização e reciclagem antes da sua disposição final, em local regulamentado e aprovado pela municipalidade. Pesquisas indicam que uma parcela significativa dos resíduos sólidos urbanos vem do setor da construção civil. Na clandestinidade esses resíduos são dispostos em locais impróprios, causando diversos problemas como: contaminação das águas e do solo, proliferação de insetos e animais, modificação da paisagem urbana e outros. Dispô-los em aterros sanitários também não é possível, em função do grande volume gerado e diminuição da vida útil desses dispositivos. Por outro lado, para a construção de novas edificações será necessária a extração de matérias-primas adicionais, impactando ainda mais o meio ambiente.
Como	A primeira recomendação para atender a esta proposta tem relação com o projeto da edificação. No momento da concepção arquitetônica e dos projetos complementares, os projetistas devem considerar os princípios do Projeto para a Desconstrução (*Design for Disassembly*). Trata-se de um conceito em que os edifícios e produtos são intencionalmente projetados para facilitar a recuperação dos materiais e valoração de seus componentes para um próximo uso. Significa prever, em projeto, como as partes que constituem o edifício serão reutilizadas no final de sua primeira vida útil. Caso não haja um plano previamente preparado, a desconstrução deve ser conduzida no sentido inverso ao da construção, de modo que se obtenham as maiores possibilidades de reutilização e reciclagem dos componentes da edificação. Podem ser reutilizados ou reciclados: esquadrias metálicas, de madeira ou de PVC; telhas; vidros; rochas utilizadas em bancadas, revestimentos de pisos ou paredes; louças sanitárias; componentes em aço inoxidável (cubas); revestimentos argamassados; estruturas de aço, de madeira e de concreto armado; além de outros. Quanto maior for o nível de pré-fabricação adotado na fase de construção, maiores são as chances de reutilização dos componentes da edificação. Um caso interessante de se expor é aquele que vem ocorrendo nos últimos anos, particularmente na região norte do estado do Paraná. As casas de madeira – que foram construídas no início da colonização da região – passaram a ter um valor significativo por conta da aceitação da madeira de demolição para outros fins, especialmente na produção de móveis e objetos de decoração. Esse exemplo mostra que a recuperação dos materiais de construção, seja para novas edificações ou em outros fins, é uma alternativa para a escassez dos recursos naturais.
Materiais necessários	Projeto de desconstrução da edificação e Plano de Gerenciamento de Resíduos Sólidos (PGRS).

Responsabilida-des	Projetistas ou empresa responsável pela desconstrução ou demolição da edificação.
Quando	Na etapa de projeto, prevendo um plano para a desconstrução; ou no final da vida útil da edificação.
Classe de custo	Médio
Impacto esperado	Ambiental – Alta intensidade

Capítulo 7

Classificação das Práticas Positivas

Objetivos de Aprendizagem

- Agrupar as boas práticas para as edificações ecoeficientes de acordo com a classe de custo e a intensidade de redução dos impactos ambientais.

- Analisar e comentar os resultados derivados do agrupamento das boas práticas para as edificações ecoeficientes.

Eventualmente, o leitor pode se deparar com a necessidade de propor – para um novo empreendimento ou uma obra que já tenha sido iniciada – algumas práticas descritas neste livro e, por algum motivo, deseje selecionar aquelas que têm o menor custo estimado ou aquelas que têm o potencial de atingir um elevado nível de redução dos impactos ambientais. Com vistas a colaborar com essa necessidade circunstancial, neste capítulo são propostas duas formas de agrupamentos das boas práticas: por classe de custo e pelo nível de redução dos impactos ambientais.

Esses agrupamentos também permitem algumas análises, considerações e conclusões, as quais serão apresentadas após a categorização das boas práticas.

7.1 – Categorizações das boas práticas conforme as estimativas de custos e prováveis impactos

Na sequência são expostos os Quadros 7.1 a 7.8, os quais relacionam as práticas anteriormente apresentadas segundo suas respectivas classificações, por ordem de grandeza dos custos estimados e pelo nível de intensidade dos impactos ambientais e sociais esperados. A categorização das práticas foi subdividida segundo as etapas em que elas foram agrupadas neste livro, ou seja, práticas relacionadas: com o PROJETO (P), com a ESPECIFICAÇÃO DOS MATERIAIS E EQUIPAMENTOS (E), com a CONSTRUÇÃO (C) e com a fase de USO E MANUTENÇÃO (U) do empreendimento.

Quadro 7.1 – Classificação das práticas de Projeto (P) segundo a ordem de grandeza dos custos

CÓDIGO	AÇÃO	IMPACTO	
		AMBIENTAL	SOCIAL
	CLASSE DE CUSTO: **BAIXO**		
P6	Conceber espaços flexíveis e racionalizados	Alto	-----
P8	Explorar a iluminação e ventilação natural	Alto	Médio
P9	Evitar estacionamento em subsolos	Alto	-----
P11	Projetar considerando a coordenação modular	Alto	-----
P12	Elaborar o projeto executivo	Alto	-----
P16	Analisar a opção de alvenaria estrutural	Alto	-----
P2	Verificar a disponibilidade de transporte público e alternativo no entorno	Médio	Médio
P10	Compatibilizar projetos	Médio	-----
P22	Implantar arborização para o sombreando de fachadas	Médio	Médio
P28	Destinar áreas à infiltração de águas pluviais	Médio	-----
P13	Elaborar o projeto de fôrmas de madeira	Baixo	-----
P25	Especificar acabamento adequado em locais favoráveis ao surgimento de fungos	Baixo	Médio
	CLASSE DE CUSTO: **MÉDIO**		
P1	Garantir a acessibilidade	-----	Alto
P4	Realizar Estudos de Impactos de Vizinhança (EIV)	Alto	Alto
P14	Dar preferência aos elementos estruturais pré-fabricados	Alto	-----
P20	Projetar paredes externas em alvenaria de tijolos assentados em uma vez	Alto	Médio
P27	Priorizar as coberturas verdes	Alto	Médio
P29	Implantar sistema de aproveitamento de águas pluviais	Alto	-----
P15	Especificar concreto de alto desempenho em pilares	Médio	-----
P17	Optar pelas estruturas mistas	Médio	-----
P26	Propor brises apropriados às necessidades	Médio	Médio
P30	Implantar sistema para reuso de águas cinzas	Médio	-----
P21	Optar pelos fechamentos internos em *Drywall*	Baixo	-----
P24	Sombrear fachadas de edificações de múltiplos pavimentos	Baixo	Médio
	CLASSE DE CUSTO: **ALTO**		
P3	Considerar a hipótese de construir sobre *brownfields*	Alto	-----
P19	Especificar a madeira lamelada colada cruzada (MLCC) em estruturas	Alto	-----
P31	Utilizar energia produzida a partir de fontes renováveis	Alto	-----
P5	Verificar a viabilidade de realizar *retrofit* de antigas edificações	Médio	-----
P7	Considerar a construção de escritórios nas residências	Médio	Alto
P18	Especificar a madeira lamelada colada (MLC) em estruturas	Médio	-----
P23	Especificar fachadas ventiladas	Médio	Médio

Quadro 7.2 – Classificação das práticas de Projeto (P) segundo os níveis esperados de redução de impactos ambientais

CÓDIGO	AÇÃO	CLASSE DE CUSTO	IMPACTO SOCIAL
	IMPACTO AMBIENTAL: **ALTO**		
P3	Considerar a hipótese de construir sobre *brownfields*	Alto	-----
P4	Realizar Estudos de Impactos de Vizinhança (EIV)	Médio	Alto
P6	Conceber espaços flexíveis e racionalizados	Baixo	-----
P8	Explorar a iluminação e ventilação natural	Baixo	Médio
P9	Evitar estacionamento em subsolos	Baixo	-----
P11	Projetar considerando a coordenação modular	Baixo	-----
P12	Elaborar o projeto executivo	Baixo	-----
P14	Dar preferência aos elementos estruturais pré-fabricados	Médio	-----
P16	Analisar a opção de alvenaria estrutural	Baixo	-----
P19	Especificar a madeira lamelada colada cruzada (MLCC) em estruturas	Alto	-----
P20	Projetar paredes externas em alvenaria de tijolos assentados em uma vez	Médio	Médio
P27	Priorizar as coberturas verdes	Médio	Médio
P29	Implantar sistema de aproveitamento de águas pluviais	Médio	-----
P31	Utilizar energia produzida a partir de fontes renováveis	Alto	-----
	IMPACTO AMBIENTAL: **MÉDIO**		
P2	Verificar a disponibilidade de transporte público e alternativo no entorno	Baixo	Médio
P5	Verificar a viabilidade de realizar *retrofit* de antigas edificações	Alto	-----
P7	Considerar a construção de escritórios nas residências	Alto	Alto
P10	Compatibilizar projetos	Baixo	-----
P15	Especificar concreto de alto desempenho em pilares	Médio	-----
P17	Optar pelas estruturas mistas	Médio	-----
P18	Especificar a madeira lamelada colada (MLC) em estruturas	Alto	-----
P22	Implantar arborização para o sombreando de fachadas	Baixo	Médio
P23	Especificar fachadas ventiladas	Alto	Médio
P26	Propor brises apropriados às necessidades	Médio	Médio
P28	Destinar áreas à infiltração de águas pluviais	Baixo	-----
P30	Implantar sistema para reuso de águas cinzas	Médio	-----
	IMPACTO AMBIENTAL: **BAIXO**		
P13	Elaborar o projeto de fôrmas de madeira	Baixo	-----
P21	Optar pelos fechamentos internos em *Drywall*	Médio	-----
P24	Sombrear fachadas de edificações de múltiplos pavimentos	Médio	Médio
P25	Especificar acabamento adequado em locais favoráveis ao surgimento de fungos	Baixo	Médio

Quadro 7.3 – Classificação das práticas de Especificação dos Materiais e Equipamentos (E) segundo a ordem de grandeza dos custos

CÓDIGO	AÇÃO	IMPACTO	
		AMBIENTAL	SOCIAL
	CLASSE DE CUSTO: **BAIXO**		
E1	Priorizar materiais que incorporam baixo nível de energia	Alto	-----
E2	Privilegiar os materiais produzidos e comercializados na região	Alto	Médio
E3	Utilizar cimento Portland do tipo CP-III ou CP-IV	Alto	-----
E4	Especificar o adobe	Médio	Médio
E5	Especificar os blocos de solo-cimento	Médio	-----
E6	Reutilizar rochas ornamentais	Médio	-----
E8	Utilizar madeira de demolição	Médio	-----
E9	Privilegiar o uso do bambu	Alto	-----
E10	Especificar materiais reaproveitados e reciclados	Médio	-----
E13	Especificar válvulas de descarga de fluxo duplo	Alto	-----
E14	Indicar o uso de torneiras com dispositivos arejadores	Médio	-----
E16	Instalar dispositivo sensor de presença em áreas comuns	Baixo	-----
E17	Instalar *dimmers* para o controle da iluminação artificial	Médio	-----
E18	Impermeabilizar sem produtos tóxicos	Médio	Médio
E19	Especificar tintas sem Compostos Orgânicos Voláteis (COV)	Médio	Médio
E21	Não especificar ou manipular cautelosamente o amianto	Médio	Alto
E22	Não utilizar equipamentos e produtos contendo clorofluorcarbonetos (CFC)	Alto	-----
	CLASSE DE CUSTO: **MÉDIO**		
E7	Especificar e adquirir madeiras certificadas	Alto	-----
E11	Instalar medidores individuais de água, energia elétrica e GLP	Alto	-----
E12	Especificar bacias sanitárias com consumo otimizado para caixa acoplada	Alto	-----
E15	Especificar lâmpadas LED	Médio	-----
E20	Evitar o PVC (Policloreto de Polivinila)	Médio	Médio
	CLASSE DE CUSTO: **ALTO**		
E23	Especificar elevadores inteligentes	Médio	-----

Quadro 7.4 – Classificação das práticas de Especificação dos Materiais e Equipamentos (E) segundo os níveis esperados de redução de impactos ambientais

CÓDIGO	AÇÃO	CLASSE DE CUSTO	IMPACTO SOCIAL
	IMPACTO AMBIENTAL: **ALTO**		
E1	Priorizar materiais que incorporam baixo nível de energia	Baixo	-----
E2	Privilegiar os materiais produzidos e comercializados na região	Baixo	Médio
E3	Utilizar cimento Portland do tipo CP-III ou CP-IV	Baixo	-----
E7	Especificar e adquirir madeiras certificadas	Médio	-----
E9	Privilegiar o uso do bambu	Baixo	-----
E11	Instalar medidores individuais de água, energia elétrica e GLP	Médio	-----
E12	Especificar bacias sanitárias com consumo otimizado para caixa acoplada	Médio	-----
E13	Especificar válvulas de descarga de fluxo duplo	Baixo	-----
E22	Não utilizar equipamentos e produtos contendo clorofluorcarbonetos (CFC)	Baixo	-----
	IMPACTO AMBIENTAL: **MÉDIO**		
E4	Especificar o adobe	Baixo	Médio
E5	Especificar os blocos de solo-cimento	Baixo	-----
E6	Reutilizar rochas ornamentais	Baixo	-----
E8	Utilizar madeira de demolição	Baixo	-----
E10	Especificar materiais reaproveitados e reciclados	Baixo	-----
E14	Indicar o uso de torneiras com dispositivos arejadores	Baixo	-----
E15	Especificar lâmpadas LED	Médio	-----
E17	Instalar *dimmers* para o controle da iluminação artificial	Baixo	-----
E18	Impermeabilizar sem produtos tóxicos	Baixo	Médio
E19	Especificar tintas sem Compostos Orgânicos Voláteis (COV)	Baixo	Médio
E20	Evitar o PVC (Policloreto de Polivinila)	Médio	Médio
E21	Não especificar ou manipular cautelosamente o amianto	Baixo	Alto
E23	Especificar elevadores inteligentes	Alto	-----
	IMPACTO AMBIENTAL: **BAIXO**		
E16	Instalar dispositivo sensor de presença em áreas comuns	Baixo	-----

Quadro 7.5 – Classificação das práticas da fase de Construção (C) segundo a ordem de grandeza dos custos

CÓDIGO	AÇÃO	IMPACTO	
		AMBIENTAL	SOCIAL
	CLASSE DE CUSTO: **BAIXO**		
C1	Planejar a execução do empreendimento	Alto	-----
C2	Capacitar profissionais	Médio	Alto
C3	Conscientizar ambientalmente os colaboradores	Baixo	Alto
C4	Preservar a saúde dos colaboradores	-----	Alto
C5	Optar por instalações modulares para os canteiros de obras	Médio	-----
C8	Utilizar sensores de presença em áreas com iluminação artificial	Baixo	-----
C9	Aproveitamento da iluminação natural nos canteiros de obras	Baixo	-----
C12	Reduzir as sobras de materiais com planos de corte	Médio	-----
C13	Separar e organizar as sobras de madeiras	Médio	-----
C16	Armazenar apropriadamente os materiais a granel	Alto	-----
C18	Utilizar equipamentos que emitem menores quantidades de ruídos	Baixo	Alto
C19	Adquirir equipamentos com certificação de boa eficiência energética	Médio	-----
C20	Lavar os pneus dos veículos que saem do canteiro de obras	Médio	Médio
C22	Instalar filtro para coleta de resíduos de lavagem de rolos e pincéis	Médio	-----
	CLASSE DE CUSTO: **MÉDIO**		
C6	Utilizar contêineres para instalações dos canteiros de obras	Médio	-----
C7	Aproveitamento de águas pluviais nos canteiros de obras	Médio	-----
C10	Optar por escoras reutilizáveis	Médio	-----
C11	Separar os resíduos de acordo com a sua classe	Alto	-----
C14	Destinar corretamente as sobras de madeira tratada	Médio	-----
C15	Armazenar peças de aço em ambiente adequado	Médio	-----
C17	Reduzir a poeira gerada em obra	Médio	Alto
C21	Utilizar manta geotêxtil na cura úmida do concreto	Médio	-----

Quadro 7.6 – Classificação das práticas da fase de Construção (C) segundo os níveis esperados de redução de impactos ambientais

CÓDIGO	AÇÃO	CLASSE DE CUSTO	IMPACTO SOCIAL
	IMPACTO AMBIENTAL: **ALTO**		
C1	Planejar a execução do empreendimento	Baixo	-----
C11	Separar os resíduos de acordo com a sua classe	Médio	-----
C16	Armazenar apropriadamente os materiais a granel	Baixo	-----
	IMPACTO AMBIENTAL: **MÉDIO**		
C2	Capacitar profissionais	Baixo	Alto
C5	Optar por instalações modulares para os canteiros de obras	Baixo	-----
C6	Utilizar contêineres para instalações dos canteiros de obras	Médio	-----
C7	Aproveitamento de águas pluviais nos canteiros de obras	Médio	-----
C10	Optar por escoras reutilizáveis	Médio	-----
C12	Reduzir as sobras de materiais com planos de corte	Baixo	-----
C13	Separar e organizar as sobras de madeiras	Baixo	-----
C14	Destinar corretamente as sobras de madeira tratada	Médio	-----
C15	Armazenar peças de aço em ambiente adequado	Médio	-----
C17	Reduzir a poeira gerada em obra	Médio	Alto
C19	Adquirir equipamentos com certificação de boa eficiência energética	Baixo	-----
C20	Lavar os pneus dos veículos que saem do canteiro de obras	Baixo	Médio
C21	Utilizar manta geotêxtil na cura úmida do concreto	Médio	-----
C22	Instalar filtro para coleta de resíduos de lavagem de rolos e pincéis	Baixo	-----
	IMPACTO AMBIENTAL: **BAIXO**		
C3	Conscientizar ambientalmente os colaboradores	Baixo	Alto
C8	Utilizar sensores de presença em áreas com iluminação artificial	Baixo	-----
C9	Aproveitamento da iluminação natural nos canteiros de obras	Baixo	-----
C18	Utilizar equipamentos que emitem menores quantidades de ruídos	Baixo	Alto

Quadro 7.7 – Classificação das práticas da fase de Uso e Manutenção (U) segundo a ordem de grandeza dos custos

CÓDIGO	AÇÃO	IMPACTO	
		AMBIENTAL	SOCIAL
	CLASSE DE CUSTO: **BAIXO**		
U1	Elaborar e entregar o Manual do Proprietário	Alto	-----
U2	Racionalizar o consumo de água e energia	Médio	-----
U5	Conscientizar o usuário para o bom uso da edificação	Médio	Médio
U6	Preservar a qualidade do ar em ambientes internos	Médio	Alto
U7	Evitar produtos tóxicos e poluentes na limpeza e conservação	Médio	-----
U8	Facilitar a comunicação com os clientes no período de garantia do imóvel	Baixo	Médio
U10	Realizar ações focadas na educação ambiental do usuário	Baixo	Médio
U11	Incentivar a segregação dos resíduos sólidos	Médio	Médio
U12	Praticar a compostagem dos resíduos orgânicos	Médio	Baixo
	CLASSE DE CUSTO: **MÉDIO**		
U3	Incentivar a substituição de eletrodomésticos antigos	Médio	-----
U4	Divulgar resultados positivos gerados pela economia de água e energia	Médio	-----
U9	Realizar as manutenções preventivas	Alto	-----
U13	Reutilizar e reciclar componentes da edificação ao final da vida útil	Alto	-----

Quadro 7.8 – Classificação das práticas da fase de Uso e Manutenção (U) segundo os níveis esperados de redução de impactos ambientais

CÓDIGO	AÇÃO	CLASSE DE CUSTO	IMPACTO SOCIAL
	IMPACTO AMBIENTAL: **ALTO**		
U1	Elaborar e entregar o Manual do Proprietário	Baixo	-----
U9	Realizar as manutenções preventivas	Médio	-----
U13	Reutilizar e reciclar componentes da edificação ao final da vida útil	Médio	-----
	IMPACTO AMBIENTAL: **MÉDIO**		
U2	Racionalizar o consumo de água e energia	Baixo	-----
U3	Incentivar a substituição de eletrodomésticos antigos	Médio	-----
U4	Divulgar resultados positivos gerados pela economia de água e energia	Médio	-----
U5	Conscientizar o usuário para o bom uso da edificação	Baixo	Médio
U6	Preservar a qualidade do ar em ambientes internos	Baixo	Alto
U7	Evitar produtos tóxicos e poluentes na limpeza e conservação	Baixo	-----
U11	Incentivar a segregação dos resíduos sólidos	Baixo	Médio
U12	Praticar a compostagem dos resíduos orgânicos	Baixo	Baixo
	IMPACTO AMBIENTAL: **BAIXO**		
U8	Facilitar a comunicação com os clientes no período de garantia do imóvel	Baixo	Médio
U10	Realizar ações focadas na educação ambiental do usuário	Baixo	Médio

Os agrupamentos exibidos nesta seção tornam possíveis algumas interpretações, análises e comentários, conforme expostos na próxima seção. Ao mesmo tempo, tornam-se uma fonte rápida de consulta para projetistas e construtores que estejam na iminência de elaborar um projeto ecoeficiente.

7.2 – Análises e comentários

Dentre as diversas etapas que compõem a produção de um edifício, o projeto é aquela que permite o maior número de intervenções em busca da ecoeficiência. No período de concepção do empreendimento, as ideias podem ser alteradas e adaptadas com um nível mínimo de esforço e custos praticamente imperceptíveis. Portanto, não é por acaso que o maior número das boas práticas aconselhadas nesta publicação está agrupado nas etapas de projeto e especificação dos materiais e equipamentos do empreendimento.

O Quadro 7.1 revela que 78% das práticas sugeridas para a fase de projeto estão na categoria dos custos baixos (39%) ou médios (39%). Além disso, 50% das ações que têm custos baixos podem resultar em alto nível de redução de impactos ambientais, corroborando aquilo que fora previamente afirmado neste texto, de que ações importantes para a diminuição dos impactos ambientais normalmente não requerem grandes investimentos financeiros. Impactos sociais importantes também estão aptos de serem conseguidos com custos aceitáveis, tais como: permitir a acessibilidade do edifício, incrementar as condições de saúde e bem-estar dos usuários e o alívio dos conflitos com a vizinhança.

Por sua vez, o Quadro 7.2 evidencia que 47% das boas ações recomendadas para a etapa de projeto da edificação trazem, como consequência, um elevado nível de redução dos impactos ambientais negativos. No entanto, algumas das práticas positivas sugeridas podem não estar acessíveis na região de implantação do empreendimento, como, por exemplo, os painéis de madeira lamelada colada cruzada (MLCC) e a madeira lamelada colada (MLC).

No Quadro 7.3 se expõe o agrupamento das práticas positivas para as edificações ecoeficientes, conforme a classe de custos, relacionadas com a etapa de especificação dos materiais e equipamentos. Nota-se que 74% das ações estão associadas a baixos custos, com reflexos importantes na diminuição dos impactos ambientais da construção.

A partir da análise do Quadro 7.4 pode-se observar que as ações que promovem alto nível de redução nos impactos ambientais pertencem à classe de custo: baixo (67%) e médio (33%). Assim, é possível concluir que na especificação dos materiais e equipamentos conseguem-se significativas reduções nos impactos ambientais, sem acréscimos substanciais no custo do empreendimento. Dentre as ações relacionadas nesta etapa, 39% implicam em alto nível de redução dos impactos ambientais.

O Quadro 7.5 evidencia que nenhuma das ações recomendadas para a fase de construção dos edifícios ecoeficientes foi classificada na categoria de alto custo. Com efeito, as práticas relacionadas associam-se a intervenções típicas da gestão do processo produtivo nos canteiros de obras. Cabe lembrar que outras ações podem ser relacionadas neste grupo, a depender principalmente do tipo de edificação e do sistema construtivo adotado.

Por sua vez, o Quadro 7.6 aponta que 81% das práticas relacionadas para a etapa de construção do edifício têm capacidade para reduzir impactos ambientais nos níveis de intensidade altos e médios. Nesse quadro, também se destacam as ações que produzem altos impactos sociais com baixo custo (práticas C2, C3 e C18). Pequenas ações que ocorrem no cotidiano dos canteiros de obras devem ser repensadas e, uma vez implantadas, podem representar resultados ambientais relevantes. Por exemplo: a coleta e reciclagem dos pregos que foram retirados das fôrmas para concreto armado; o recolhimento e tratamento das águas de lavagem da betoneira; a produção de compostagem com os resíduos orgânicos; dentre outras.

A partir da análise do Quadro 7.7, nota-se também que nenhuma das ações associadas à fase de uso e manutenção da edificação ecoeficiente foi considerada de alto custo. Observa-se que 69% das práticas contidas nesta categoria são de baixo custo. Aliás, nesta etapa basicamente se colhem os frutos advindos de opções acertadas, que foram consideradas nas etapas preliminares do projeto e produção do edifício. Dentre as várias ações elencadas no Quadro 7.7, destacam-se aquelas alusivas à educação ambiental dos usuários e o acesso às informações acerca das características singulares do empreendimento, bem como as instruções para preservá-las.

Por fim, observando-se o Quadro 7.8, constata-se que 85% das ações relacionadas têm capacidade de promover impactos ambientais de alta e média intensidade. Realçamos, neste momento, a importância do Manual do Proprietário, o qual deve ser complementado pelo Manual do Síndico, no caso de condomínios. Trata-se de um instrumento de baixo custo e um poderoso meio de informação aos usuários do empreendimento. Por esse motivo, algumas construtoras e incorporadoras têm investido em formas alternativas de disponibilização desse documento, seja por meio de vídeos ou em aplicativos para *smartphones*.

Alertamos que muitas das práticas arroladas neste texto são indispensáveis para a obtenção da certificação ambiental do empreendimento. Sob a ótpica dos benefícios ambientais, econômicos e sociais, desejamos que todas as ações pautadas neste livro sejam prontamente consideradas pelas empresas e profissionais no planejamento dos futuros empreendimentos, quando, de fato, poderemos comemorar a construção de edificações definitivamente ecoeficientes.

Unidade III – Epílogo

A terceira Unidade deste livro destina-se à apresentação dos comentários finais e da síntese dos principais objetivos que foram propostos para esta obra.

Capítulo 8

Considerações Finais

Que bom que você chegou até aqui! Desejo fortemente que os conteúdos apresentados, a sequência estabelecida e a linguagem empregada tenham sido apropriados e suficientes para despertar ainda mais o seu interesse acerca desta temática.

Nestas últimas linhas não me debruçarei na exposição recapitulativa dos principais assuntos tratados neste livro, como seria de se esperar em um texto com a formatação de um trabalho acadêmico, mas proponho apenas a apresentação de mensagens de encerramento e de motivação do leitor para novas investigações nesta matéria. Os objetivos principais propostos para este trabalho compreenderam:

- Contextualizar o debate atual referente ao aquecimento global, suas origens e envolvimento do setor da construção civil;

- Conceituar as edificações ecoeficientes, que neste livro admitiu-se ser uma expressão mais apropriada para as "construções sustentáveis";

- Relacionar as estratégias para produzir edificações ecoeficientes, separando-as em práticas indicadas para: a fase de projeto e implantação da edificação; a fase de especificação dos materiais e equipamentos; a fase de construção; e, por fim, a fase de uso e manutenção do empreendimento;

- Estabelecer indicativos para a relação entre o aumento de custos da edificação e a implantação das práticas de sustentabilidade nas diversas etapas da produção;

- Sintetizar a evolução da legislação ambiental brasileira;

- Compendiar as características das ferramentas de certificação ambiental aplicáveis às edificações ecoeficientes brasileiras;

- Resumir as estratégias para as edificações ecoeficientes na forma de quadros, facilitando as consultas e análises subsequentes.

Como você percebeu, em alguns instantes o assunto convidava a um maior nível de aprofundamento, o que lamentavelmente não foi feito por diversos motivos, dentre eles a necessidade de não se perder o foco nas estratégias que, uma vez adotadas, culminam na redução dos impactos negativos relacionados à produção da edificação e que esta obra seja um compêndio acerca do assunto.

Todavia, com as fronteiras que se abriram certamente você não terá dificuldades em dar prosseguimento nos seus estudos em busca de eventuais aprofundamentos que se fizerem necessários. O acesso e facilidade de obtenção de informações são marcas deste início de século, os quais te permitem explorar publicações que complementem os conteúdos que te despertaram a atenção.

Ao concluir a leitura deste livro, se você notou que é capaz de alterar o seu dia a dia e a sua rotina profissional, de modo que o meio ambiente seja beneficiado com suas ações, esteja certo de que me sentirei realizado e feliz, pois os propósitos deste trabalho terão sido alcançados.

Sucesso em sua jornada! Seja perseverante e otimista!

Referências

AECWEB. **Certificação AQUA concede o primeiro selo para o segmento de varejo**. Disponível em: http://www.aecweb.com.br/cont/n/certificacao-aqua-concede-o-primeiro-selo-para-o-segmento-de-varejo_1879. Acesso em: 10 set. 2013.

AGÊNCIA NACIONAL DE ENERGIA ELÉTRICA – ANEEL. **Atlas de energia elétrica do Brasil**. 3ed. Brasília: Agência Nacional de Energia Elétrica, 2008.

AGENDA 21 PARA A CONSTRUÇÃO SUSTENTÁVEL. São Paulo: Escola Politécnica da USP, 2000. 131p. (Publicação CIB 237).

AGOPYAN, V.; JOHN, V. M. **O desafio da sustentabilidade na construção civil**. v.5. São Paulo: Blucher, 2011. 141p.

ALUMAR – Consórcio de Alumínio do Maranhão. Disponível em: http://www.alumar.com.br/internas_template4.aspx?spbid=10&tbsid=10. Acesso em: 29 set. 2013.

ALVES, C.; PIO, C.; GOMES, P. Determinação de hidrocarbonetos voláteis e semi-voláteis na atmosfera. **Química Nova**, v.29, n.3, 2006. p.477-488.

ARAÚJO, M. A. **A moderna construção sustentável**. Disponível em: http://www.idhea.com.br/pdf/moderna.pdf. Acesso em: 08 set. 2013.

ARCHDAILY. **Academia de Ciências da Califórnia / Renzo Piano**. Disponível em:

https://www.archdaily.com.br/br/01-50160/academia-de-ciencias-da-california-renzo-piano. Acesso em: 21 jun. 2020.

ASSOCIAÇÃO BRASILEIRA DE CICLO DE VIDA – ABCV. **O conceito de ciclo de vida e definição de ACV**. Disponível em: http://abcvbrasil.org.br/index.php/o-que-e-acv. Acesso em: 28 out. 2013.

ASSOCIAÇÃO BRASILEIRA DE CIMENTO PORTLAND – ABCP. **Solo-cimento**. Disponível em: http://www.abcp.org.br/conteudo/basico-sobre-cimento/aplicacoes/solo-cimento. Acesso em: 29 set. 2013.

ASSOCIAÇÃO BRASILEIRA DE NORMAS TÉCNICAS. **NBR 5674**: Manutenção de edificações – Requisitos para o sistema de gestão de manutenção. Rio de Janeiro, 2012.

ASSOCIAÇÃO BRASILEIRA DE NORMAS TÉCNICAS. **NBR 9050**: Acessibilidade a edificações, mobiliário, espaços e equipamentos urbanos. Rio de Janeiro, 2015.

ASSOCIAÇÃO BRASILEIRA DE NORMAS TÉCNICAS. **NBR 10281**: Torneiras – Requisitos e métodos de ensaio. Rio de Janeiro, 2015.

ASSOCIAÇÃO BRASILEIRA DE NORMAS TÉCNICAS. **NBR 14037**: Diretrizes para elaboração de manuais de uso, operação e manutenção das edificações – Requisitos para elaboração e apresentação dos conteúdos. Rio de Janeiro, 2014.

ASSOCIAÇÃO BRASILEIRA DE NORMAS TÉCNICAS. **NBR 15575**: Edificações habitacionais – Desempenho. Partes 1 a 6. Rio de Janeiro, 2013.

ASSOCIAÇÃO BRASILEIRA DE NORMAS TÉCNICAS. **NBR 15873**: Coordenação modular para edificações. Rio de Janeiro, 2010.

ASSOCIAÇÃO BRASILEIRA DE NORMAS TÉCNICAS. **NBR 16416**: Pavimentos permeáveis de concreto – Requisitos e procedimentos. Rio de Janeiro, 2015.

ASSOCIAÇÃO BRASILEIRA DE NORMAS TÉCNICAS. **NBR ISO 9000**: Sistemas de gestão da qualidade – Fundamentos e vocabulário. Rio de Janeiro, 2015.

ASSOCIAÇÃO BRASILEIRA DE NORMAS TÉCNICAS. **NBR ISO 14001**: Sistemas de gestão ambiental – Requisitos com orientações para uso. Rio de Janeiro, 2004.

ASSOCIAÇÃO BRASILEIRA DE NORMAS TÉCNICAS. **NBR ISO 14021**: Rótulos e declarações ambientais – autodeclarações ambientais (Rotulagem do tipo II). Rio de Janeiro, 2013.

ASSOCIAÇÃO BRASILEIRA DE NORMAS TÉCNICAS. **NBR 14037**: Diretrizes para elaboração de manuais de uso, operação e manutenção das edificações – Requisitos para elaboração e apresentação dos conteúdos. Rio de Janeiro, 2011.

BANCO NACIONAL DE DESENVOLVIMENTO ECONÔMICO E SOCIAL – BNDES. **Indústria do cobre**. Disponível em: http://www.bndes.gov.br/SiteBNDES/export/sites/default/bndes_pt/Galerias/Arquivos/conhecimento/relato/cobre.pdf. Acesso em: 29 set. 2013.

BARBIERI, J. C. **Gestão ambiental empresarial:** conceitos, modelos e instrumentos. 4ed. São Paulo: Saraiva, 2016.

BARBOSA, G. G. Recursos naturais renováveis e produção de energia. **Revista Política Hoje**, v. 23, n. 1, p. 193-215, 2014.

BCSD Portugal – Business Council for Sustainable Development Portugal. **Ecoeficiência na vida das empresas**. Maio 2013.

BELATO, M. N. **Análise da geração de poluentes na produção de cimento Portland com o coprocessamento de resíduos industriais**. 2013. 171f. Dissertação (Mestrado em Engenharia Mecânica). Universidade Federal de Itajubá, Itajubá – MG, 2013.

BITENCOURT, F. **Arquitetura da Resiliência ou novos caminhos para a sustentabilidade em edifícios para saúde**. Disponível em: http://saudeonline.grupomidia.com/healtharq/arquitetura-da-resiliencia-ou-novos-caminhos-para-a-sustentabilidade-em-edificios-para-saude-por-fabio-bittencourt-2/. Acesso em: 26 set. 2019.

BLANCO, M. Ecoeficiência. **Revista Construção Mercado**, São Paulo, n. 87, out. 2008.

BOFF, L. **Sustentabilidade: tentativa de definição**. Disponível em: http://leonardoboff.wordpress.com/2012/01/15/sustentabilidade-tentativa-de-definicao/. Acesso em: 11 set. 2013.

BRASIL. Lei n°8.078, de 11 de setembro de 1990. Código de Defesa do Consumidor. **Diário Oficial da União**, Brasília, DF, 12 set. 1990.

BRASIL. Lei n° 12.305, de 02 de agosto de 2010. Política Nacional de Resíduos Sólidos. **Diário Oficial da União**, Brasília, DF, 03 ago. 2010.

CALIL JR, C.; DIAS, A. A. Utilização da madeira em construções rurais. **Revista Brasileira em Engenharia Agrícola e Ambiental**, Campina Grande, PB, v.1, p.71-77, set/dez 1997.

CÂMARA BRASILEIRA DA INDÚSTRIA DA CONSTRUÇÃO. **Guia nacional para a elaboração do manual de uso, operação e manutenção das edificações**. Fortaleza: Gadioli Cipolla Branding e Comunicação, 2014.

CAMPOS, L. M. S.; SHIGUNOV NETO, A. A gestão ambiental nos cursos de Administração: discussões preliminares sobre sua importância. **Revista de Administração Cesusc**, n. 2, jul./dez. 2007.

CEOTTO, L. H. **Análise de investimento em empreendimentos imobiliários sustentáveis**. PowerPoint utilizado no Seminário: Empreendimentos imobiliários sustentáveis – viabilidade, projeto e execução. São Paulo, 19 ago. 2008.

CEOTTO, L. H.; FAVERSANI JÚNIOR, N. **Sustentabilidade em edificações: resultados práticos**. Disponível em: http://www.ecolatina.com.br/pdf/anais/Forum_construcao_sustentavel/Nelson.pdf. Acesso em: 05 out. 2013.

COACHMAN, E. **Gestão ambiental**. São Paulo: Pearson Prentice Hall, 2011.

COELHO, L. Certificação ambiental. **Revista Téchne**, n.155, fev. 2010.

CONSELHO BRASILEIRO DE CONSTRUÇÃO SUSTENTÁVEL – CBCS. **O projeto e a sustentabilidade do ambiente construído**. São Paulo, ago. 2009.

CURI, D. (Org.). **Gestão ambiental**. São Paulo: Pearson Prentice Hall, 2012.

EMPRESA DE PESQUISA ENERGÉTICA. **Consumo anual de energia elétrica por classe (nacional)**. Disponível em: http://epe.gov.br/pt/publicacoes-dados-abertos/publicacoes/consumo-de-energia-eletrica/consumo-anual--de-energia-eletrica-por-classe-(nacional). Acesso em: 13 set. 2019.

FARIA, C. **Teoria populacional malthusiana**. Disponível em: http://www.infoescola.com/geografia/teoria-populacional-malthusiana/. Acesso em: 13 out. 2013.

FERNANDES, C. **Liberalismo econômico**. Disponível em: https://www.historiadomundo.com.br/idade-moderna/liberalismo-economico.htm. Acesso em: 20 jun. 2020.

FREITAS, A. H. C.; FRANÇA, P. M.; FRANÇA, T. M. Construção sustentável: Benefícios e desafios. **Revista Pensar Engenharia**, v. 3, n.1, jan. 2015.

GAMA, M. Adesão ao consumo consciente cresce entre brasileiros, diz pesquisa. **Folha de São Paulo**, São Paulo, 26 jul. 2018. Disponível em: https://www1.folha.uol.com.br/mercado/2018/07/adesao-ao-consumo-consciente-cresce-entre-brasileiros-diz-pesquisa.shtml. Acesso em: 01 out. 2019.

GBCBRASIL – GREEN BUILDING COUNCIL BRASIL. Certificação LEED. Disponível em: http://www.gbcbrasil.org.br/?p=empreendimentos-leed. Acesso em: 02 out. 2019.

GEJER, L.; TENNENBAUM, C. **Os três princípios do design circular Cradle to Cradle**. Ideia Circular, 2017. Disponível em: https://www.ideiacircular.com/

GHISI, E., GOSCH, S., LAMBERTS, R. Electricity end-uses in the residential sector of Brazil. **Energy Policy**, v.35, n.8, p.4107-4120, 2007.

GOMES, M. M. A. **Contratação de obras públicas sustentáveis**. 2008. 42f. Monografia (Especialização em Auditoria de Obras Públicas). Pontifícia Universidade Católica do Rio de Janeiro, Rio de Janeiro, 2008.

GRANZIERA, M. L. M. **Direito ambiental**. 2ed. São Paulo: Atlas, 2011.

HAFNER, A. V. **Conservação e reuso de água - Experiências nacionais e internacionais**. 2007. 161f. Dissertação (Mestrado em Engenharia Civil). Universidade Federal do Rio de Janeiro, Rio de Janeiro, 2007.

HENRIQUE, P. **Sustentabilidade no mercado imobiliário: entenda essa tendência**. Disponível em: https://blog.universalsoftware.com.br/sustentabilidade-no-mercado-imobiliario/. Acesso em: 01 out. 2019.

IBAMA. Qualidade ambiental. Disponível em: http://www.ibama.gov.br/areas-tematicas/qualidade-ambiental. Acesso em: 07 set. 2013.

INTERNATIONAL ORGANIZATION FOR STANDARDIZATION. **ISO 14025:** Environmental labels and declarations – Type III environmental declarations – Principles and procedures. Geneva, 2006.

INTERNATIONAL ORGANIZATION FOR STANDARDIZATION. **ISO 14040:** Environmental management – Life cycle assessment – Principles and framework. Geneva, 2006.

INTERNATIONAL ORGANIZATION FOR STANDARDIZATION. **ISO 15392:** Sustainability in building construction: General principles. Geneva, 2008.

JOHN, V. M.; PRADO, R. T. A. (Coord.) **Boas práticas para habitação mais sustentável**. São Paulo: Páginas & Letras, 2010.

KEELER, M.; BURKE, B. **Fundamentos de projeto de edificações sustentáveis**. Porto Alegre: Bookman, 2010. 362p.

LENSSEN, N.; ROODMAN, D.M. **Paper 124: A Building Revolution: How ecology and health concerns are transforming construction**. Washington: Worldwatch Inst., 1995.

LIMA, G. B. A.; FRANÇA, S. L. B. Normalização e gestão ambiental no contexto da ISO 14001. In: ADISSI, P. J.; PINHEIRO, F. A.; CARDOSO, R. S. (Org.). **Gestão ambiental de unidades produtivas**. Rio de Janeiro: Elsevier, 2013. cap. 4.

MACEDO, R. K. **Ambiente e Sustentabilidade**: Metodologias para gestão. 1ed. Rio de Janeiro: LTC, 2018. 607p.

MARCHAIS, J. J. **Economias permanentes mediante eficiência energética ativa**. Disponível em: http://www2.schneider-electric.com/documents/support/white-papers/998-2834-BR_EE_WP_WEB.pdf. Acesso em: 04 out. 2013.

MARQUES, C. T.; GOMES, B. M. F.; BRANDLI, L. L. Consumo de água e energia em canteiros de obras: um estudo de caso do diagnóstico a ações visando à sustentabilidade. **Ambiente Construído**, v.17, n.4, p.79-90, oct./dec. 2017.

MASCARÓ, J. L. **O custo das decisões arquitetônicas**. 5ed. Porto Alegre: Masquatro Editora, 2010.

MELLO, V. M.; SUAREZ, P. A. Z. As formulações de tintas expressivas através da História. **Rev. Virtual Quim.**, v.4, n.1, p.2-12, 2012.

MICHELIN, L. A. C. **Manual de operação, uso e manutenção das edificações residenciais multifamiliares: coleta e avaliação de exemplares de empresas de Caxias do Sul – RS**. 2005. 159f. Dissertação (Mestrado Profissionalizante em Engenharia). Universidade Federal do Rio Grande do Sul, Porto Alegre, 2005.

MINISTÉRIO DE MINAS E ENERGIA. **Boletim mensal de monitoramento do sistema elétrico brasileiro**. Janeiro, 2019. Disponível em: http://www.mme.gov.br/documents/1138781/0/Boletim+de+Monitoramento+do+Sistema+El%C3%A9trico+-+Janeiro+-+2019.pdf/06f9d12f-7ec4-4dd6-add2-74a8c46a62bb. Acesso em: 13 set. 2019.

OLIVEIRA, L. H. **Metodologia para implantação de programa de uso racional da água em edifícios**. 1999. 344f. Tese (Doutorado em Engenharia da Construção Civil). Escola Politécnica da Universidade de São Paulo, São Paulo, 1999.

OLIVEIRA, Y. V. **Uso do balanço hídrico seriado para o dimensionamento de estrutura de armazenamento de água das chuvas**: Estudos de Casos. 110f. Dissertação (Mestrado em Engenharia Ambiental). Universidade Federal de Santa Catarina, Florianópolis, 2004.

ORGANIZAÇÃO DAS NAÇÕES UNIDAS NO BRASIL – ONU BRASIL. **A ONU e o meio ambiente**. Disponível em: https://nacoesunidas.org/acao/meio-ambiente/. Acesso em: 20 jun. 2020.

PACHAURI, R. K.; REISINGER, A. **Climate change 2007**. Synthesis report, v.104, IPCC: Geneva, 2007.

PAULINO, E. T. Estudo de impacto de vizinhança: alguns apontamentos a partir do caso de Londrina – PR. **Caderno Prudentino de Geografia**, v.2, n.33, p.133-169, ago./dez. 2011.

PEÑAFIEL, F. M. M. **Ideologia do movimento ambientalista: Um estudo de casos múltiplos em quatro organizações não-governamentais de Florianópolis**. 2005. 178f. Dissertação (Mestrado em Administração). Universidade Federal de Santa Catarina, Florianópolis, 2005.

PEREIRA, E. M. Rachel Carson, ciência e coragem. Ciência Hoje, Rio de Janeiro,n.296, set. 2012. Disponível em: http://cienciahoje.uol.com.br/revista-ch/2012/296/rachel-carson-ciencia-e-coragem. Acesso em: 07 set. 2013.

PINHEIRO, M. D. **Ambiente e construção sustentável**. Portugal: Instituto do Ambiente, 2006.

PINI, M. S. **Manutenção predial**. São Paulo: Pini, 2011.

PREVIATO, D. F. G. **Sustentabilidade no canteiro de obras: A importância de um plano de gerenciamento de resíduos**. 54f. Monografia (Especialização em Gestão e Tecnologia em Obras de Construção Civil). Universidade Tecnológica Federal do Paraná, Campo Mourão, 2012.

RATTNER, H. Uma tecnologia para combater a pobreza. **Revista Brasileira de Tecnologia**, v.12, n.2, p. 60-66, abr./jun. 1981.

RODRIGUES, C. R. B.; ZOLDAN, M. A.; LEITE, M. L. G.; OLIVEIRA, I. L. Sistemas computacionais de apoio a ferramenta Análise de Ciclo de Vida do Produto (ACV). In: ENCONTRO NACIONAL DE ENGENHARIA DE PRODUÇÃO, 28., 2008, Rio de Janeiro. **Anais...** Rio de Janeiro: Enegep, 2008.

RODRIGUES, F. X. F. **População e meio ambiente: uma análise das abordagens malthusiana, marxiana e cornucopiana**. Disponível em: http://www.cidehus.uevora.pt/investigacao/progcien/linv/l3/ics/capitulos/autores/textos/demografia/malthus_marx_boserup_txtfx.htm. Acesso em: 13 out. 2013.

RODRIGUES, G. F.; JUNCA, E.; TELLES, V. B.; ESPINOSA, D. C. R. Redução das emissões de gases de efeito estufa através do uso de hidrogênio na siderurgia. **Revista Brasileira de Ciências Ambientais**, n.21, set. 2011.

ROLA, S. M. **A naturação como ferramenta para a sustentabilidade de cidades:** Estudo da capacidade do sistema de naturação em filtrar a água da chuva. 209f. Tese (Doutorado em Planejamento Energético). Universidade Federal do Rio de Janeiro, Rio de Janeiro, 2008.

SANTOS, L.; VENTURI, M. **O que é permacultura?** Disponível em: https://permacultura.ufsc.br/o-que-e-permacultura/. Acesso em: 19 set. 2019.

SEBRAE – Serviço Brasileiro de Apoio às Micro e Pequenas Empresas. **5W2H: tire suas dúvidas e coloque produtividade no seu dia a dia**. Disponível em: https://www.sebrae.com.br/sites/PortalSebrae/artigos/5w2h-tire-suas-duvidas-e-coloque-produtividade-no-seu-dia-a-dia,06731951b837f510VgnVCM1000004c00210aRCRD. Acesso em: 27 mar. 2020.

SEIFFERT, M. E. B. **ISO 14001 Sistemas de Gestão Ambiental: implantação objetiva e econômica**. 4.ed. São Paulo: Atlas, 2011.

SHIGUNOV NETO, A.; CAMPOS, L. M. S.; SHIGUNOV, T. **Fundamentos da gestão ambiental**. Rio de Janeiro: Ciência Moderna, 2009.

SHIKLOMANOV, I. A. **International Hydrological Programme** – IHP – IV/UNESCO, 1998. In: REBOUÇAS, A. C. et al. Águas doces no Brasil: Capital ecológico, uso e conservação. São Paulo: Escrituras, 1999.

SILVA, J. O. **Perfil da cal**. Disponível em: http://www.mme.gov.br/sgm/galerias/arquivos/plano_duo_decenal/a_transformacao_mineral_no_brasil/P46_RT72_Perfil_do_Cal.pdf. Acesso em: 29 set. 2013.

SILVA, J. P. **Avaliação do ciclo de vida de tijolo cerâmico produzido no norte paranaense: Estudo de caso**. 136f. Dissertação (Mestrado em Engenharia Urbana). Universidade Estadual de Maringá, Maringá, 2017.

SOUZA, A. L.; SOARES, C. P. B. **Florestas nativas**: estrutura, dinâmica e manejo. Viçosa: UFV, 2013.

TAVARES, S. F.; LAMBERTS, R. Determinação da energia embutida em edificações; um atributo de sustentabilidade. In: XI ENCONTRO NACIONAL DE TECNOLOGIA DO AMBIENTE CONSTRUÍDO, 11., 2006, Florianópolis. Anais... CD Rom, 2006.

TERRA. **Concentração de CO2 na atmosfera supera recorde histórico**. Disponível em:http://noticias.terra.com.br/ciencia/concentracao-de-co2-na-atmosfera-supera-recorde-historico,9cda0c65c2f8e310VgnCLD2000000dc6eb0aRCRD.html. Acesso em: 10 set. 2013.

THE ECONOMIST. Triple bottom line. New York, 17 nov. 2009. Disponível em: http://www.economist.com/node/14301663.Acesso em: 12 set. 2013.

TOMAZ, P. **Economia de Água**: Para empresas e residências. São Paulo: Navegar, 2001.

TORGAL, F. P.; JALALI, S. Ecoeficiência dos materiais de construção. **Revista da Associação Portuguesa dos Comerciantes de Materiais de Construção**, n. 147, p. 46-53, 20 jan. 2010.

VARELLA, M. D.; BARROS-PLATIAU, A. F. **Proteção internacional do meio ambiente**. Brasília: Unitar, UniCEUB e UNB, 2009. 302p.

VIGON, B.W. et al. **Life Cycle Assessment: Inventory Guidelines and Principles**. Cincinnati: EPA, 1993.

VISEDO, G.; PECCHIO, M.; BATTAGIN, A. F. Bases para o lançamento do Mapeamento Tecnológico do Cimento – Brasil 2050. **Concreto & Construções**, v.95, jul.-set. 2019. p.26-32

WORLDOMETERS. **Population**. Disponível em: https://www.worldometers.info/br/. Acesso em: 10 set. 2019.

Impressão e acabamento
Gráfica da Editora Ciência Moderna Ltda.
Tel: (21) 2201-6662